톡톡(Talk Talk) 바이오 노크

톡톡 TALK TALK 바이오노크

바이오, 세상을 바꾸다

김은기 지음

전파과학사

서문

지금은 바이오테크놀로지 시대

2016년 인공지능 알파고가 이세돌 9단을 이겼다. 그것도 4:1, 완벽한 승리다. 이 세상을 돌로 제패하겠다고 이름을 지을 만큼 그는 인간 두뇌의 자부심이었다. 그런 바둑 9단이 속절없이 무너진 것이다. 그렇다. 세상이 급속하게 변하고 있다. 인공지능이 변화의 핵심이다. 당시 회견 장소에 있던 기자가 알파고 CEO 허사비스에게 물었다. '구글은 250명 프로그래머들이 5년 동안 개발한 알파고를 5000억 원을 들여 샀다. 설마 바둑에서 일등이 되고 싶어 그런 건 아닐 테고. 무엇을 위해서 알파고를 만들었는가?' 다른 참석자들도 모두 궁금해 하던 질문이었다. CEO는 망설임 없이 대답했다. '기업은 돈을 벌기 위해 존재한다. 우리 구글은 돈을 벌기 위해 인공지능에 투자했다.' 어디에서 돈을 벌겠단 이야기일까. 인공지능이 중심인 4차 산업혁명이 앞으로의 트렌드라면 이 신기술로 가장 많은 수혜를 받는 분야는 어디일까? 영국 이코노미스트 잡지가 경제 전문가 622명에게 물었다. 답은 확실했다. 1위 바이오테크놀로지, 그 뒤를 이어 자동차, 반도체이다.

왜 바이오테크놀로지가 황금알을 낳는 거위로 떠오르는 걸까? 황금알을 제일 잘 아는 건 기업이다. 즉 세상이 어떻게 흘러갈 것이고 무엇이 핵심 트렌드인지를 가장 잘 아는 곳이다. 글로벌 기업 구글이 어느 분야에 가장 투자를 많이 하고 있을까. 바이오 벤처다. 구글의 '베릴리' 회사는 눈에 끼고 있으면 혈당이 자동 측정되어 스마트폰에 전송되는 콘택트렌즈를 개발했다. 이제는 아침 굶고 병원 가서 공복 혈당을 재야 하는 번거로움이 필요 없다. 아니 한 걸음 더 나아가 끼고 있기만 하면 24시간 혈당이 자동 측정되어 의사에게 전송된다. 의사는 물론 인공지능 의사다. 이미 국내 대학병원에도 인공지능 의사가 도입되었다. 사람보다 정확하다. 게다가 24시간 내내 금방금방 답을 준다. 4차 산업혁명이 바이오 분야에 이미 시작되고 있다는 이야기다. 미래 트렌드란 사람들의 욕망이 향하는 방향이다. 사람들 욕망은 어떤 방향으로 가고 있을까?

수백만 년 전 나무에서 지내던 유인원이 땅으로 내려왔다. 열매를 따고 사냥을 했다. 먹고사는 것이 중요했다. 늑대를 개로 만들고 땅을 갈아엎고 농사를 지었다. 1차 산업혁명, 즉 농업혁명 시작이다. 먹을 것이 풍부해졌다. 배부르니 등이 따끈했으면 좋겠다. 석탄을 때서 물을 데워 증기기관을 만들었다. 움직이는 기계가 만들어지니 전기도 발명되었다. 이제 기계와 전기로 방직기, 세탁기, 자동차가 움직인다. 필요한 물건을 맘대로 쓸 수 있는 2차 산업혁명이 시작되었다. 기술은 급속도로 발전했다. 컴퓨터가 나오더니 전화선과 연결되어 온 세상이 하나로 연결되었다. IT 시대가 되었다. 이제 영국 맨체스터에서 열린 축구 경기를 스마트폰으로 실시간 보는 건 일도 아니다. 인공지능, 빅데이터, 사물인터넷이 세상을 스마트폰 하나로 접속, 조정이 가능하게 만들었다. 기계에 센서가 달라붙고 집에서도 저 멀리 비닐하우스 지붕을 스마트폰으로 온도 예보에 맞춰 열고 닫는다. 원터치로 세상의 모든 일이 자동으로 돌아가는 4차 산업혁명 세상이다. 이제 먹을 것도, 입을 것도, 볼 것도 부족함이 없는 세상에 인간은 살고 있다. 인간은 무얼 하고 싶을까. 원하는 건 단 하나다. 진시황도 원했던 것, 즉 건강과 장수다. 건강의료가 4차 산업혁명 시대 핵심 분야다. 대한민국의 차세대 동력이다. 그 중심 기술에는 바이오테크놀로지가 있다.

어려운 바이오테크놀로지, 쉽게 알리기

하지만 바이오테크놀로지는 어렵다. IT 기술을 섭렵하려면 스마트폰만 잘 써도 된다. 1인 1폰 시대니 IT에 친숙하다. 어떤 것이 IT라는 것 정도는 할머니도 안다. 초등학생도 안다. 하지만 바이오는 좀 다르다. 인간 게놈이 무엇인지, 면역항암제가 어떤 원리로 작동되는지, 감기와 바이러스는 다른지, 탯줄 속 줄기세포가 무엇인지 잘 모른다. 잘 모르면 잘못된 정보를 가지게 된다. 모르면 관심에서 멀어진다. 대중이 기술을 오해하면 그 기술은 발전은커녕 반대에 부딪히게 된다. 그래서 알려야 한다. 이 책은 일반인들이 바이오테크놀로지 기술을 쉽게 이해하도록 썼다.

바이오는 절대 어려운 과목이 아니다. 무조건 외우는 과목이 아니다. 하지만 일반인들의 머리에는 바이오, 즉 '생물' 하면 개구리 해부를 떠올린다. 중고교 시절 무조건 외웠던 기억만 남는다. 필자를 포함해 생물 교육을 잘못한 죄가 크다. 어떤 책이든 일단 재미가 있어야 한다. 더구나 어려운 과학을 설명하는 데 전문서적처럼 딱딱한 내용만 있다면 금방 눈을 돌린다. 신문 글도 일단 읽혀야 한다. 재미까지 있으면 더욱 좋다. 새로운 정보까지 들어 있다면 금상첨화다. 이 책의 원고는 중앙일보(선데이)에 실린 칼럼 원고(김은기의 바이오토크)를 기반으로 만들어졌다. 신문 칼럼은 전문적이더라도 쉽게 읽히도록 써야만 한다. 재미와 지식을 동시에 만족시키기는 보통 어려운 일이 아니다. 공대 생명공학 분야에서 전문 학술논문만을 쓰던 필자다. 최신 논문을 중심으로 쓰던 버릇이 신문 칼럼에 그대로 남아 있다. 하지만 칼럼에 대한 주위 평은 그리 박하지는 않았다고 스스로 위안한다.

바이오테크놀로지는 3분야

바이오 분야는 3가지 색깔이다. 레드Red 바이오는 피를 상징하는 건강의료 분야다. 그린Green 바이오는 식물을 상징하는 농업, 식품 분야다. 화이트White 바이오는 검은 굴뚝연기 대신 청정 기술을 상징하는 공학, 에너지, 환경 분야다. 전통적으로 의료가 큰 비중을 차지하지만 지구온난화 등 환경 문제가 급부상하고 있다. 어느 분야도 소홀히 할 수 없다. 게다가 3분야는 서로 얽혀 있다. 이 책에서는 바이오 분야를 5가지 분야(건강, 의약, 외모와 심리, 최신 기술, 바이러스와 질병)로 나누었다. 각 분야마다 독립적인 주제를 다루었다. 따라서 앞부분을 몰라도 뒷부분의 글을 읽을 수 있도록 했다. 독립적인 주제를 다룸으로써 지루함을 없앴고 궁금한 이야기를 골라서 읽을 수 있게 했으며 다양한 분야의 상식을 접할 수 있게 했다. 최신 논문에 실린 내용을 중심으로 해당 주제의 현 상황, 발전 방향, 생각할 문제를 다루었다.

1부 건강 분야에서는 일반인들의 관심사항인 장수 비결, 장내세균, 운동 탈수 등을 다루었다. 비교적 쉽게 접할 수 있는 분야들이고 관심이 많다 보니 오히려 많은 학설들이 나온 경우가 많다. 예를 들어 적정 운동량 학설을 하나하나 소개하기보다는 실제 필요한 정보, 즉 시속 8km, 주당 2.5시간 이하가 최적임을 알려주었다. 2부 의약 분야는 조금 깊게 들어갔다. 후성유전학, 항암면역 치료제, 당뇨, 두뇌기억편집 문제를 다루었다. 3부 외모 분야는 보톡스, 선탠, 기능성 화장품, 노름 중독 등 얼굴과 심리(중독)에 관한 글을 실었다. '걸어 다니는 광고판'인 얼굴에 대한 최근 연구 경향을 추가했다. 4부 '최신 바이오 기술' 주제는 '핫'토픽을 다룬다. 합성생물학, 도핑 추적, 역분화세포, 인간 게놈 정보, 초정밀 유전자가위 기술, 스마트피부가 포함되었다. 5부 바이러스와 질병 분야는 지구촌을 휩싸는 공포, 즉 바이러스 폭풍, 슈퍼내성균, 말라리아모기 문제를 다루었다.

필자는 전자책보다 종이책을 좋아한다. 손에 남는 촉감 때문이다. 그 촉감이 내용과 함께 두뇌에 기억된다. 하지만 요즘 상황에서 책을 출판하는 일은 결코 만만한 일이 아니다. 더구나 어려운 과학도서 출판은 비즈니스 측면에서는 모험이다. 그래도 이 일을 포기할 수는 없다. 생물을 어렵다고 느끼는 사람들이 아직 있기 때문이다. 그런 사람들에게 바이오가 결코 어려운 과학이 아니고 재미있는, 아주 흥미로운 분야라고 알려주고 싶다. 그래서 이 책에 있는 내용들이 아이들과의 밥상머리에서의 이야깃거리로 올라간다면 더없는 즐거움이 될 것이다.

주위에서의 격려가 없다면 책은 절로 나오지 않는다. 부족한 원고를 늘 격려해주는 황은오 작가는 필자가 글을 계속 쓰게 만드는 원동력이다. 급변하는 출판시장에서 과학도서를 꾸준히 발간하고 있는 전파과학사 손동민 실장에게 감사한다. 고단한 글쓰기 작업을 즐거움으로 만들게 하는 원천은 언제나 가족, 나의 가장 큰 버팀목이다.

2018년 5월 김은기

목차

1장 건강

1

두뇌는 천연약국, 가짜 비아그라 먹어도 17%는 성공

플라시보 효과

2003년 중국 티베트 라싸 공항. 3500m 고지라는 동행의 말에 멀쩡하던 머리가 지끈거리기 시작했다. 일정을 취소하고 숙소로 들어가야 했다. 여인숙 수준 호텔에 두통약은커녕 영어가 통하는 직원도 없었다. 그때 방구석에 비닐 마스크가 달린 통이 눈에 들어왔다. 'Life Saver(생명 구호품)' 명찰을 보는 순간 안도했다. 방값보다 바가지 수준인 10달러를 내고 마스크를 썼다. 공급되는 '순 산소' 덕분에 두통도 금방 사라졌다. TV도 제대로 안 나오는 여인숙에 100% 산소를 쉽게 만드는 기기가 있다는 점이 신기했다. 내부가 궁금했다. 힘들게 열어 본

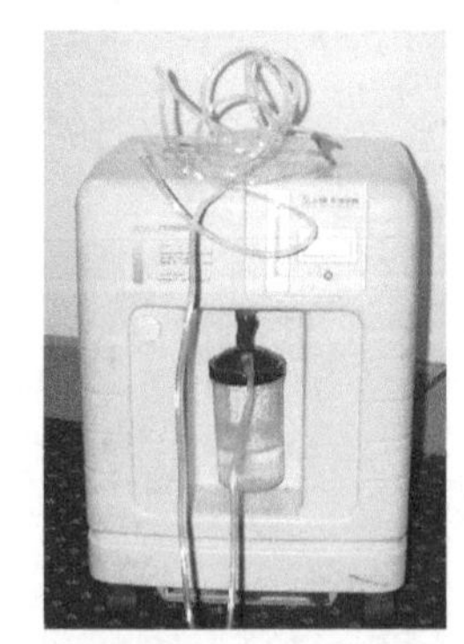

티베트 숙소에 있었던 가짜 산소발생기. 덕분에 두통이 없어졌다

상자는 허술했다. 어항에 뽀글뽀글 공기를 내뿜는 5000원짜리 공기발생기만 덜렁 있다. 그동안 공기만 마신 셈이다. 그때까지 괜찮던 머리가 다시 아프기 시작했다. 상자를 열지 않았어야 했다. 산소를 마시고 있다는 '생각'만으로도 고산병 두통이 사라지는 플라시보 Placebo(위약, 僞藥) 효과였다.

약을 먹지 않고 기분만으로 실제 치료가 될까? 미국 식품안전청 FDA은 우울증 치료 약 효과 80%는 플라시보 효과라 했다. 약을 먹으면 마음만 변하는 게 아니다. 파킨슨 환자는 가짜 약, 가짜 뇌 수술을 해도 두뇌 도파민이 실제로 늘어난다.

이탈리아 연구팀은 두뇌세포를 훈련하면 '생각만으로 치료'가 되는 플라시보 효과를 유도할 수 있다고 했다.[1] 왜 생각만으로 통증이 가라앉을까?

플라시보는 실제로 화학적 변화를 만든다

고산증은 머리를 아프게 한다. 올라갈수록 공기(산소)가 희박해져 3500m에서 혈액 포화 산소 농도는 평지의 85%다. 인체 공급 에너지와 산소 20%를 쓰는 두뇌는 산소 부족으로 초비상이다. 부족해진 산소 공급을 늘리려고 경보물질 PGE2을 만들어 두뇌혈관을 확장시킨다. 늘어난 혈관으로 머리가 아파진다. 혈액 속 이산화탄소 농도도 떨어지면서 두통은 더해진다. 비상 대응책으로 캔 속 순 산소를 마시면 혈액산소가 높

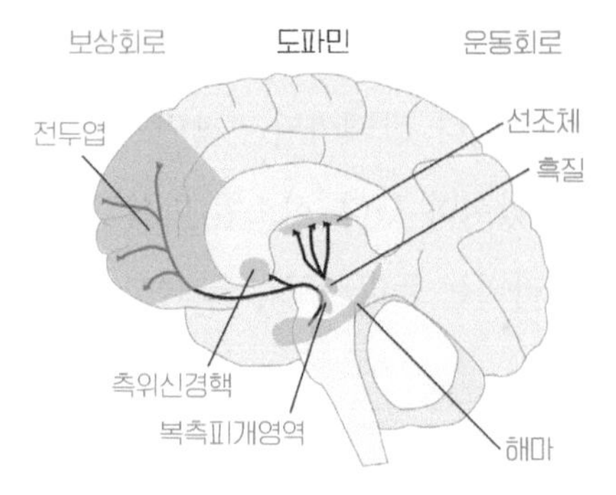

도파민은 기쁠 때(보상회로, 왼쪽) 분비되며 운동회로(우측)도 조절한다

아져 두통이 없어진다.

필자가 호텔방에서 마셨던 '가짜 산소'는 어떻게 두통을 없앴을까? 단지 기분 탓일까? 아니다. 이탈리아 투린의대 연구에 의하면 고산지대에 있는 사람이 플라시보 산소(가짜 산소, 공기만 공급)를 마시면 혈액 내 산소 농도는 평지의 85% 그대로다. 하지만 두뇌 생산 경보물질은 진짜 산소를 마신 것처럼 낮아진다. 낮아진 경보물질 탓에 혈관 확장이 줄어들어 머리가 안 아프게 된다. 생각만으로 실제 두통 원인 물질 PGE2이 줄어든 것이다. 티베트 숙소에 있었던 가짜 산소통은 경위가 어떻든 필자의 고산증을 없앴다. 플라시보 효과를 티베트 숙소 주인은 알고 있었을까. 알고 있었다면 그는 유능한 의사이고 몰랐다면 사기꾼이다. 그런데 의사이면서 사기꾼 취급을 받은 사람은 따로 있었다.

1796년 미국 코네티컷 의사 엘리사 퍼킨스는 '만능치료봉'으로 특허를 받았다. 7cm 크기 금속봉으로 통증 부위를 문지르면 신기하게 통증이 감소됐다. 독특한 금속 성분 때문에 통증 부위 전기 특성이 변하기 때문이라 했다. 당시 조지 워싱턴 대통령이 구매했다고 입소문이 퍼졌다. 의사협회가 효과 검증을 해도 반반이었다. 얼마 후 결정적인 반대 결과가 나왔다. 눈을 가린 상태에서 나무봉도 통증을 가라앉혔다. 결국 퍼킨스는 사기꾼으로 매도되었고 이후 만능치료봉을 쓰는 의사는 없었다. 하지만 그는 사기꾼이 아니었다. 플라시보 효과를 최초로 의료계에 알린 선구자다.

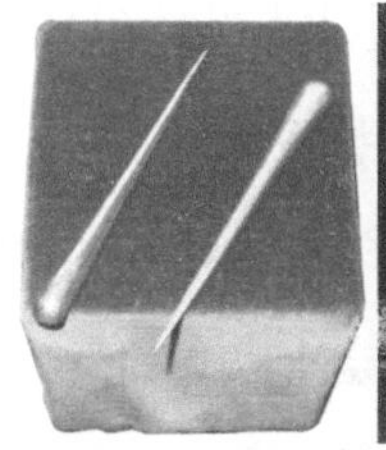

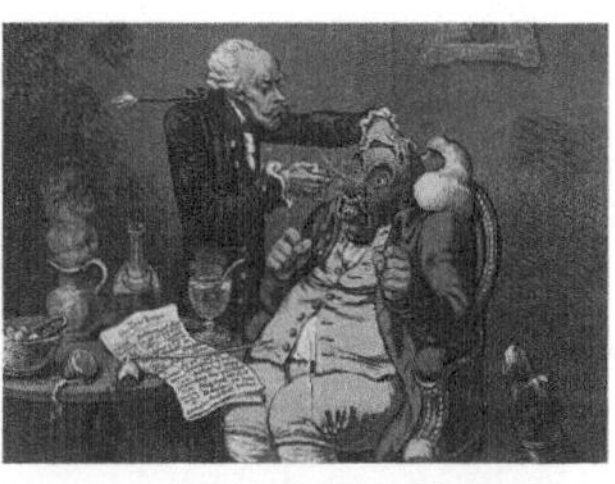

몸에 대기만 해도 치료가 된다는 엉터리 금속봉과 가짜 플라시보 치료 풍자만화(1801, 제임스 길레이)

설탕 가짜 약 먹였더니 뚜벅뚜벅 걸어

Placebo란 라틴어로 'I shall please', 즉 '내'가 주어고 '좋아진다'라는 긍정심이 동사다. 내가 주도해서 좋게 만드는, 심리적 요인이 핵심이다. 통증, 파킨슨, 위궤양, 과민성 대장염, 우울증, 발기부전에 플라시보 효과가 크다. 모두 두뇌 관련 질병이다.

통증은 두뇌가 느낀다. 약으로 통증이 없어질 거라는 생각이 들면 굳이 고통을 감내할 이유가 없다. 가짜 약(플라시보)을 먹으면 통증이 가라앉는 이유다. 노스웨스턴 의대팀은 만

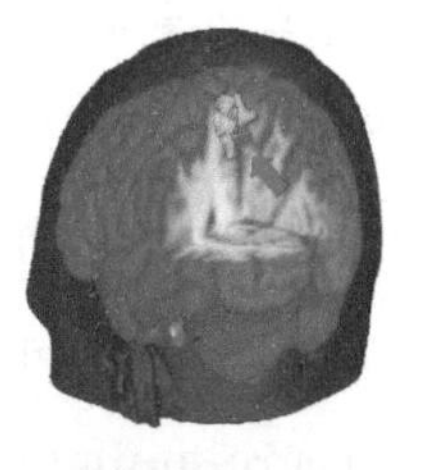

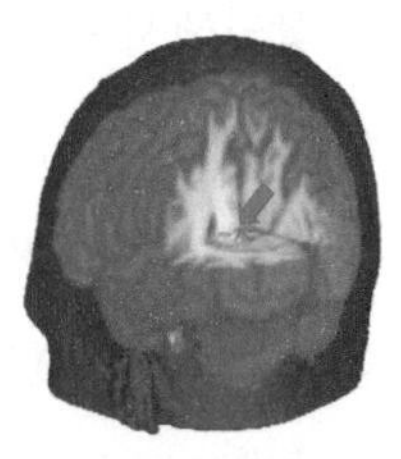

두뇌 통증 부위(노란색)는 아프지 않다는 생각만으로도 감소한다. 플라시보 두통 감소 부위를 정확히 찾아낸 연구로 만성통증 치료 방법이 기대된다

성 관절염 환자 56명에게 진짜와 가짜 약을 투여한 결과 참여자 50%가 가짜 진통제에도 진짜처럼 통증 해당 두뇌 부위가 반응함을 기능성 자기공명장치fMRI로 확인했다.[2] 이 부위를 외부에서 자극할 수 있으면 약, 수술 없이도 만성두통을 치료할 수 있다.

'복싱 전설' 무하마드 알리가 32년간 파킨슨 투병 끝에 2016년 6월 사망했다. 파킨슨은 두뇌 도파민이 적게 생산되면서 운동신경이 제대로 안 움직이는 병이다. 캐나다 연구팀이 유명 학술지 '사이언스'에 보고한 바에 의하면 가짜 약(설탕)을 환자에게 먹였더니 15m를 30분 걸려 걷던 파킨슨 환자가 마치 약 먹은 것처럼 뚜벅뚜벅 걸어갔다. 치료 효율은 진짜 약의 25%였다. 중증 파킨슨 환자의 경우, 두뇌에 전극을 삽입해서 운동 관장 부위를 자극하기도 한다. 이 경우 전극을 끄고 환자에게는 켰다고 하면 실제 켠 것 같은 운동 효과가 나타난다. 가짜 수술을 해도 치료 효과가 나타난다. 가짜 약이나 가짜 치료에 반응하는 부위는 '보상회로*reward circuit'다. 가짜 약이지만 '잘될 거라는 기대'로 실제 도파민을 만들게 한다.

무하마드 알리가 앓았던 파킨슨병의 경우, 치료되고 있다는 생각(플라시보)만으로도 도파민을 분비시켜 환자를 움직이게 만들 수 있다

* 보상회로: 뇌 중앙부에 있는 즐거움 보상 회로.

사촌이 땅을 사면 왜 배가 아플까? 질투심에 스트레스 물질(코르티솔)이 두뇌에서 생기고 이 신호가 두뇌-대장 신경을 따라 배에 전달된다. 위궤양도 정신적인 스트레스로 많이 생긴다. 위궤양 치료약 '타가메트'는 프랑스에서 60% 치료 효과를 보였다. 하지만 브라질에서는 타가메트 이름의 가짜 약이 59% 치료 효과를 보였다. 과민성 대장염은 세균 감염 대장염과는 달리 기분에 따라 증상이 오르내린다. 과민성 대장염 환자 40%는 가짜 약을 먹기만 해도 증상 감소 효과를 보였다.

플라시보 효과가 가장 큰 질환은 우울증이다. FDA에 의하면 우울증은 진짜 약으로 41%, 가짜 약으로 32% 줄어든다. 심리적 요인이 80%다. 가짜 약도 그 효과가 오래간다. 7주간 가짜 우울증 약에 효과가 있던 그룹은 그 후 12주간 가짜 약을 먹어도 79%가 효과가 유지됐다. 우울증은 플라시보 효과를 톡톡히 보는 질환이다.

비아그라는 발기부전 치료제다. 발기는 시각과 상상으로 두뇌가 신호 물질을 보내 혈관을 확장해 이루어진다. 비아그라는 79% 효과를 보인 반면 가짜 비아그라는 17% 효과를 보였다. 섹스 상대나 기분에 따라 발기 상태가 급변하는 점을 감안하면 플라시보 효과가 클 것 같지만 우울증 플라시보 효과(79%)에 비하면 작다. 청소년 시기는 의지와 상관없이 잠잘 때도 발기된다. 즉 발기부전 현상은 심리적 요인 이외에 육체 상태가 크게 좌우한다.

아이들은 무엇이든 잘 믿어 그만큼 큰 플라시보 효과를 얻을 수 있다.

반면 치매 환자는 효과가 거의 없다. 전두엽 기능이 저하되어 이 약이 좋을 거라는 생각을 못해 심리적 기대 효과가 아예 없기 때문이다. 플라시보는 심리적 요인이 크다. 작은 약보다는 큰 약이, 분말보다는 캡슐약이, 안 알려진 약보다는 유명 브랜드 약이, 약보다는 주사가 효과가 크다. 그만큼 기대감이 중요 변수다. 플라시보 치료 효과를 좌우하는 사람은 환자일까, 의사일까?

이스라엘 의대팀은 가짜 약을 먹는다고 환자에게 알려주어도 치료 효과가 있다고 발표했다.[3] 진짜 약을 먹는다고 생각해야만 치료 효과가 있다는 플라시보 기존 상식을 뒤집는 결과다. 연구팀은 만성 허리통증 환자 97명을 대상으로 가짜 약을 먹어도 치료가 되었던 실제 사례를 15분간 설명했다. 이후 3주 실험 결과, 플라시보 약이라고 알고 먹은 그룹의 치료 효율(30%)이 아무것도 안 먹은 그룹(9%)보다 3배 높았다. 연구진 해석은 이렇다. 이 약이 여하튼 효과가 있다는 의료진의 긍정적 설명, 실제로 약을 먹고 치료에 참여한다는 사실, 즉 의료 시스템 신뢰가 플라시보 효과의 핵심이라는 이야기다.

의료진 믿어야 플라시보 효과 더 커져

의사의 긍정적 격려가 플라시보라면 부정적 멘트는 '노시보 *', 즉 악

* 노시보(nocebo): 플라시보의 반대 개념. 효과가 있는 약을 효과가 없다고 생각하고 복용하면 효과가 약하게 작용하거나 효과가 없어질 수 있음.

영향을 미친다. 전립샘비대증 치료약(피네스테라이드)이 발기부전 부작용이 있다는 의사 설명을 들은 그룹이 안 들은 그룹보다 3배 높게 실제로 발기부전이 됐다. 같은 진통제 주사라도 '편해질 겁니다'와 '따끔해도 참아야 합니다'는 하늘과 땅 차이이다. 지푸라기라도 잡아야 하는 환자에게 '냉철한' 의학 정보도 중요하지만 힘을 내게 하는 의사의 '훈훈한' 격려 한마디가 때로는 더 효과적이다. 영국 의사 97%가 환자에게 플라시보, 즉 가짜 약을 처방한 경험이 있다. 물론 치료 목적의 선한 의도다. 플라시보 처방은 정직함과 치료 우선 사이의 딜레마다. 환자-의사 사이의 솔직한 소통, 신뢰 구축이 딜레마 해결책이다.

플라시보 효과가 끊어진 신경 줄을 연결시키거나 암을 퇴치하지는 않는다. 하지만 현대의 많은 질환들은 두뇌에서 비롯된다. 인간 두뇌는 갖가지 치료제를 갖춘 천연약국이다. '점점 좋아지고 있다'는 매일매일 자기암시로 천연 약을 만들어 내자.

Q&A

Q1. 현재 한국에서도 플라시보 효과를 사용한 처방이 사용되고 있나요?

공식적으로는 플라시보 효과를 사용한다고 하지 않습니다. 또 연구 목적 이외에는 발표하지도 않고요. 내용을 알리는 순간 효과는 급격히 떨어지지요. 만약 플라시보 효과만으로 치료가 된다면, 즉 맹물이나 설탕물만을 먹고 치료가 된다면 이보다 더 좋은 일은 없겠지요.

Q2. 노시보 효과의 사례를 더 알고 싶어요.

노시보 효과, 즉 환자가 약효에 부정적인 생각이 있으면 치료 효과가 떨어지는 현상은 자주 관찰됩니다. 공식적으로 2017 저명 학술지 사이언스에 보고된 바에 의하면 비싼 약이라고 하면 더 노시보 현상이 강하다고 합니다. 즉 비싸니까 약효가 강할 것이고 그에 비례해서 부작용, 예를 들면 통증이 더 클 것이라고 생각하고 그렇게 느낀다는 것입니다.

2

산모의 착한 장내세균 전달 유아 건강 지키는 선물세트

모유 수유

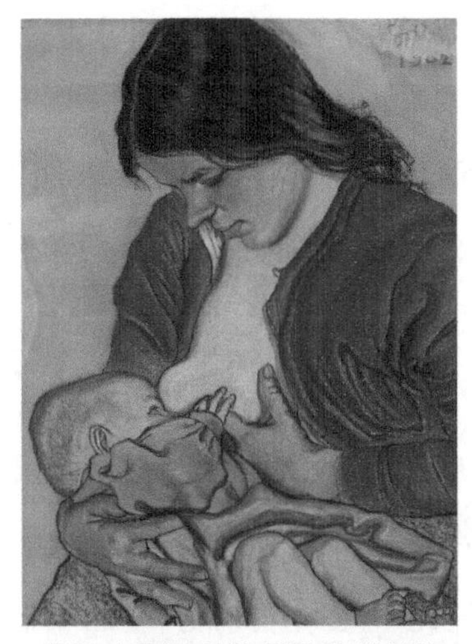

모유 수유는 유아 건강의 핵심이다(스타니스워프 비스판스키의 '모성', 1905년 작, 폴란드)

유방 속에 박테리아가 살고 있다. 병원균으로부터 철벽 보호돼야 할 인체 내부 유방조직에 '다른 놈'들이 버젓이 살고 있다. 그놈들은 왜 그곳에 있을까. 답은 모유와 함께 아이 장내로 가려 함이다. 튼튼한 장내세균을 만들려는 엄마의 치밀한 전략이다. 아이 평생건강은 3개월 때 장내세균이 결정한다. 자연분만, 모유 수유가 그 정답이다. 임신-분만-수유의 정교한 '장내세균 이송작전'을 보자.

임신 전 S라인이던 몸매가 D라인으로 바뀐다. 배불림은 산모 계획 중 하나다. 체중이 7~12kg 불어난다. 태아는 3kg, 지방이 4~9kg이다. 지방은 입덧 시 비상식량이자 모유 생산용 비축식량이다. 입덧은 예민해진 미각으로 태아에게 해로운 음식을 거르려는 계획이다. 이 계획의 핵심은 장내세균 전달이다. 본인 장내세균을 '아이 맞춤형'으로 미리 바꾸어 놓는다. 착한 유산균을 증가시키고 병원균 억제물질(박테리오신*) 생산균을 늘린다.

코넬대 연구팀은 임신 여성 91명의 장내 미생물을 조사했다.[4] 임신 여성의 경우 후기에 장내 미생물 수와 종류가 '소수 정예'로 급변했다. 전투 대비형 '프로테오' 박테리아가 주종이 됐다. 임신 후기 여성 장내세균을 임신 초기 여성에게 옮겼더니 체중이 늘고 혈당이 올랐다. 산모 D형 몸매의 원인이 장내세균이라는 반증이다. 산모의 전투 대비형 장내세균, 지방, 혈당 증가는 태아 건강에 필수다. 태아 건강 1순위는 면역이다. 면역이 제대로 훈련되지 못하면 아토피, 천식 등 스스로 공격하는 자가면역질환이 생긴다. 면역훈련 교관은 엄마 장내세균이다. 아이에게 엄마 장내세균을 옮겨야 한다.

유방 속 박테리아는 태아를 위한 계획

엄마의 대장 박테리아를 유방으로 옮겨온 놈은 엄마 대장 속 면역세

---

* 박테리오신(Bacteriocin): 천연의 무독성 방부제로 많은 그람양성세균과 그람음성세균에 의해 생산되는 단백질, 또는 단백질과 탄수화물의 복합체로 구성되어 있는 항균성 단백질이다.

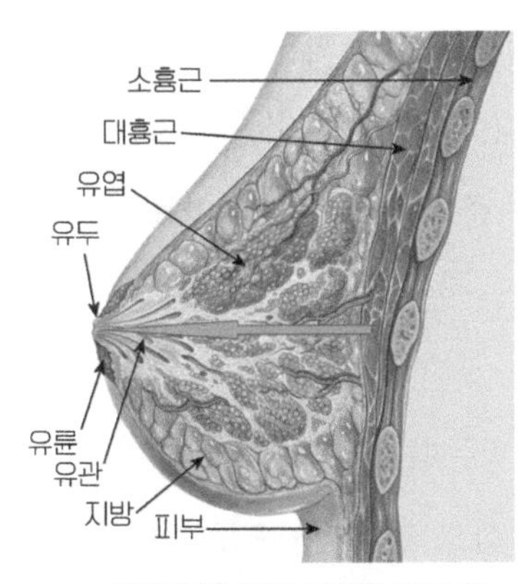

림프관을 통해 이동한 엄마 장내세균은 유엽생산 모유와 함께 유관을 통해 유아 장내로 이동한다(녹색, 이동방향)

포다. 인체 면역세포 70%가 대장에 있다. 면역세포는 그곳에서 장내세균과 '툭탁툭탁' 맞서고 있다. 병원균이 발견되면 죽이고 '착한' 유산균은 봐준다. 소위 '면역관용*'이다. 면역이 너무 예민해지면 조그만 일에도 발끈한다. 피아를 구분하지 못하는 자가면역질환을 일으킨다. 아토피와 천식*은 사소한 외부 이물질에 발끈해서 제 몸에 총질하기다. 산모는 대장에서 제대로 훈련받은 면역을 태어날 아기에게 전해주려 한다. 먼저 '맘에 드는' 장내세균을 고른다. 장을 튼튼하게 하고 소화를 돕는 유산균, 병균 저항성균을 고른다. 이놈들을 면역세포인 '수지상세포*' 속에 집어넣고 유방으로 이동시킨다. 임산부의 경우 임신하지 않은 사람보다 7배 많은 박테리아가 유방 근처 면역 림프샘까지 와 있다.

장내세균을 유선조직으로 옮기는 수지상세포는 주름 사이에 균을 운반한다

왜 대장에서 유방으로 박테리아를 이동 배

* 면역관용(immune tolerance): 어떤 물질(항원)에 대해 면역이 일어나지 않는 현상. 자기 몸을 공격하지 않는 것과 외래항원임에도 반응하지 않는 것등이 있다.

* 천식(asthma): 호흡곤란, 기침, 거친 숨소리 등의 증상이 반복적, 발작적으로 나타나는 질환.

* 수지상세포(dendritic cell): 주로 T세포에 항원제시 기능을 수행하는 대표적인 항원제시세포의 일종.

치시킨 걸까? 목표는 모유다. 모유에 들어가서 그걸 먹은 아기 대장으로 이동한다. 태반 속 태아 장은 무균 상태다. 분만 후 대장 속에 가장 좋은 '엄마 장내 선발 균'을 옮겨 심으려 한다. 준비가 끝났다. 태아는 이제 바깥세상으로 나간다. 분만이다.

자연분만 도중 태아는 산모 장내세균을 받는다. 결혼식 축하 행진 시 뿌려지는 꽃잎처럼 산도(産道)에서 태아는 산모 장내세균으로 '샤워'를 한다. 자연분만 시 산모의 대장, 질 세균들이 입을 통해 유아 장내로 유입된다. 2016년 미국 의학협회에 의하면 자연분만인가 제왕절개인가에 따라 유아 장내세균 종류가 확연히 변한다. 자연분만 유아는 산모 질처럼 유산균이 주종을 이룬다. 대장과 질이 인접하도록 진화한 이유도 쉽게 산모 장내, 질 내 세균을 분만 시 무균 상태 태아에게 전달하려 함이다. 동물들도 갓 태어난 새끼에게 빨리 장내세균을 전달하지 않으면 새끼가 위험해진다. 소나 양 같은 초식동물은 나무 성분을 분해할 수 있는 장내세균을 어미로부터 받아야 산다. 반쯤 소화된 음식물이나 변을 새끼가 먹는 이유다.

제왕절개는 태아에게 좋은 선택은 아니다

제왕절개수술*은 최근 급격히 늘고 있다. 세계보건기구WHO는 제왕절개 수술이 꼭 필요한 경우는 전체 산모의 10~15%라고 했다. 하지만

* 제왕절개술(cesarean section): 산모의 복부와 자궁을 절개하여 태아를 출산하는 수술.

국내 통계(2012년)는 36.9%로 세계 3위다. 난산, 출혈이 심할 경우에만 실시하던 수술이 점점 보편화하고 있다. 배를 가르는 복강 수술 중 가장 많은 수술이 제왕절개다. 당연히 출산의 고통은 산모에게 위험하고 어려운 일이지만, 제왕절개는 태아에게 그리 좋은 선택이 아니다.

미국 질병통제예방센터CDC에 의하면 제왕절개 태아가 장기적으로 병에 많이 걸린다. 항생제 내성균MRSA 감염률이 80% 높고 알레르기가 많아진다. 비만, 제1형 당뇨가 10%, 15% 높아진다. 출산 진통은 태아 몸을 준비시킨다. 진통을 다하고 제왕절개 수술로 태어난 유아는 자연분만과 유사한 장내세균을 갖춘다. 인간은 천만 년 동안 자연분만을 해왔다. 제왕절개가 늘어난 것은 불과 100년 사이다. 구석기 몸이 제왕절개에 익숙해지기 힘들 수 있다.

모유는 유아 장내세균 형성에 절대적이다. 막 태어난 유아 대장은 거의 백지 상태다. WHO는 처음 6개월간 모유 수유가 유아 건강에 절대적이라 했다. 6개월간 유아 장은 춘추전국시대다. 확실히 잡아놓지 않으면 이후 배앓이로 고생한다.

취리히대학 연구에 의하면 모유에는 200종의 당(糖)이 있다.[5] 소, 쥐의 10배다. 왜 이렇게 많을까? 모유 올리고당(사슬당)은 유아가 영양소로 못 쓴다. 모유 올리고당은 유아 장내세균 먹이다. 초유 속 올리고당은 '착한' 장내세균을 정착시킨다. 10종류 올리고당은 병원균이 장벽에 달라붙는 것을 방해한다. 모유 수유 시 비피도 박테리아 등 착한 균들이 많았고 반면 독한 설사균은 25%로 적었다.

초유는 면역세포, 항체, 박테리아 덩어리로 걸쭉하다. 이 초유는 시간에 따라 성분이 변한다. 처음은 장내세균 안정화, 병원균 방어용 조성이다. 이후 유아 장내세균이 완성되면 항체량이 90% 줄고 대신 지방이 늘어 에너지로 쓰인다. 모유 속 박테리아와 올리고당*으로 자리를 잡은 장내세균 덕분에 모유그룹은 분유 수유그룹보다 이유식에 훨씬 잘 적응한다. 즉 젖을 떼고 먹는 고형식 분해 효소가 분유 수유 아이보다 20여종이나 더 많았다.

장내세균이 유아 면역훈련의 교관

모유 수유가 좋은 또 다른 이유는 장기 건강 효과다. 모유 아이는 분유 아이보다 중이염(2배), 호흡기 감염(4배), 소화기 감염(3배), 괴사성 장염(2.5배), 돌연사 증후군(2배)이 낮고 한 살 전 사망률이 30% 적다. 모유 수유 기간이 1, 2, 3, 9개월이면 비만이 4, 8, 12, 30%까지 감소하고 성인 때 2형 당뇨 확률이 60% 낮았다. 문제는 모유 수유가 실제로는 만만치 않다는 점이다. 산모가 젖이 안 나오거나 모유 수유 여건이 안 되는 경우가 많다. 대안으로 분유 수유를 한다. 하지만 분유는 모유 대체품이

---

* 올리고당(oligosaccharides): 글루코오스(glucose), 프룩토스(fructose), 갈락토오스(galactose)와 같은 당(糖)이 2~8개 정도 결합한 당으로 감미를 가진 수용성의 결정성 물질.

아니다. 분유는 소가 송아지에게 먹이는 우유다. 사람이 소처럼 풀을 먹지 않는다. 당연히 장내 미생물 종류가 다르고 항체, 올리고당, 장내세균이 없다. 모유는 분유와 달리 유아용 완벽 건강세트다. 선진국에서 모유 수유 비율이 늘고 있는 이유다. WHO는 생후 6개월 동안은 모유만을 먹이고 고형식 먹는 6개월이 지나 2년까지는 모유를 병행할 것을 권장한다. 하지만 국내는 한참 못 미친다. 24.6%만이 6개월 완전 모유 수유, 2년까지 병행하는 비율은 1% 미만이다.

아이 평생건강은 3개월 때 결정된다. 한번 때를 놓치면 다시 회복하기 어렵다. 캐나다 브리티시컬럼비아의대 소아연구팀은 319명의 유아 장내세균 종류를 조사했다.[6] 3개월 때 장내세균이 제대로 형성되지 않은 아이들은 세 살 때 천식, 아토피가 생겼다. 문제는 3개월 때 비정상이던 장내세균이 한 살 때 정상으로 돌아와도 천식, 아토피가 고쳐지지 않았다는 점이다. 즉 처음 석 달 동안 잘못된 장내세균이 평생 문제를 일으킨다는 이야기다. 연구진은 문제가 있는 아이들에게 네 가지 박테리아(페칼리박테륨, 라크노스피라, 베일로넬라, 로치아)가 없음을 발견했다. 네 종류 박테리아를 처음 태어난 무균 쥐에게 이식하자 자라서 천식이 생기지 않음을 확인했다. 네 종류 박테리아가 생산하던 '아세테이트' 물질이 정상 아이에게는 있었지만 아토피, 천식 아이들 소변에서는 발견되지 않았다. 네 종류 박테리아와 그들 생산물질이 아토피, 천식 발생 원인이라는 반증이다.

유아 면역은 태어나면서부터 훈련된다. 장내세균이 면역훈련 교관이다. 장내세균은 장에 있는 면역세포를 잽으로 훈련시키고 생산물질을 혈액 속에 보내 먼 곳에 있는 장기도 훈련시킨다. 연구진은 제대로 된 장내세균을 모친에게 받는 것이 무엇보다 중요하고 자연분만, 모유 수유가 그 답이라 추천한다.

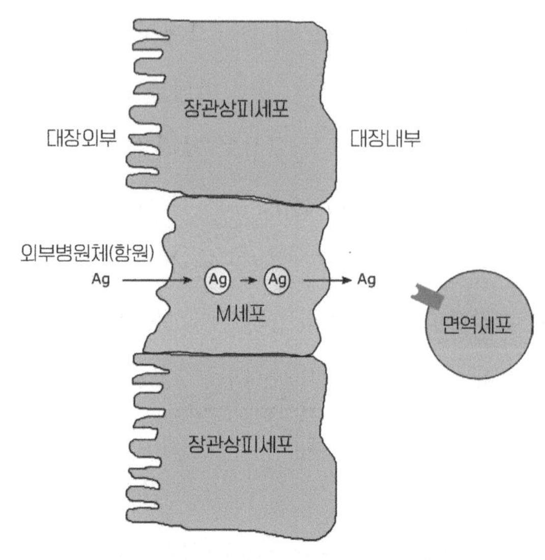

유아 장내 M세포는 엄마 장내세균(Ag)으로 장내 면역세포를 훈련시켜 면역을 완성한다

엄마는 임신부터 수유까지 태어날 아이를 위해 모든 것을 '차곡차곡' 준비해 놓는다. 불룩한 배는 아이의 비상식량이고 모유는 '착한 장내세균' 덩어리다. 수백만 년 전부터 준비된 '유아 종합선물세트'가 제왕절개, 분유 수유로 실종되고 있다. 산모가 편해지는 반면 아이 건강은 나빠진다. 건강한 유아를 위한 지혜를 모아야 한다.

Q&A

Q1. 장내세균의 이로운 점은 무엇인가요?

장내세균은 잘 관리하면 건강에 좋고 잘못하면 해를 끼치지요. 잘 유지할 경우 장내에 유익한 균들이 우세해서 장내의 병원균을 억제합니다. 또 소화를 돕는 균들이 많아지고 비만균이 적게 만들어 질 수 있습니다. 또한 대장에 몰려 있는 면역세포를 계속 훈련시켜서 면역이 너무 예민해지지 않게 합니다. 너무 예민해지면 사소한 균이나 자극에도 총질을 해댑니다. 아토피나 과민성대장증후군 등이 생깁니다. 최근 연구는 장내세균이 우울증, 자폐증 등을 예방한다고 합니다. 어릴 적 계속 배앓이를 한다면 그런 통증신호를 계속 받은 뇌가 비정상으로 발달될 수 있다는 이야기입니다.

Q2. 모유 먹는 아기에게 부족한 영양소는 없는 건가요?

모유는 태아에게 필요한 영양소를 대부분 함유하고 있습니다. 하지만 일부 보충할 필요가 있다고 이야기되는 부분이 있습니다. 특히 비타민D는 햇볕을 쬐어야 만들어지는데 구석기 시대 인류와는 달리 현대 아이들은 그렇게 일찍 해를 쬐기가 쉽지 않지요. 미국 소아과에서는 비타민D 섭취량을 하루 400IU를 권장합니다만 국내 소아협회 공식지침은 아닙니다. 철분, 비타민B12도 같은 맥락입니다.

3

목마른 당신, 차 몰면 음주운전 하는 셈

탈수와 건강

쾅쾅쾅. 급한 노크와 함께 911 대원이 들이닥친다. 전화한 지 5분 만이다. 필자와 룸메이트는 생전 처음 앰뷸런스를 탔다. 미국 유학 시절이다. 룸메이트가 뭘 잘못 먹었는지 토했다. 화장실을 들락날락했다. 조용해져서 괜찮은가 했더니 웬걸, 바닥에 널브러져 있다. 응급실 의사는 "럭키 lucky"라고 했다. 바이러스성 장염 탈수로 응급상황이었다. 구토, 설사로 인한 이런 급성탈수는 위

물만 잘 마셔도 장수할 수 있다. '최고의 건강 파수꾼'인 물을 자주 마시는 습관을 들이자(사진: 중앙포토)

험하지만 드문 일이다. 그러나 평상시 물을 제대로 마시지 않는 '가벼운 목마름'은 자주 있다. 문제가 될까? 가랑비에 옷 젖는다. 만성탈수는 장수 유전자에 못질을 한다. 미국 과학자들은 '생수 자주 마시기'를 '최고의 건강 파수꾼'으로 선정했다. 운동, 생수, 땀은 운동의 계절 가을의 건강 키워드다. 물을 제대로 마셔보자.

아침부터 룸메이트가 바쁘다. 장거리 차량 여행 준비 때문이다. 물은 가능하면 안 마신다. 길은 막히는데 소변이 급해지면 난감해진다. 물을 안 마시면 소변 걱정은 줄지만 사고는 늘어난다. 영국 연구팀은 두 그룹의 운전 능력을 운전 시뮬레이터로 조사했다.[7] 한 그룹은 실험 전날 2.5l를 나누어 마신 '정상' 그룹, 다른 하나는 정상의 4분의 1을 마신 '목마른' 그룹이었다. 운전 테스트 결과 '목마른' 그룹이 배나 많이 사고를 일으켰다. 브레이크를 늦게 밟고 중앙선을 넘어갔다. 이런 운전은 혈중 알코올농도가 단속 기준(0.05%)을 넘어선 0.08%인 상태에서 음주운전 하는 것에 해당한다. '물 좀 적게 마신다고 별일이 있겠느냐'고 가볍게 볼 일이 아니다. 두뇌가 둔해진다. 무엇보다 심장이 위험해진다.

2% 탈수 때 혈관 신축성은 26%나 떨어진다. 사우나 안에서 팔굽혀펴기를 30개나 했다는 필자 무용담에 룸메이트가 눈이 동그래진다. 2006년 코미디언 김형곤 씨 돌연사가 떠올랐기 때문이다. 심장마비가 생긴 건 헬스 사우나 러닝머신 운동 후였다. 탈수가 심장에 영향을 줄까? 유럽 영양학회지에 의하면 20세 청년들이 1.5시간 가볍게 달리고 물을 제

대로 마시지 않았더니 2% 탈수가 되었다.[8] 목마르다고 느끼는 정도다. 하지만 이 상태에서 심장혈관내피의 신축성은 무려 26%나 떨어졌다. 신축성 떨어진 심혈관은 동맥경화와 심장병을 유발한다.

동네 핫요가가 인기다. 땀이 많은 필자는 솔깃하지만 고 김형곤 씨 생각에 멈칫한다. 괜찮을까? 한국인은 화끈하다. 이열치열(以熱治熱)이다. 운동 후 고온 사우나로 땀을 확실히 뺀다. 핫요가는 한술 더 뜬다. 더운 실내에서 온몸을 움직여서 땀을 펑펑 쏟아낸다. 몸무게가 2kg이나 준다. 다이어트 성공인가? 아니다. 땀이 일시 빠져서 그렇다. 기분은 개운하지만 몸은 그렇지 않다. 체중 60kg에 2kg의 수분이 줄면 3.3% 탈수 상태다. 영국팀이 연구한 '운전사고 유발 탈수(1.1%)'보다 3배나 된다. 수분을 바로 채우지 않으면 문제가 생긴다. 1.5% 탈수는 두뇌 인지능력 감소, 2%는 운동 능력 10% 감소, 6%는 두통과 현기증 유발, 10%는 고열, 졸도로 위험하다. 탈수에 열까지 더하면 응급이다. 90분 고강도 핫요가 시 체온은 39.5도, 최대 심박 수는 기준치의 92%까지 올라간다. 마라톤 같은 힘든 운동 시 땀은 시간당 1.5l까지 나온다. 2시간이면 60kg 성인은 5% 탈수가 된다. 급성탈수의 경우 몸은 살아남기 위해 땀을 더 이상 안 내보낸다. 때문에 체온이 급상승한다. 혈액이 적어져서 저혈압 상태가 된다. 이런 급성탈수는 모두 조심한다. 문제는 평소 물을 잘 안 마시는 습관이다.

물을 하루 2ℓ를 마시는 청년이 3일간 1ℓ만을 마시면 무슨 일이 생길까? 몸무게가 2% 준다. 수분이 줄어든 결과다. 혈액 삼투압*이 3% 높아진다. 바소프레신* 호르몬이 급격히 분비돼 몸이 탈수 상황임을 알린다. 소변량이 반으로 준다. 갈증은 반나절도 안 되어 심해진다. 그렇다고 일시적인 탈수에 그리 예민해질 필요는 없다. 하루 물을 제대로 안 마셨다고 해서 금방 문제가 생기는 건 아니다. 신장은 나가는 소변을 농축해서 탈수 악영향을 최소화한다. 일시적인 탈수는 물만 보충한다면 다시 정상으로 돌아온다. 문제는 평상시 잘 안 마시는 습관이다. 물 부족으로 세포는 늘 소금물에 떠 있는 '만성탈수'다. 세포가 약해지고 수명이 줄어든다. 노인은 특히 탈수에 취약하다. 갈증 감각이 떨어지고 신장이 약해지기 때문이다.

미국 노스캐롤라이나대학 연구팀은 건강한 70세 노인 561명을 추적했다.[9] 이들 중 15%가 평상시에도 물을 적게 마시는 만성탈수 상태였다. 10년 후 이들의 사망률은 40% 높았고 신체건강, 활동지수는 2배 낮았다. 탈수가 되면 왜 수명이 줄어들까?

삼풍백화점 붕괴 사고 시 19세 소녀는 15일 후 구출됐다. 소녀는 화재진압 때 흘러내린 물로 살아남았다. 사람은 물 없이 4일을 못 넘긴다. 하지만 낙타는 수 주일을 물 없이도 산다. 물은 낙타 혹 지방 속에 스며들

---

* 삼투압(osmotic pressure): 농도가 다른 두 액체를 반투막으로 막아 놓았을 때, 용질의 농도가 낮은 쪽에서 농도가 높은 쪽으로 용매가 옮겨가는 현상에 의해 나타나는 압력.
* 바소프레신(vasopressin): 시상하부에서 만들어지고 뇌하수체 후엽에서 저장, 분비되는 펩티드호르몬이다. 신장에서 물을 재흡수하거나 혈관을 수축시키는 기능을 한다.

어 있다. 물이 없으면 지방 내 물이 쓰인다. 혈액은 별도여서 낙타는 사막에서 살아남는다. 인간은 물을 못 마시면 바로 혈액 수분이 줄어 생명 자체가 위험해진다. 인류 조상들은 강가에 살았다. 낙타와 달리 탈수에 근본적으로 취약하다.

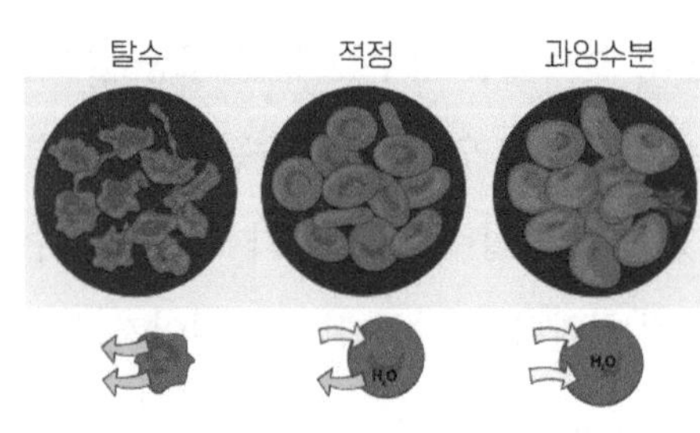

탈수로 삼투압이 높아지면 세포가 수축한다(왼쪽). 물이 너무 많으면 세포 팽창과 저나트륨증을 유발한다(오른쪽). 가운데는 정상 상태

인체 60%가 물이다. 소변(60%)과 날숨(40%)으로 나가는 수분은 하루 2.5~3ℓ다. 나가는 만큼 마시는 물(80%)과 음식(20%)으로 보충한다. 땀은 거의 맹물이다. 흘린 만큼 혈액은 더 진해진다. 진한 소금물에 절인 배추는 맥없이 쪼그라든다. 세포도 삼투압이 높아지면 쪼그라든다. 세포 핵심인 단백질(호르몬, 효소)도 쪼그라든다. 인체 삼투압이 쉽게 변하면 안 된다. 물 부족으로 혈액이 진해지면 두뇌는 '갈증'으로 인식, 호르몬(바소프레신)을 내보내 소변량을 줄인다. 소변이 더 진해진다. 신장은 20배까지 농축이 가능하다. 이런 조절 능력 덕분에 혈액 삼투압은 정상의 2% 내외에서 유지된다. 하지만 조절 범위를 벗어날 때 인체는 위험해진다.

이탈리아 연구진은 쥐에게 정상 식사는 하되 물을 적게 주었다. 이런 탈수 상황에서 작동하지 않는 유전자를 발견했다. 장수 유전자인 '클로토 Klotho' 유전자다. 수명을 결정하는, 제우스의 딸 이름을 가진 유전자다. 저명 학술지 '사이언스'에 의하면 이 유전자가 작동하지 않는 쥐는 다른 쥐의 4분의 1도 못 살았다. 반면 이 유전자 수를 늘리면 수명이 늘어났다.[10] 이 유전자가 작동하지 않으면 신부전증으로 위험해진다. 생수가 생명수다. 매일 얼마를 마셔야 할까?

'클로토' 유전자는 장수 여부를 결정짓는 것으로 알려져 있다. 물이 부족한 탈수 상황에서는 클로토 유전자가 작동하지 않는다. 그림은 수명을 결정하는 실을 뽑는 제우스의 딸 클로토(오른쪽, '죽음, 세 운명의 승리', 런던 빅토리아박물관)

방송에서 '하루 2.5ℓ 마시라' 해서 큰 생수병을 준비했다. 이걸 본 룸메이트가 하버드 문헌을 들이댄다. 적정량은 0.8~1ℓ였다. 미국 의학연구소는 1.9ℓ, 건강센터는 3ℓ, 마요연구소는 '목마를 때 마셔라'다. 통일된 값이 없다. 아니 값이 있는 게 오히려 이상하다. 필요 생수량은 개인차가 심하다. 땀이 많은 사람은 더 많이, 탕을 좋아하는 사람은 더 적게 마셔야 된다. 즉 체질, 음식, 날씨, 활동, 땀양에 따라 다르다. 목마를 때 마셔도 큰 문제는 없다. 하지만 반나절이 지나야 갈증이 생기고 이때는 이미 1~2% 탈수 상황이다. 갈증을 느끼는 개인 시간차도 있다. 하루 8컵이 목표라 해도 내가 몇 잔을 마셨는지 기억하기는 힘들다. 평상시 보통 사람이 쉽게 쓸 수 있는 방법이 없을까?

룸메이트와 옥천휴게소에 들렀다. 남자 화장실 소변기 앞에 뭔가 붙어 있다. '소변 색으로 보는 내 몸 탈수 상태'. 이거다. 이게 제일 정확하다. 병원에서 인체 탈수 여부는 피를 뽑아 진한 정도(삼투압)로 측정한다. 세포가 영향을 받는 것은 혈액의 진한 정도다. 이게 정상이면 된다. 혈액이 진하면 소변은 농축돼 더 진해진다. 즉 내 몸의 현재 탈수 상태를 정확히 알려주는 게 소변 색이다. 미국 육군 탈수 예방 지침서에도 소변 색을 보라고 했다. 투명 무색은 물을 너무 많이 마시고 있다는 표시며 밝고 옅은 노란색이 정상이다. 물론 비타민이나 약으로 생기는 소변 색은 별도로 고려해야 한다.

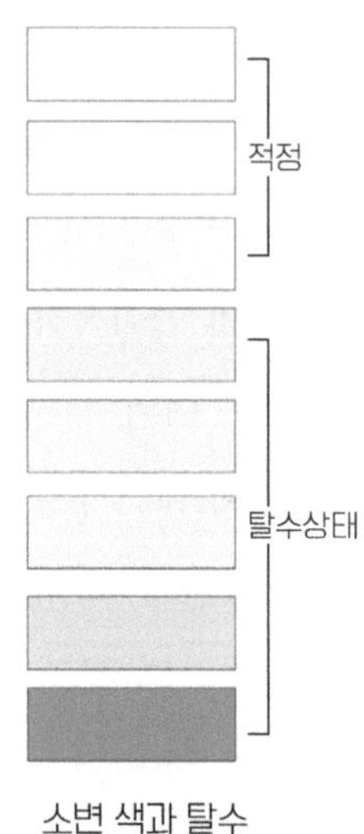

소변 색과 탈수 정도(옅은 노란색이 정상)

운동 욕심이 나는 가을이다. 1시간 운동은 생수만 마셔도 되지만 마라톤 등 2시간 이상 고강도 운동 시 단순 생수만 마시면 혈액이 묽어져 혈중 나트륨이 낮아지는 '저나트륨증'으로 위험해진다. 2011년 시카고 지역 조깅하는 사람의 반은 저나트륨증을 보였고 사망자도 발생했다. 고강도 운동 시 단순 물보다는 초콜릿 우유나 스포츠음료 등 전해질*이 첨가된 음료수가 좋다. 과당, 포도당은 금물이다. 운동 후 단 드링크는 탈수를 가속화하고 신장 문제를 일으킨다. 커피를 마신다고 탈수가 더 생기지는 않는다. 수돗물, 검사된 약수 모두 마셔도 된다. 물 종류 대신

* 전해질(electrolyte): 물 등의 용매에 녹아서 이온으로 해리되어 전류를 흐르게 하는 물질.

소변 색에 예민해지자.

국내 성인 74%가 하루에 물 1ℓ도 안 마신다. 급성탈수는 조심하지만 만성탈수는 신경을 안 쓴다. 개인 맞춤형 노하우가 필요하다. 필자의 30년 룸메이트인 아내는 500㎖ 생수병 3개를 채워 부엌에 놔두고 수시로 비운다. 2ℓ 큰 생수병보다 비우기가 쉽다. 본인의 작은 체중과 적은 운동량, 많은 국물 식사와 소변 색에 맞는 '적정 생수량'이라고 한다. 소변 색 잘 보고 물만 잘 마셔도 앰뷸런스를 탈 확률은 줄어든다. 한국인은 '물 부족' 국민이다.

Q&A

Q1. 물이 건강에 미치는 여러 가지 영향은?

몸에 수분이 부족해지면 혈액의 농도가 짙어져 혈액순환에 문제가 생기게 됩니다. 또 몸속으로 들어온 공기가 쉽게 말라버려 호흡기 점막이 건조해져 감염이 쉬워집니다.

수분이 부족한 상황을 몸이 응급상황이라고 판단해 스트레스 호르몬을 분비하기도 하는데, 이 경우 심장박동이 빨라지고 땀이 나 심리적으로 불쾌할 수 있습니다. 또한 수분이 부족해 장 기능이 저하돼 변비 등을 유발할 수도 있습니다.

Q2. 갑자기 소변 색이 너무 노래졌어요. 이유가 뭔가요?

건강한 일반인의 경우 소변의 색은 연한 노란색이지만 수분이 부족할 경우 색이 진해질 수가 있으므로 우선 수분 섭취를 충분히 하고 그래도 소변 색이 연해지지 않는다면 검사를 해봐야 합니다. 그 이유는 수분을 충분히 공급했음에도 소변이 진한 황색이라면 소변에 빌리루빈이 배출된 경우도 간과할 수 없기 때문입니다. 이렇게 소변으로 빌리루빈이 배출되었다는 것은 간 기능의 저하가 생긴 것이고 이러한 간 기능 저하의 원인은 간질환이 생겼을 수 있기 때문입니다.

4

적게 먹었더니 세포 깨끗, 저세상에 못 간다고 전해라

소식 장수 비결

장거리 배낭여행의 성공 비결은 불필요한 것을 과감히 버리는 거다. 인체의 노화 세포를 없애버리면 몸이 더 젊어지지 않을까. 그렇다. 쥐의 문제가 있는 늙은 세포를 없앴더니 쥐의 수명이 35% 늘어났다. 과학은 수명을 연장시키는 새로운 돌파구를 찾은 걸까.

미국 캘리포니아의 마요 임상연구소는 "늙은 세포 때문에 수명이 줄었고, 이 녀석들을 없앴더니 수명이 늘어났다"는 연구 결과를 유명 학술지 '네이처'에 발표했다.[11] 젊어서 분열을 잘 하던 세포는 나이가 들면서 분열 속도가 서서히 줄고 결국 분열이 스톱된다. 이렇게 '분열 정지'된 세포는 저절로 없어져야 하지만 그렇지 못할 경우 주위 세포를 병들게 한다. 마요 연구팀은 360일 된 쥐(사람의 46살 해당) 59마리에게 특수 약을 매주 두 번 먹이고 '분열 정지'된 세포만을 제거하면서 죽을 때까지의 건강 상태를 측정했다. 그러자 대조군, 즉 일반 쥐가 626일을 산 반면 약을 먹인 쥐는 843일을 살았다. 사람으로 치면 80살 살던 사람이 107살까지 산 셈이다. 게다가 단순히 수명만 늘어나지 않고 운동력, 활동성도 증가했다. 자리보전하는 수명 연장이 아닌 '진정한 장수'를 했다는 말이다.

부작용은 없었을까. 약을 먹은 쥐들의 세포 수는 큰 차이가 없었다. 즉, 죽어나간 세포 수만큼 새로운 세포들이 자라나서 채웠다. 세포들이 만들고 있던 신장, 심장 등은 영향이 없었을까. 장기는 건강한 상태로 유지됐다. 나이가 들면 신장의 필터(사구체)는 딱딱해져 오줌이 잘 나오지 않고 노폐물인 요소도 걸러지지 않는다. 하지만 '분열 정지'된 세포를 제거했더니 쥐가 30개월 때도 12개월 같은 기능을 유지할 수 있었다. 사람으로 치면 45세에도 18세 청년처럼 소변을 시원스럽게 본다는 이야기다. 조상들은 소변 세기를 건강의 척도로 여겼다. 복분자(覆盆子)는 요강(盆)이 뒤집힐(覆) 정도로 소변을 세게 만든다는 의미의 열매다. 오래된 세포를 없애는 약이 복분자처럼 젊은 나이의 소변 줄기를 만든 셈이다.

나이 들면 몸의 청소 기능도 약해져

소변 센 것보다 심장이 잘 뛰어야 한다. 심장병은 성인 사망 원인 1위다. 나이가 들면 제대로 일을 하는 심장세포 수가 줄어든다. 때문에 남아 있는 세포는 더 열심히 일을 해야 하므로 심실비대증이 생긴다. 또 노쇠해진 심장세포는 부정맥* 같은 외부 스트레스에 대응력이 떨어져 사망에 이르게 할 수 있다. 하지만 특수 약으로 '분열 정지'된 세포를 제거한 쥐들에게는 이런 현상이 관찰되지 않았다. 해부해보니 심장은 젊은 쥐의 구조를 가지고 '쿵쿵' 잘 돌아가고 있었다. 즉 분열정지세포가 수명을 단축하고 있었고 이 녀석들을 없앴더니 수명이 그만큼 늘어났다는 이야기다. 분열정지세포를 청소하는 것이 수명 연장의 핵심이다.

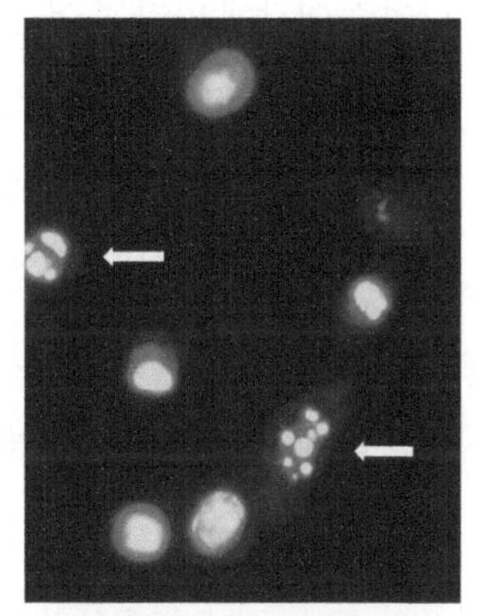
'분열 정지' 상태에 이르러 청소되는 세포(화살표). 자외선을 받아 분열 정지되면 세포 내 DNA(흰 반점)가 스스로 뭉쳐 자체 분해되려 한다

'분열정지세포'는 왜 생겨서 수명을 단축시킬까? 난자, 정자의 수정 이후 세포는 계속 수가 늘어 뇌, 신장, 심장세포로 분화해 인체를 만든다. 하지만 세포가 무한정 자라지 않는다. 사람 피부세포를 떼어 내 실험실에서 키우면 태아는 60회, 성인은 40회 자라고 스톱한다. 즉 '세포분열 정지 Cellular senescence'가 된다. 성인의 척추원반(디스크)세포의 경우, 분열 정지된 세포 비율은

* 부정맥(arrhythmia): 심장의 전기 자극이 잘 만들어지지 않거나 자극의 전달이 잘 이루어지지 않아 규칙적인 수축이 계속되지 않고, 심장박동이 비정상적으로 빨라지거나, 늦어지거나, 혹은 불규칙하게 되는 것.

나이에 따라 급증해서 35세 8.2%, 55세 54%, 66세 94.3%가 된다. 인간 세포는 분열 횟수가 제한돼 있다는 사실을 발견한 미국 과학자 헤이플릭의 이름을 딴 '헤이플릭 한계 Hayflick Limit'는 인간이 왜 죽는가를 설명한다. 인간은 일정 기간 살다가 죽게 프로그램 돼 있고 환경이 나쁘면 더 일찍 죽는다. 염색체 끝의 '텔로미어(말단소립*)'는 분열할 때마다, 즉 나이 들어감에 따라 줄어든다. 줄어든 텔로미어는 손상된 DNA로 간주돼 세포는 분열을 정지시켜 암이 되는 걸 막는다. 분열 정지된 세포는 그 상태에서 계속 일을 하면서 늙어간다. 어느 상태가 되면 세포는 스스로 '자살 apoptosis'을 감행한다. 세포자살 유전자(p53*)가 켜지면서 세포 스스로 내부를 정리하고 분해, 청소한다. 마지막으로 면역세포에 신호를 보내 잡아먹힌다. 조용히 주위 세포에 피해를 주지 않고 사라지는 것이다.

정상 세포와 분열정지세포 비교

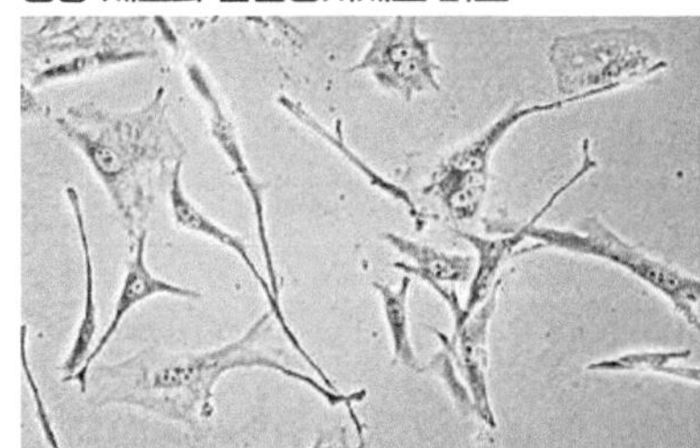

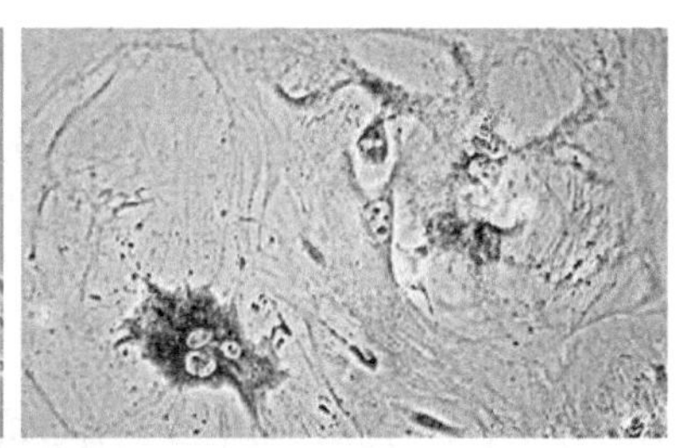

쥐의 배아섬유세포가 활발하게 분열할 때에는 가늘고 긴 모양이지만(왼쪽) 나이가 들면 평평하게 바뀌고 분열도 멈춘다(오른쪽)

---

* 말단소립(Telomere): 6개의 뉴클레오티드가 수천 번 반복 배열된 염색체의 끝단.

* p53: 세포의 이상증식이나 돌연변이가 일어나지 않도록 막아주는 유전자. 세포의 이상증식을 억제하고 암세포가 사멸하도록 유도하는 역할을 담당하는 유전자로, 항암유전자라고 불린다.

유통기한 만료 이외에 자외선, 방사선, 외부 스트레스도 분열을 정지시킨다. 분열정지세포들은 즉시즉시 청소돼야 한다. 이 녀석들은 암세포로 변하거나 이웃세포에 독성물질을 내뿜어 장기 기능을 떨어뜨리기 때문이다. 하지만 나이가 들면 이런 청소 기능, 즉 면역세포들도 약해진다. 미국 마요 임상연구소팀도 바로 이 점에 착안했다. 즉, 이런 해로운 분열정지세포만 없애면 수명이 늘어날 것이고, 이 점을 쥐에서 증명한 것이다. 이런 '청소'는 동물뿐만 아니라 식물, 즉 나무도 필요하다.

가을 단풍은 식물의 양분 회수 과정

내장사에서 백양사로 넘어가는 길은 10월이면 선홍색 단풍으로 불이 붙는다. 하지만 화려한 단풍은 나무가 살기 위한 '자기 살 베어내기'다. 빛이 줄고 기온이 떨어지면 호르몬(옥신) 감소를 신호로 나무는 청소를 시작한다. 광합성* 공장인 잎으로 가는 길목을 '떨켜층'으로 차단하고 엽록소*를 분해, 회수한다. 녹색 잎이 단풍으로 변하는 것은 녹색 엽록소를 파괴해 단백질 원료인 질소를 회수하기 때문이다. 회수율은 90%에 가깝고 이를 통해 봄에 필요한 질소의 80%를 얻는다. 잎에서 회수한 질소는 줄기나 뿌리에 저장해 봄에 재사용한다.

---

* 광합성(photosynthesis): 녹색식물이나 그 밖의 생물이 빛에너지를 이용해 이산화탄소와 물로부터 유기물을 합성하는 작용.
* 엽록소(chlorophyll): 녹색식물의 잎 속에 들어 있는 화합물로 엽록체의 그라나(grana) 속에 함유.

이런 재사용은 동물에게도 중요해서 분열 정지된 세포는 분해돼 상처 회복에 재사용된다. 자라나는 아이들을 위해 늙어가는 몸을 희생하는 부모를 보는 듯하다. 모든 생물은 청소로 영양분을 재사용하고 기능을 유지한다. 청소를 잘해야 한다.

동네 목욕탕에서는 인체 청소가 한창이다. 때를 열심히 밀거나, 먹다 남은 요구르트를 얼굴에 바른다. 둘 다 피부 각질을 벗겨내는 방법이다. 다만 요구르트의 젖산 함량이 낮아 병원 피부 박피술*보다는 효과가 미미하다. 하지만 굳은살이나 묵은 때를 벗겨내는 것은 물리적으로 표피 아래층의 기저 세포분열을 자극해서 새로운 피부세포가 자라 올라오도록 한다. 정리, 청소의 기술은 목욕탕에서만이 아니라 일상에서도 필요하다.

동료 교수 중에는 '정리의 신(神)'이 있다. 비슷한 양의 우편물을 매일 받지만 그의 사무실은 늘 정결하다. 책상에는 당일 볼 논문 한 편만 있다. 비법은 간단했다. 매주 월요일, 일정량의 책, 잡지 등을 오래된 순으로 서재에서 빼버린다. 인체도 간결해야 한다. 마요연구소 결과는 청소를 잘해주는 것이 장수의 지름길임을 알린다. 하지만 청소약이 인간에게 적용되려면 시간이 걸린다. 굳이

소식은 세포 청소 효과를 통해 수명을 연장시킨다

* 박피술(peeling): 화학 약품이나 레이저를 이용해 피부의 일부를 벗겨냄으로써 새로운 피부의 생성을 유도하는 시술.

약을 먹지 않고도 청소가 잘되는 생활 속 비법은 무엇일까? 과학자들이 꼽은 건 소식(小食)이다. 세포는 먹을 것이 떨어지면 자기 몸을 스스로 분해한다. 기능이 떨어진 기관부터 부순다. 조금 굶은 소식 상태에서는 이런 청소 기능이 활발해진다. 적게 먹으면 '세포 보일러'인 미토콘드리아*가 과잉 열량으로 과열되지 않아서 보일러 수명도 길어진다. 소식은 세포 기능 유지와 청소의 이중 효과가 있다.

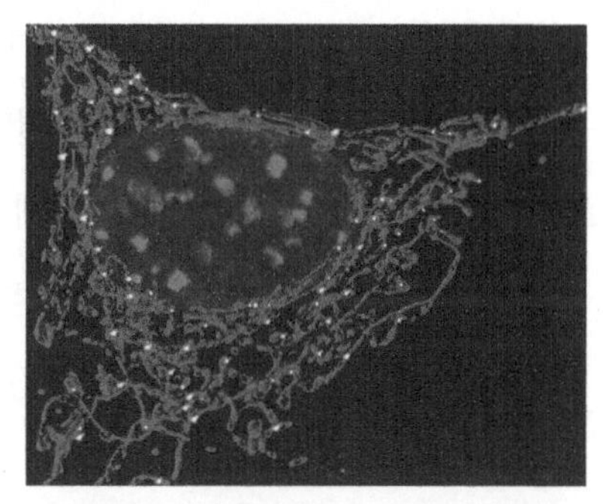
미토콘드리아(붉은색)는 세포의 보일러로, 과식으로 고장 나면 분해돼야 한다. 파란색으로 나타낸 것은 세포핵이다

조금 먹고 많이 움직이고 껄껄거리면 장수

소식은 장수촌의 특징이다. 일본 100세 장수인은 조금 먹고 많이 움직인다. 중년 쥐에게 칼로리를 26% 줄였더니 간, 대장의 분열정지세포가 6% 감소했고 텔로미어 길이는 오히려 늘어났다. 원숭이의 경우는 소식이 면역 T세포의 분열 정지를 줄였다. 소식이 나이를 되돌린 셈이다. 하지만 조금 먹는 건 일회성, 간헐적이 아닌 생활습관이 돼야 한다.

일본 오키나와 북부 장수촌인 오기미 마을의 노인들

---

* 미토콘드리아(mitochondria): 세포에서 에너지 대사의 중추를 이루는 세포 내 소기관 중 하나로, 진핵세포의 특징인 핵막으로 둘러싸여 있음.

소식 기간이 2~4년인 원숭이는 맘대로 먹은 그룹과 큰 차이가 없었다. 10년 이상 단식한 원숭이에게만 면역 T세포가 늘어났다. 소식은 일종의 스트레스다. 몸도 이런 스트레스에 적응하는 기간이 필요하다. 일부 연구는 소식을 짧은 기간 동안 실시해서 효과를 못 본 경우가 있다. 원숭이 연구는 소식이 단기간이 아닌 장기간, 즉 생활습관이 돼야 함을 알려준다.

이슬람에는 일 년에 한 달, 라마단 단식 기간이 있다. 이 기간 중 낮에는 물과 음식을 안 먹는다. 과학적으로 건강에 도움이 될까. 일주일에 이틀 동안 평상시의 25%만 먹는 '간헐적 단식'이 체중, 혈압, 콜레스테롤, 인슐린 저항성을 낮췄다. 조금 더 독하게 마음먹으면 아예 며칠 단식을 할 수 있다. 2~4일간의 단식은 면역을 재부팅해서 오래된 면역세포를 청소하는 효과가 있다. 하지만 단식 혹은 간헐적 단식은 말처럼 쉽지 않다. 요요현상, 즉 원상태로 돌아오거나 악화된다. 간헐적 단식은 오히려 정상적인 식사습관을 깨뜨릴 수 있다. 습관이 깨지면 폭식, 거식, 정신적 스트레스가 온다. 특히 저체중, 청소년, 1형 당뇨 환자는 단식이 위험하다. 장수촌의 핵심은 평상시의 건강한 생활습관이다. 매일 조금 먹고 많이 움직이고 이웃과 껄껄거리며 감사하게 지내는 것이 장수의 지름길이다.

시루에 콩나물을 잘 키우려면 매일 조금씩 솎아내야 한다. 조금 모자라는 듯 키워야 제대로 자란다. 건강도 콩나물 키우기와 같다. 과유불급(過猶不及), 즉 넘치는 것이 아니라 조금 부족한 것이 때로는 정답이다.

Q&A

Q1. 적혈구나 백혈구도 분열정지세포인가요?

네, 골수에서 생성되고 이미 분화되어 더 이상 증식, 분열이 일어나지 않는 세포입니다. 적혈구 같은 경우는 자라면서 DNA 자체도 없어집니다.

Q2. 인체에서 세포 자살이 일어나는 경우는 뭐가 있나요?

인체 내에서 세포 자살이 일어나는 경우는 크게 두 가지입니다. 하나는 발생과 분화의 과정 중에 불필요한 부분을 없애기 위해서 일어납니다. 올챙이가 개구리가 되면서 꼬리가 없어지는 과정이 대표적인 예죠. 사람은 태아의 손이 발생할 때 몸통에서 주걱 모양으로 손이 먼저 나온 후에 손가락 위치가 아닌 나머지 부분의 세포들이 자살해서 우리가 보는 일반적인 손 모양을 만듭니다. 이들은 이미 죽음이 예정돼 있다고 해서 이런 과정을 PCD(programed cell death)라고 부릅니다. 다른 하나는 세포에 이상이 생겨서 악성세포로 변하는 것을 방지하기 위해서 스스로 자폭하는 경우입니다. 암세포는 이런 메커니즘까지도 이용해서 자폭을 하지 못하게 하고 암세포가 되도록 유도하기도 합니다.

5

뱃속 세균 잡는 유산균, 우울증과 자폐증도 막아준다

장내세균

2015년 3월 24일 150명의 승객을 태운 독일 여객기가 알프스에 추락했다. 사고 당시 정황은 부기장의 자살 비행을 추측하게 한다. 그의 집에선 정신과 치료 권고 서류가 찢긴 채로 발견됐다.

2009년 조종사 자격 훈련을 마칠 때 이미 그는 심한 우울증* 진단을 받았다. 그 후 18개월 동안 치료를 받았다. 자살

'우울한 노인'(빈센트 반 고흐 작, 1890). 국내에서 중장년층과 노년층의 우울증이 급증하고 있다. 최근 정신의학자들은 우울증이 배앓이와 깊은 관련이 있다는 사실을 밝혀냈다

* 우울증(depressive disorder): 의욕 저하와 우울감을 주요 증상으로 하여 다양한 인지 및 정신, 신체적 증상을 일으켜 일상 기능의 저하를 가져오는 질환.

자의 60%가 우울증 환자다. 국내 청소년 사망 원인 1위가 자살이다.

내가 아는 청년은 손목에 칼을 그었다. 오래 사귄 연인과 헤어진 뒤 심한 우울증에 시달렸다고 한다. 자살의 후유증과 공포 탓에 그는 잠시도 가족과 떨어져 있지 못했다. 가족이 그를 살린 셈이다.

날씨 따라 기분이 오르락내리락 할 수 있듯이 우울한 기분은 누구에게나 생긴다. 자녀의 떨어진 성적, 아내의 잔소리, 상사의 질책으로 하루 종일 기분이 다운될 수도 있다. 하지만 봄바람처럼 하루 이틀이면 우울한 기분은 언제 그랬냐는 듯이 스쳐 지나가는 것이 보통이다. 문제는 지속되는 경우다. 도통 사는 재미가 없고 모든 일이 시시해지는 상황이 2주 이상 지속되면 일단 노란색 경고등이 켜진 것이다. 게다가 잠을 제대로 자지 못하는 날이 반복되고 자살이란 단어가 떠오르기 시작한다면 빨간불이 켜진 위험 상황이다.

우리나라 중장년층에서 우울증 환자가 급증하고 있다. 병원을 찾는 사람의 13%가 정신과 문제로 고민한다. 어떤 사람들이, 왜 우울증에 걸리는 것일까. 최근 정신의학자들은 우울증, 자폐증, 정신분열증 등 정신질환이 배앓이와 깊은 관련이 있음을 밝혔다. 배앓이의 주범인 장내세균이 내 머리를 좌지우지한다는 얘기다. 따라서 정신질환을 예방하려면 내 뱃속의 장내세균들이 '맛'이 가지 않도록 해야 한다.

그 방법이 무엇일까? 예전부터 아이가 배가 아프다면 엄마는 아이의 배를 쓰다듬으며 “엄마 손은 약손, 네 배는 똥배”란 노래를 부르곤 했다. 이 말이 과학적으로 근거가 있다는 것이 밝혀졌다. 배를 쓰다듬을 때 두뇌와 복부 사이를 잇는 신경이 자극돼 통증이 사라진다는 것이다. 하지만 엄마의 ‘약손’은 임시처방이다. 뭔가 근본적인 조치가 없으면 아이는 배앓이를 계속할 것이다. 배앓이는 설사, 변비를 동반하고 이런 증상이 반복, 습관화되면 과민성 대장증후군에 이른다. 특이한 점은 자폐증 어린이의 40~90%가 배앓이를 한다. 배앓이가 정신질환과 밀접한 연관이 있다는 반증(反證)이다.

‘국제 정신의학지 Psychiatric Research’에 실린 결과에 의하면 뇌와 대장을 연결하는 신경망(網)에 장내세균이 직접적으로 영향을 준다.[12] 과정은 이렇다. 잘 유지되고 있던 장내세균의 균형이 병원균 침입, 음식 변화, 항생제 사용 등으로 깨진다. 튼튼했던 대장의 막(膜)에 균열이 생기면서 장 누출(漏出)이 일어난다. 장 누출로 대장의 독성물질이 혈액 내부로 침투해서 대장 전체에 염증을 일으킨다. 실제로 우울증이나 조울증* 환자의 피엔 염증물질의 농도가 높아져 있다. 또 장내세균이 만들고 있던 유익한 두뇌 조절물질 GABA, BNDF이 줄어든다. 그 여파로 평상심 유지 물질인 세로토닌 serotonin이 제대로 전달되지 않아 우울증이 생긴다. 그런데 인간의 장내세균은 언제, 어떻게 자리 잡게 되는 걸까?

---

* 조울증(manic depressive illness): 조증과 우울증이 번갈아 가며 나타나는 감정의 장애를 주요 증상으로 하는 정신 질환.

장내세균은 균덩이 아닌 또 하나의 장기

조선 왕들은 '매화(梅花)틀'이라고 부르는 휴대용 변기에서 일을 봤다. 내의원 어의(御醫)는 매화, 즉 분변의 냄새와 모양으로 왕의 건강을 체크했다. 건강한 황금색부터 이상이 있는 흑색, 적색까지, 매화는 먹은 음식과 장내세균에 따라 변한다. 포유류의 경우 대장과 자궁이 가까이 있어 균(菌)의 이동이 가능하다. 따라서 태아는 출산 과정에서 엄마 자궁 속 균과 접촉하고 하루가 지나면 대장에 균이 자란다. 이렇게 형성되기 시작된 장내세균은 계속 늘어나 성인에게선 장내세균 무게만 1~2kg에 달한다. 거의 뇌와 같은 무게다. 장내세균은 모두 1,000여종에 이르며 인간보다 150배 많은 유전자를 갖고 있다. 사람마다 장내세균이 서로 달라서 장내세균은 마치 '개인 지문'처럼 사용될 수 있다. 이들이 하는 일을 보면 놀라울 정도다. 장내세균은 단순히 '균덩어리'가 아닌 또 하나의 장기(臟器)다.

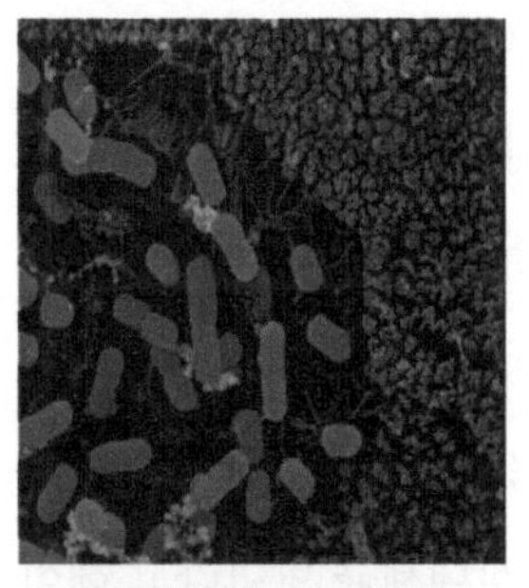
대장세포(회색)와 접해 있는 공생 장내세균(대장균, 자색). 장내세균은 정신 건강에도 영향을 미친다

저명 과학전문지인 '사이언스Science'엔 장내 유익한 세균이 인체면역을 견디는 '특수방호복'을 소지하고 있다는 연구논문이 실렸다.[13] 장내 유익균(有益菌)은 장내 유해균(有害菌)을 공격한다. 장내세균은 또 종류에 따라 '뚱뚱형'과 '날씬형'으로 구분될 만큼 소화대사에 깊이 관여한다.

게다가 면역의 '맷집'을 키워 신체의 과민반응인 알레르기*가 생기지 않도록 하는 역할도 수행한다. 이처럼 대장은 단순히 변(便)을 모아두는 창고가 아니라 면역과 대사의 핵심 장소다. 이런 대장은 정신질환과도 깊은 관련이 있어 '제2의 뇌(腦)'라고도 불린다.

장내세균 물려줘야 진화에 유리

자폐증 환자를 다룬 영화 <말아톤(2005년)>의 실제 주인공 배형진 씨는 최연소 철인 3종 경기 완주 기록을 갖고 있다. 또 더스틴 호프만 주연의 영화 <레인맨(1988년)>에서도 자폐증 환자인 주인공이 숫자에 대한 특별한 기억력 덕분에 카지노에서 많은 돈을 따기도 한다. 이 두 영화에서처럼 자폐증 환자들은 때론 비상한 운동 능력이나 집중력을 지닌다. 하지만 대다수 자폐증 환자들은 사회 적응력이 떨어진다. 진화학자들은 이들의 사회성 부족 원인이 비(非)정상 장내세균 탓이라고 해석한다. 장내세균 없이 태어난 쥐가 자폐증 증상을 보인다는 것을 그 증거로 내세운다. 자폐증 아이들에게 유독 장 누수 증상이 많은 것도 강조한다. 장내세균에 문제가 있으면 왜 사회성이 떨어질까?

미국에서 목조주택을 구입할 때는 먼저 흰개미가 살고 있는지 살펴야 한다. 흰개미가 나무를 갉아먹기 때문이다. 하지만 개미는 나무를 소

* 알레르기(allergy): 어떤 외래성 물질과 접한 생체가 그 물질에 대해 정상과는 다른 반응을 나타내는 현상.

화하진 못한다. 장내세균이 대신 나무를 분해해 포도당으로 만들어준다. 반대로 개미는 나무를 분쇄해주고 장내세균이 거주할 장소를 제공한다. 둘은 짝짜꿍이 맞는 공생(共生)관계다. 모든 동물은 장내세균을 보유하도록 진화했다. 사람의 장내세균은 병원균을 막아주고 다양한 음식을 먹을 수 있게 한다. 이처럼 소중한 장내세균을 자녀에게 빨리 물려줘야 진화에 유리하다. 그래서 과거엔 가족이 서로 뭉쳐 살았는지도 모른다. 실제로 가족과 사회를 이뤄야 다양한 장내세균을 후대에 쉽게 전달할 수 있다. 장내세균은 사회성 형성에 필수적인 존재다.

장내세균에 문제가 있으면 자폐증에 걸리기 쉽다는 주장은 이래서 나왔다. 다른 쥐들과의 접촉을 꺼리는 '수줍은' 쥐들에게 교류가 활발한 쥐의 장내세균을 옮겨 봤다. 그 결과 수줍어하던 쥐들이 처음 보는 쥐들에게도 어렵지 않게 다가갔다. 이 연구 결과는 자폐증 치료에 중요한 실마리를 던져 주었다. 사람끼리도 장내세균을 옮기는 일이 가능할까?

사람끼리 유익한 장내세균 교환 가능

2014년 미국 MIT 생물공학 교수가 벤처회사를 설립했다. 공생세균회사다. 이 회사에선 개인의 장내세균 조성을 검사한 뒤 비만, 배앓이를 치료한다. 건강한 사람의 장내세균을 통째로 다른 사람에게 옮기는 방법은 의외로 쉽다. 먼저 건강한 사람의 분변(糞便)을 물에 섞는다. 그리고 물 위에 뜨는 균(菌)을 모아 상대의 항문으로 주입하면 끝이다. 현장에서 맨투맨 방식으로 옮길 수도 있고 동결건조 후 보관해도 된다. 주사제가 아니어서 감염 위험은 적다.

2014년 미국 식품의약국FDA도 사람 간 장내세균 교환을 의료행위로 공식 인정했다. 남의 분변을 받는다는 게 그리 달가운 일은 아니고 비(非)과학적으로 보일 수도 있다. 하지만 위막성 대장염 치료에 가장 효과적인 것으로 알려진 강력 항생제인 반코마이신보다 분변 치료는 3배나 높은 효과를 보였다. 분변 치료가 효과적인 이유는 설사의 원인이 단일 유해균에 있는 것이 아니라 유해균과 유익균 간의 '전투'에서 유해균들이 우세를 보인 탓이기 때문이다. 물론 다른 사람의 분변을 한 번 옮겼다고 해서 장에 해당 분변의 균이 바로 자리를 잡는 건 아니다. 결국 분변을 받은 사람이 무엇을 먹는가에 달려 있다. 분변에 든 세균의 종류는 분변의 DNA 검사만으로도 알 수 있다. 먹는 걸 조절해 내게 맞는 최적의 장내세균 환경을 만들어야 한다. 간단한 방법은 유산균을 먹는 것이다.

티베트에서 만났던 유목민은 야크 우유 요구르트를 내게 건넸다. 이들은 산에 널려 있는 약초와 섬유질을 수시로 먹었다. 아마 이들의 장은 세계에서 가장 튼튼할 거다. 그 때문인지 티베트 아이들은 모두 건강해 보였다. 유산균을 먹으면 아이들의 장은 좋아진다. 늘 칭얼대던 아이에게 유산균을 먹였더니 보채는 시간이 줄어들었다는 미국 의학학회AMA의 2015년 발표도 유산균의 장 건강 개선 효과를 뒷받침한다. 과학자들은 식이섬유, 올리고당, 유산균을 지속적으로 먹을 것을 추천하고 있다. 살아 있는 유산균(생균제)을 먹으면 이 중 20~40%가 위를 통과해 대장 건강을 돕는다.

대장 내시경에서 용종이 자주 발견되면서 필자는 유산균 요구르트를 본격적으로 먹기 시작했다. 매번 사 먹기가 번거로운 데다 가격이 비싸고 설탕 성분이 첨가된 것이 걸렸다. 그래서 요즘은 내 방식대로 직접 만들어 먹는다. 시판 우유 1ℓ와 농후 발효유(50㎖)를 섞어 방에 놔두면 2~3일 만에 끈끈한 요구르트가 된다. 냉장 보관된 요구르트에 블루베리를 섞어 먹으면 맛도 최고다. 최근 연구 결과는 이렇게 직접 만든 요구르트가 장내 유익균을 증가시킨다는 사실을 재확인해준다. 요구르트 덕분인진 모르겠지만 내 몸에 지난 2년 동안 용종이 생기지 않았다. 장내세균을 잘 관리하는 최선의 방법은 각자 장내세균 검사를 받은 뒤 유익균이 많아지도록 '개인 맞춤형 식단'을 짜는 것이다.

배앓이는 아이를 칭얼거리게 하고 두뇌 건강에도 영향을 미친다. 아이가 '배가 살살 아프다'고 하면 부모들은 배를 쓰다듬어 먼저 마음과 통증을 가라앉히는 것이 좋다

『만들어진 우울증』의 저자인 크리스토퍼 레인(미국 정신약물학자)은 수줍음까지 병으로 분류해 약 처방을 하는 과잉진료를 우려한다. 최근 전 세계의 정신의학계는 새로운 정신질환 치료 방안으로 장내세균에 눈을

돌리고 있다. 장내세균은 인간이 지구상에 나온 후로 뱃속에서부터 늘 같이 지내온 '동료'다. 이들과의 공존의 지혜를 찾아내야 한다. 이제 부모들은 아이가 '배가 살살 아프다'고 하면 배를 쓰다듬어 먼저 마음과 통증을 가라앉혀야 한다. 그리고 매일 식이섬유가 풍부한 음식과 더불어 유산균을 먹도록 배려하는 것이 현명한 부모다. 장내세균을 잘 관리해 정신질환을 치유하자. 그래서 OECD(경제협력개발기구) 자살률 1위 국가의 불명예를 씻자.

"산다는 것은 고통의 연속이고, 이를 극복하는 것이 사는 즐거움이다." 장님, 귀머거리, 벙어리의 3중고를 극복한 미국의 여성 사회운동가 헬렌 켈러의 말이다.

Q&A

Q1. 유산균은 어떻게 먹어야 가장 좋을까요? 유산균 섭취 방법이 궁금합니다.

유산균은 가능하면 대장에 살아 있는 형태로 도달해야 합니다. 일부 유산균 회사에서는 유산균을 캡슐에 싸서 공급하기도 합니다. 일단 양을 많이 먹으면 그만큼 살아서 도달하는 것이 많아집니다. 또 한 가지는 장내 유산균을 높이는 방법입니다. 즉 유산균을 먹어서 늘리기보다 장내에 있는 유산균이 잘 자라는 환경을 만들어주는 일입니다. 섬유소가 많은 음식물 섭취가 한 방법입니다.

Q2. 항생제를 먹으면 몸에 있는 유익균들까지 다 죽나요?

항생제는 대부분의 미생물을 죽인다고 보면 됩니다. 지금 쓰는 항생제들은 사용 범위가 넓은 광범위 항생제입니다. 하지만 유산균이 죽는다고 항생제를 안 먹을 수는 없지요. 급한 불은 먼저 끄는 것이 상책이고 그다음에 장내세균을 잘 키워야 되겠지요.

6

조깅 속도 '시속 8km'가 당신의 시간을 거꾸로 돌린다

회춘의 과학

단체관광에서 처음 만난 두 여성에게 필자의 지인이 '사교형 멘트'를 던졌다. "엄마가 언니 같네요." 그러자 "시력이 좋지 않은 걸 보니 나이가 꽤 드셨나 봐요"란 앙칼진 독설(毒舌)이 '엄마로 보이는 여자'로부터 날아왔다. 두 여성은 같은 또래 친구였다.

스스로 젊다고 생각하면 실제로 젊어진다('박카스의 젊음(1884년)', 프랑스의 화가 윌리엄 아돌프 부게로)

같은 나이인데 왜 누구는 '딸'처럼 젊게, 누구는 '엄마'처럼 나이 들어 보일까? <벤자민 버튼의 시간은 거꾸로 간다(2009)>란 영화 속의 주인공은 노인의 외모로 태어나 해마다 젊어진다. 마크 트웨인은 "인간이 80세로 태어나 18세를 향해 간다면 얼마나 행복할까"라고 말했다. 하지만 나이 들수록 젊어진다는 것은 영화에서나 가능한 이야기다. 현실에선 마치 시간이 거꾸로 간 것처럼 젊게 보이며 살고 싶을 뿐이다. 90세의 할머니에게 "환갑도 안 돼 보인다"고 하면 입이 함박만 해진다. 내가 몇 살로 보일까? 중년이 되면 외모에 신경이 점점 더 쓰인다. 단순히 외모만의 문제가 아니다. "실제 나이보다 10년은 젊은 몸 상태"란 종합검진 성적표를 받은 날엔 세상을 얻은 듯하다. 나이보다 몸을 젊게 유지할 수 있는 비결이 있을까? 최근 과학자들은 그 해답을 찾았다. 답은 운동의 강도(强度)에 있었다.

젊다고 생각하고 살면 실제로 장수

미국 의학협회지JAMA에 실린 논문에 의하면 젊다고 생각만 해도 수명이 늘어날 수 있다.[14] 평균 나이 65세인 남녀 6,489명을 대상으로 이들의 8년 뒤 사망률을 조사한 결과, 스스로 젊다고 생각했던 사람들의 수명이, '난 늙었어'라고 말하는 사람보다 1.7배 길었다. DNA(유전자)로 측정한 '생물학적 나이*'도 젊어졌다. 왜 생각만으로도 젊어지는 걸까? 과학자들은 그 원인을 뇌에서 찾고 있다. 다른 동료보다 젊다는 생각은 뇌의 단기(短期) 사건 기억력을 높인다. 어제 누구랑 어느 식당에서 무엇을 먹었는지를 기억하는 해마(뇌의 기억중추)의 단기 기억 뇌세포 효율이

* 생물학적 나이(biological age): 어떤 생물학적 성질을 지표로서 나타낸 생물의 나이 또는 연령.

높아지는 것이다. 높아진 단기 기억 능력은 기억을 오래 잘 유지하게 한다. 기억력이 유지되는 것만으로도 자신감이 충만된다. 그래서 좀 더 도전적인 활동을 하게 되고 운동량을 증가시키며 더 적극적으로 사람을 만난다. '난 아직 젊다'는 생각이 쉬 위축되고 소심해지는 50대 중년을 자신감이 가득 찬 30대 청년으로 바꾼다. 필자도 '난 젊다'란 마음으로 매사에 임할 생각이다. 그런데 내가 나이보다 젊다는 생각은 어디에서 올까? 몸 상태일까 외모일까 아니면 둘 다일까.

텔로미어 길이로 신체 나이 판정 가능

산을 오르면서 과거와는 달리 숨이 가쁘면 대부분 나이를 실감한다. 앉았다 일어설 때 '핑' 돌면 신체가 노화했음을 금방 느낀다. 신체 나이를 느끼게 하는 가장 큰 요인은 신체 상태, 즉 체력과 심혈관 상태다. 심혈관 질환은 사망 원인의 30%를 차지한다. 특히 혈관 나이가 중요하다. 3개의 혈관막(외막, 중막, 내막) 중 자연 노화는 중막부터 시작된다. 콜라겐*, 엘라스틴* 등 탄력 섬유가 줄어들면서 혈관 벽이 딱딱해진다. 이른바 동맥경화증의 시작이다. 그 결과 피를 펌프질하는 데 힘이 들고 혈압이 슬슬 오른다. 심장에 조금씩 무리가 가해진다. 이런 자연 노화보다 더 위험한 것은 잘못된 생활습관 탓에 오는 죽

---

* 콜라겐(Collagen): 피부, 혈관, 뼈, 치아, 근육 등 모든 결합조직의 주된 단백질.
* 엘라스틴(Elastin): 콜라겐과 함께 결합조직에 존재하고 고무 탄력성과 같은 신축성이 있는 단백질이며 조직의 유연성, 신축성에 관여.

상경화증* 이다. 콜레스테롤, 혈전이 혈관 내막의 상처에 쌓이면 '기름때'가 낀다. 죽처럼 끈끈한 물질이 떨어져 나가 뇌나 심장 혈관을 막으면 뇌졸중, 심장마비로 숨질 수 있다. 뇌로 가는 경(頸)동맥의 혈류 속도와 혈관 두께를 초음파로 측정하면 자신의 혈관 나이를 알 수 있다.

각 장기의 노화 정도를 병원 검사로 알 수 있는 세상이다. 이제 "당신의 심장은 몇 살, 간(肝)은 몇 살입니다"라고 정확히 말해줄 수 있다. 이런 부위별 검사 말고 한 번의 검사로 신체 나이를 판정할 수 있는 방법은 없을까? 신체 나이를 알려주는 한 지표는 '텔로미어 Telomere(말단소립)'의 길이다. 텔로미어는 염색체 chromosome의 양끝 부분이다. 운동화 끈이 닳지 않게 하는 플라스틱 매듭처럼 텔로미어도 염색체를 보호한다. 텔로미어가 나이가 들면서 점점 닳아 줄어들면 결국 세포분열도 멈춘다.

영화 속의 주인공 벤자민 버튼은 태어날 때 이미 80세의 외모로 태어났다. 이 희귀한 조로증(早老症) 환자의 생체시간은 정상인보다 7~8배 빨리 흘러 텔로미어도 급격히 줄어든다. 텔로미어의 길이가 짧은 사람은 각종 암으로 죽을 확률이 1.5~3배 높아진다. 치매의 정도에 따라서도 텔로미어의 길이가 달랐다. 외모를 결정하는 것은 얼굴 피부의 세포 상태

---

* 죽상경화증(atherosclerosis): 혈관의 가장 안쪽 막(내피)에 콜레스테롤 침착이 일어나고 혈관 내피세포의 증식이 일어나 혈관이 좁아지거나 막히게 되어 그 혈관이 말초로의 혈류 장애를 일으키는 질환.

이고 이는 텔로미어 길이와 직결돼 있다.

얼굴에서 나이를 결정하는 것은 무엇일까? 일부 중년 남성의 탈모, 흰머리를 제외한다면 일반적으로 나이를 보여주는 두 가지 지표는 눈가의 주름과 피부색이다. 눈가의 주름은 얼굴 전체 면적의 30%에 불과하지만 제일 눈에 띄는 부위다. 주름이 생기는 이유는 크게 보아 두 가지다. 나이가 들면서 피부세포가 늙어가는 자연 노화와 자외선에 의한 광(光)노화다. 피부에서 수분 증발 속도는 40대가 20대의 1.3배다. 나이가 들면서 피부 장벽 성분이 60%나 감소하고 보습 성분(히알루론산*)이 줄기 때문이다. 또 콜라겐, 엘라스틴, 피하지방 등 피부에 탄성을 주는 물질이 줄어들면서 눈 아래의 근육이 처진다. 하회탈의 미소를 닮은 주름살이 50대에 나타나기 시작하는 것은 그래서이다.

성형, 보톡스보다 안전한 운동요법

나이 든 피부에 자외선이 더해진다면 최악이다. 바다에서 장시간 자외선을 받은 어부의 얼굴은 족히 10년은 더 들어 보인다. 이런 주름보다도 눈에 더 잘 띄는 것은 피부색의 균일도(均一度)다. 피부색은 세 가지 물질, 즉 멜라닌 색소, 헤모글로빈, 베타카로틴에 의해 결정된다. 멜라닌은 자외선으로부터 피부세포의 유전자를 보호해 주는 검은색 색소

---

* 히알루론산(hyaluronic acid): 아미노산과 우론산으로 이루어지는 복잡한 다당류의 하나로, N-아세틸글루코사민과 글루쿠론산으로 이루어진 고분자 화합물.

다. 헤모글로빈은 피부 아래의 혈관에서 산소를 운반하는 붉은색 색소다. 베타카로틴은 당근에 풍부한 노란색 색소다. 이 세 가지와 수분, 히알루론산이 진피층에 충분하면 피부는 스스로 광(光)이 나는 이른바 '물광' 피부가 된다.

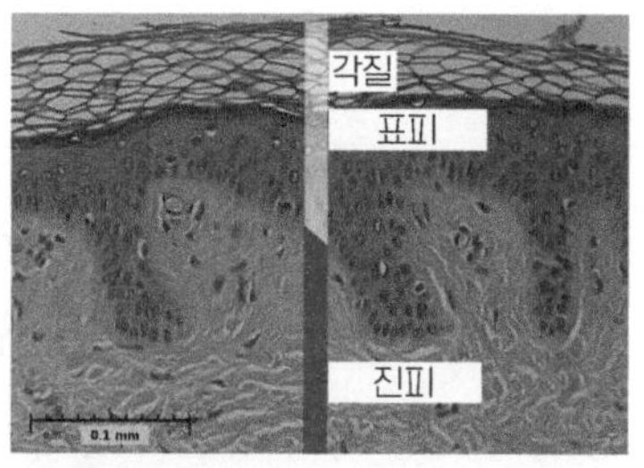

중강도 운동으로 젊어진 피부. 표피(두께 0.1mm), 특히 각질층이 얇아지고 진피(두께 1mm, 콜라겐, 보습인자 함유)가 두꺼워진다

젊을 때는 피부색이 균일하다. 20대엔 태양에 그을려도 피부세포가 금세 자라서 전체적으로 골고루 '태닝'이 된다. 반면 50대가 되면 피부색이 얼룩덜룩해진다. 검은색 반점은 멜라닌 생성 세포가 비(非)정상적으로 몰린 결과다. '저승꽃'이라 불리는 '노인성 검버섯'이 생기면서 피

젊게 보이고 싶다면 젊다고 생각하고 중강도 운동을 꾸준히 해야 한다

부는 지저분해진다.

『끌리는 얼굴은 무엇이 다른가』란 책의 저자인 영국의 심리학자 데이비드 페렛은 얼굴만을 연구해온 인물이다. 그의 연구에 의하면 얼굴 중에서 가장 나이가 든 부분에 의해 전체 나이가 결정된다. 정상적이라면 얼굴의 노화는 골고루 진행된다. 주름도 본인이 특별히 상을 찡그리지 않는 한 전체에 골고루 생긴다. 따라서 성형을 통해 젊게 보이려면 모두를 뜯어고쳐야 한다. 젊은 외모를 갖기 위해 거금을 들여 '대공사'를 할 수도 있다. 하지만 성형에도 유통기한이 있다. 또 보톡스 주사를 맞으면 얼굴 근육 운동이 잘 안 돼 무표정한 얼굴이 되기도 한다. 세포를 늙지 않게 만들지 않는 한 주름은 계속 생기고 얼굴은 반점으로 지저분해진다. 게다가 잘못된 수술은 되돌릴 수 없다.

피부는 신체의 창(窓)이다. 따라서 신체 나이를 젊게 유지하는 것이 젊게 보이는 가장 확실한 방법이다. 과학자들은 그 답을 운동에서 찾았다.

적당한 운동이 텔로미어 길이도 바꿔

운동은 피부를 젊게 하는 것으로 밝혀졌다. 캐나다 맥마스터대학 연구팀은 65세 이상의 남녀를 대상으로 매주 3회씩(1회당 30분가량) 운동을 시켰다. 3개월 뒤 이들의 피부 상태를 조사했다. 운동한 그룹에선 피부 재생이 빨라졌고 각질은 얇아졌으며 진피는 두꺼워졌다. 피부 나이가

65세에서 20~40대로 젊어진 것이다. 피부세포에선 '마요킨 IL-15'란 물질이 50% 증가했다. 이 물질은 운동으로 단련된 근육에서 생성돼 다른 부위의 세포를 '씽씽' 돌리는 역할을 한다. 운동이 피부세포 나이를 거꾸로 돌린 셈이다. 성형 수술대 위에 눕기보다 한강변을 달리는 것이 젊어지는 데 더 유효하다는 말이다. 그런데 얼마나 달려야 할까?

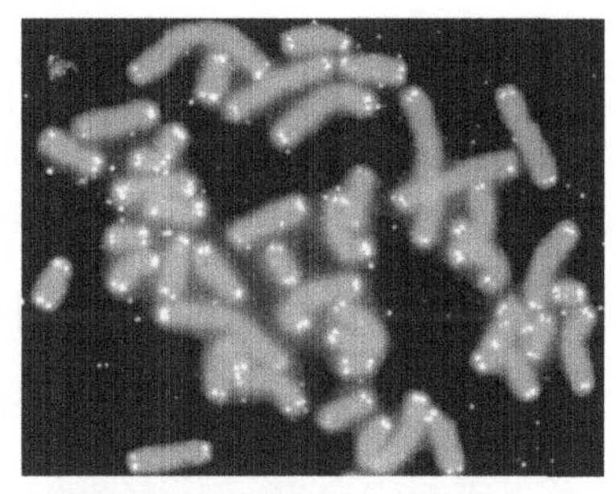

염색체의 양 끝에 위치한 텔로미어. 나이가 들면서 점점 짧아진다

『미국 대학 심장 학회지』에 실린 연구 결과에 따르면 고(高)강도보다는 중(中)강도의 운동이 수명 연장에 더 효과적이다.[15] 1,000명의 달리기 애호가를 대상으로 조사한 결과 주당 2.5시간 이하로 조깅한 사람이 가장 장수했다. 반면 4시간 이상 뛴 사람은 운동과 담을 쌓고 산 사람과 비슷한 사망률을 보였다. 연구팀은 뛰면서 옆 사람과 말을 할 수 있는 속도인 시속 8km를 '장수 운동 속도'로 추천했다.

운동은 사망률을 낮출 뿐 아니라 텔로미어 길이도 변화시켰다. 중년 남성 782명의 텔로미어 길이를 측정해봤다. 고(高)강도 운동 그룹과 운동을 전혀 하지 않은 그룹의 텔로미어 길이가 거의 같았다. 운동량이 중간 정도였던 그룹의 텔로미어 길이가 가장 길었다. 다시 말해 가장 '젊은 상태'였다. 또 소파에 앉아 있는 시간이 길수록 텔로미어는 짧아졌다. 결국 세포를 건강하게 유지하는 비결은 운동을 적당히 하는 것이다. 너무 적어도, 너무 많아도 안 되는 이런 U자형의 반응은 세포에서 자주 관찰된다. 이른바 '호르메시스hormesis' 이론이다. 동양의 중용(中庸)에 해당한다. 운동, 식사, 음주, 심지어는 스트레스도 과하거나 전혀 없는 것보다 중간 정도가 건강에 가장 이롭다는 의미다.

최근 고(高)강도 얼굴 성형을 하는 사람이 늘고 있다. 1인당 성형 횟수가 세계 1위인 한국은 성형 천국이다. 하지만 부작용도 만만치 않아 평생 속을 끓일 일도 생긴다. 젊게 보이려면 고강도 미용 수술 대신 중강도 운동을 하는 것이 낫다. 보톡스 주사를 맞기보다 보습제, 자외선 차단제를 바르는 것이 좋다.

미국의 소설가 마크 트웨인은 "밝은 꽃 한 송이를 양복에 꽂기만 하면 누구라도 몇 년은 젊어진다"고 했다. 꽃 한 송이를 옷에 꽂는 센스로 젊게 입자. 자포자기형 중년이 아닌 지속 노력형 젊은 오빠가 되자. 젊게 보이고 싶다면 스스로 젊다고 생각하고 꾸준히 달리자. 젊음을 잃지 않는다는 것, 그것은 삶의 기술이다.

Q&A

Q1. 텔로미어는 세포분열을 하며 줄어든다고 합니다. 그럼 상처가 나거나 근육이 찢어질 경우에 회복하기 위하여 세포분열을 하겠죠? 그렇다면 이론적으로 자주 다치면 생명이 줄어드나요? 텔로미어로 생명을 연장시킬 수도 있나요?

상처 회복 시에는 근처에 있는 줄기세포가 대신 그곳을 메꿔 준다고 생각하면 됩니다. 세포분열을 하면 텔로미어가 줄어드는 것은 몸 전체에 해당됩니다. 즉 세포에 유통기한이 있다고 보는 것입니다. 어느 정도(실험실에서는 50~60회 분열) 자라면 더 이상 분열하지 않는 상태로 있다가 죽게 됩니다. 세포의 생존 기간이 정해져 있다는 의미입니다. 만약 계속 분열하게 만든다면 잘못하면 암세포가 될 수도 있습니다. 텔로미어로 생명을 연장시키려는 노력이 진행 중입니다. 하지만 단순히 텔로미어만을 늘린다고 수명이 늘어날 것 같지는 않습니다. 세포 사멸은 텔로미어 말고도 다른 많은 인자가 관여하고 있기 때문입니다.

Q2. 복제인간의 텔로미어가 짧은 이유는 무엇인가요?

복제인간은 실제로 만들어지지 않았습니다. 복제동물의 경우를 봅시다. 성체 동물의 피부세포에서 DNA를 꺼내서 난자에 집어넣으면 다시 수정란처럼 분열을 해서 새끼가 태어납니다. 바로 동물복제입니다. 이때 피부세포의 DNA는 이미 늙어 있습니다. 즉 텔로미어가 짧은 상태이지요. 이걸 그대로 집어넣으니 분열한 세포는 당연히 텔로미어가 짧습니다. 따라서 완벽한 복제를 하려면 다 자란 동물 피부세포 DNA 텔로미어를 처음의 어린 상태로 만들어야 합니다. 이 방법이 역분화세포입니다. 역분화세포를 만든 후에 난자에 수정시킨다면 텔로미어가 최초의 상태에서 출발할 것입니다.

2장 의약

1

살면서 잘못 붙은 DNA 꼬리표 떼 내면 젊어진다

회춘 메커니즘

희끗희끗 늘어난 새치, 슬금슬금 높아진 혈당, 얼룩덜룩 거친 피부, 모두 나이 탓이다. 생체시계*를 거꾸로 돌릴 수는 없을까? 기원전 3세기 진시황은 한반도 남해안 구석까지 불로초 탐사대를 보낸다. 15세기 스페인 신대륙 탐험대는 '청춘의 샘물'을 찾아 나선다. 하지만 동서양 모두 허탕이었고

'청춘의 샘(Fountain of Youth)'. 마시면 젊어진다는 샘물로 스페인 신대륙 탐험대원(폰스 드 레옹)이 찾아 나섰다는 전설이 있다

* 생체시계(Bio-Clock): 동식물의 다양한 생리, 대사, 발생, 행동, 노화 등의 주기적 리듬을 담당하는 기관으로, 생체리듬의 주기성을 나타내는 생체에 내재되어 있는 생물학적 시계를 의미.

허황된 꿈이라 여겼다. 21세기 첨단 과학은 마시면 젊어지는 샘물을 찾아낸 것일까. 저명 학술지 '셀Cell'은 마시는 약으로 늙은 쥐의 생체시계를 거꾸로 돌렸다고 보고했다. 비실비실하던 콩팥이 팔팔해지고 낡아 빠진 털이 반짝반짝 빛나고 치솟던 당뇨 수치가 정상으로 돌아왔다. 그리고 수명이 40% 늘어났다. 어떻게 이런 일이 가능할까?

수명 40% 늘게 만드는 방법 있나

미국 캘리포니아 솔크 바이오 연구소는 늙은 쥐를 대상으로 회춘을 실험했다. 이들 쥐에는 4개 '초기화' 유전자가 태어날 때부터 삽입돼 있었다. 4개 유전자Oct4, Sox2, Klf4, c-Myc는 체세포, 예를 들면 피부세포를 초기화시켜 원시 상태 줄기세포로 만든다고 알려져 있다. 하지만 이런 초기화 기술은 배양접시 속 세포 이야기다. 세포가 아닌, 살아 돌아다니는 늙은 쥐도 초기화되어 젊은 쥐가 될까?

연구진은 사람 50세에 해당하는 쥐들에게 4개 '초기화' 유전자를 작동시키는 약을 주당 2일씩 3주 먹였다. 그러자 놀라운 일이 벌어졌다. 쥐가 젊어졌다. 늙어서 꾸부정했던 척추가 꼿꼿해졌다. 쭈글쭈글한 피부가 펴지고 두텁고 거친 각질층*이 어린 쥐처럼 보들보들해졌다. 외모

---

*각질층(stratum corneum): 피부의 제일 바깥층으로 기저층에서 생성된 세포가 각화 작용에 의해 죽은 세포가 되지만 세포막이 존재하므로 물리적 자극이나 장애, 유해물질에 대해서 저항력을 가지고 있어 내부의 침입을 방어하고 세균의 침투를 막아준다.

만이 아니다. 장기 기능이 젊은 쥐처럼 좋아졌다. 인슐린을 만드는 췌장 세포 면적이 4배 증가했고 혈중 포도당도 30%나 낮아졌다. 당뇨가 정상이 됐다.

세포로 만들어진 장기 자체는 변했을까. 위, 대장, 지라, 신장, 심장을 검사했더니 노화 현상, 즉 위 점막이 얇아지고 심장박동 수가 줄어드는 증상들이 눈에 띄게 감소했다. 세포 수준에서도 독소(활성산소*) 생성이 줄었고 스트레스 저항성이 늘어났다. 몸이 젊어졌다면 그만큼 평균수명이 늘어났을까? 4개 초기화 유전자가 작동된 그룹은 아무런 처리를 하지 않은 그룹 쥐들보다 수명이 40% 늘어났다. 4개 유전자를 작동시키면 세포 생체시계를 거꾸로 돌려 장기가 젊어지고 그만큼 오래 산다는 이야기다. 4개 유전자는 쥐에게 무슨 일을 한 걸까?

4개 유전자는 세포를 초기화시킨다. 컴퓨터를 오래 사용하면 이런저런 프로그램 오류가 생겨 처리 속도가 느려지고 프로그램이 잘 돌아가지 않는 일이 종종 생긴다. 일종의 노화다. 하지만 컴퓨터는 '리셋' 버튼을 누르면 공장에서 나온 초기 상태로 돌아간다. 세포도 가능할까. 가능하다. 바로 2012년 노벨 생리의학상(일본 야마나카, 영국 존 거든)을 타게 한 '역(逆)분화' 줄기세포 방법이다. 이번에 밝혀진 역분화 기술 핵심은 바로 DNA 꼬리표 '제대로' 떼어내기다.

---

* 활성산소(oxygen free radical): 호흡 시 몸속으로 들어간 산소가 산화에 이용되면서 여러 대사 과정에서 생성되어 생체조직을 공격하고 세포를 손상시키는 산화력이 강한 산소.

거든은 고교 시절부터 엉뚱했다. 꿈이 과학자라는 그의 말에 당시 과학 선생은 "네가 과학자가 되면 내 손에 장을 지진다"고 했다. 십 년 뒤 과학 선생은 양손을 모두 지져야 할 일이 생겼다. 거든 박사가 개구리에서 올챙이를 만드는 21세기 최고 기술(핵 치환*)을 이룩했기 때문이다. 보통 개구리 수정란은 계속 분열해서 특정 세포와 장기가 되고 올챙이, 개구리가 된다. 이른바 분화(分化)다. 심장 근육세포처럼 한번 분화된, 즉 운명이 정해진 세포는 다시 수정란 상태로 돌아가면 안 된다. 심장세포가 본래 기능을 잃어버린다면 큰 문제이기 때문이다. 그동안 분화는 생체시계처럼 일방통행이라고 생각해 왔다. 거든 박사는 이 상식을 뒤집었다. 개구리(A) 내장세포 유전자를 꺼내 핵(유전자)을 없앤 다른 개구리(B) 빈 난자 속에 집어넣고 분열시켜 올챙이(A), 개구리(A)로 만들었다. 분화가 일방통행이 아닌 쌍방통행, 즉 역(逆)분화도 가능함을 최초로 증명했다. 이 원리로 복제양 돌리가 태어났다. 즉 양의 유방세포에서 핵을 꺼내 다른 양의 빈 난자에 집어넣었더니 수정란처럼 자라나서 복제양 돌리*가 태어난 것이다.

빈 난자 속에 무엇이 들어 있어서 분화가 끝난 유방세포를 수정란 같은 원시 상태로 생체시계를 돌린 걸까? 과학은 그 답을 찾았다. 빈 난자

---

*핵 치환(nuclear substitution): 핵세포질 잡종을 육성하기 위해 그 생물이 원래 갖고 있는 핵을 다른 종류의 생물 핵으로 치환하는 것.

*돌리(Dolly): 체세포 복제를 통해 탄생한 최초의 복제양.

역할을 하는 4개 '초기화' 유전자OSKM를 발견해냈다. 4개 유전자를 세포 내에서 작동시키면 마치 컴퓨터 리셋 버튼처럼 세포가 처음 상태로 돌아간다. 이른바 원시 상태 역분화 줄기세포다. 그렇다면 늙은 세포는 젊은 세포와 무엇이 다른 걸까. 리셋 버튼을 누르기만 하면 노인이 어린아이가 될까?

영화 <벤자민 버튼의 시간은 거꾸로 간다(2009)>의 주인공 벤자민(브래드 피트 분)은 80세 몸으로 태어나서 점점 젊어진다. 세월이 상행선 기차라면 벤자민은 하행선 기차인 셈이다. 그는 사랑하는 여인 데이지를 만났다. 하지만 함께할 수 있는 시간은 마주 오는 기차처럼 아주 짧았다. 이 영화는 조로증(早老症)을 모티브로 만들었다. 조로증은 핵 유전자가 비정상인 희귀 질환으로 정상인보다 7~8배 빨리 늙는 병이다. 늙는다는 것은 세포에 무슨 일이 생기는 걸까? 오래 쓴 컴퓨터처럼 프로그램이 잘못 얽히는 걸까? 이번 'Cell' 연구에서는 빨리 늙어버린 조로증 쥐와 정상 노화된 쥐를 사용했다. 두 종류 쥐 모두 4개 유전자를 작동시키면 두 종류 쥐가 모두 다시 젊어졌다. 왜 다시 젊어진 걸까? 답은 잘못된 DNA 꼬리표를 떼어냈기 때문이다.

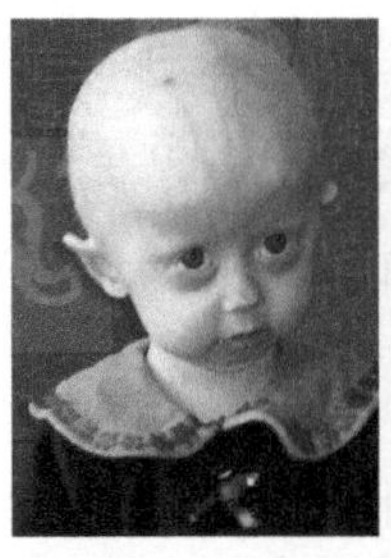

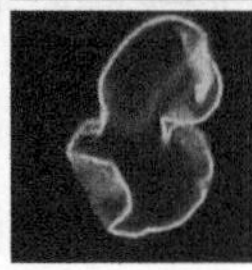

선천성 조로증. 핵막 유전자 이상으로 비정상 핵막(아래 녹색 부분)이 생겨 노화가 7~8배 빠르다

꼬리표는 수정란이 분화되면서부터 DNA에 달라붙는다. 뇌세포가

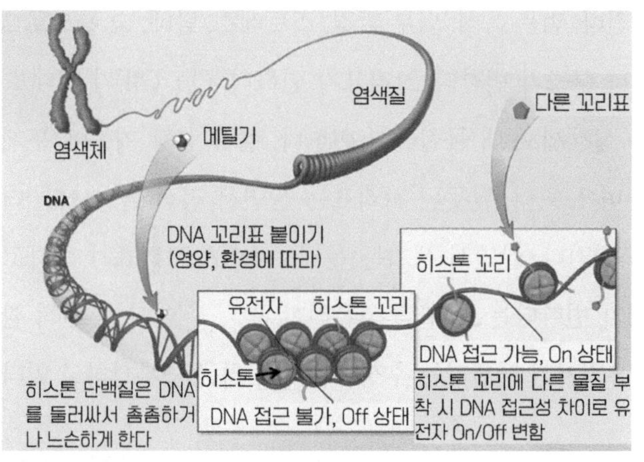

환경, 영양에 따라 DNA 꼬리표, 히스톤이 변하고 유전자를 On, Off 시켜 건강을 좌우한다

될 놈은 뇌세포에 필요한 유전자만을 켜고 다른 것은 모두 꺼져 있어야 한다. 켜고 끄는 '온오프On, Off'는 DNA에 달라붙는 꼬리표(메틸기, 에틸기)와 히스톤* 단백질로 결정된다. 많이, 세게 달라붙어 있으면 유전자가 꺼진 'Off' 상태가 된다. 어떤 세포로 평생 살 것인가는 결국 DNA 꼬리표로 결정된다. 심장, 뇌, 간, 췌장세포의 DNA 순서는 모두 같아도 DNA 꼬리표는 각각 다르다. 따라서 꼬리표를 떼어버리면 뇌세포, 심장세포는 모두 초기 상태인 역분화 줄기세포가 된다. 꼬리표를 떼어내는 일은 4개 유전자가 한다.

심장세포는 처음 주어진 DNA 꼬리표대로 심장에 필요한 물질을 만들어서 심장을 '쿵쿵' 잘 돌린다. 하지만 시간이 지나면서 꼬리표에 문

* 히스톤(histone): 유핵세포의 핵 내 DNA와 결합하고 있는 염기성 단백질.

제가 생긴다. 먹는 음식, 외부 환경, 스트레스, 담배, 술 등으로 꼬리표가 더 붙거나 구조가 변한다. 꼬리표가 변하니 'On, Off'가 멋대로 변한다. 그 결과 심장세포 내 물질들이 변한다. 결국 심장 기능에 문제가 생긴다. 이른바 노화다. 잘못된 꼬리표는 살면서 점점 늘어난다. 더불어 각종 병이 생긴다. 살면서 생기는 문제로 DNA 꼬리표가 변하고 유전자 On, Off가 변한다는 소위 '후성유전학 epigenetic'이다. 후천적 환경에 의해서도 유전자가 변한다는 후성유전학이 최근 급부상하고 있다.

꼬리표지도가 제2의 인간 게놈지도

전립선암은 남성 6명 중 1명이 걸린다. 전립선암 환자 90%는 암억제 유전자*에 많은 꼬리표가 붙어 있다. 대장암, 유방암, 자궁경부암도 암 생성 관련 유전자에 꼬리표가 비정상으로 많다. 암뿐만이 아니다. 당뇨성 망막질환, 외상 후 스트레스, 정신분열증도 핵심 유전자 꼬리표가 정상과 다르다. 허혈성 심장질환, 심근경색 발생 가능성은 특정 유전자(LINE-1) 꼬리표 검사로도 미리 알 수 있다. 현재 DNA 꼬리표를 떼어내는 림프암 치료제가 미국 식품의약국 FDA 승인을 받았다. DNA 꼬리표는 어느 정도 떼어내야 하나?

꼬리표를 완전히 떼면 세포는 완전 초기 상태인 수정란 상태가 된다.

* 암억제 유전자(tumor suppressor gene): 정상 세포에 존재하면서 기능을 유지하지만 기능을 상실했을 경우 종양을 유발하는 유전자.

고삐 풀린 망아지다. 이번 연구에서도 많이 떼어내자 세포가 제멋대로 자라 암이 발생, 쥐들이 조기 사망했다. 연구진은 떼어내는 정도를 4개 유전자 작동 시간으로 조절했다. 살면서 잘못 붙은 꼬리표는 떼어내되 처음에 붙여진 정상 꼬리표는 놔두어야 한다. 그렇게 하려면 먼저 DNA 꼬리표 지도를 확실히 작성해야 한다. 꼬리표가 '제2게놈'이다. 이번 연구 대상은 쥐다. 태어날 때부터 작동 조절이 가능한 4개 유전자를 삽입했다. 사람에게 이 방법을 직접 적용할 수는 없다. 인간에게 이 방식을 적용하려면 넘어야 할 산이 많다. 하지만 생체시계를 돌리는 방법은 확실히 알았다. 늙으면서 잘못된 DNA 꼬리표를 '제대로' 떼어내면 젊어지고 수명이 늘어난다. 인간 수명은 몇 살까지 늘어날까?

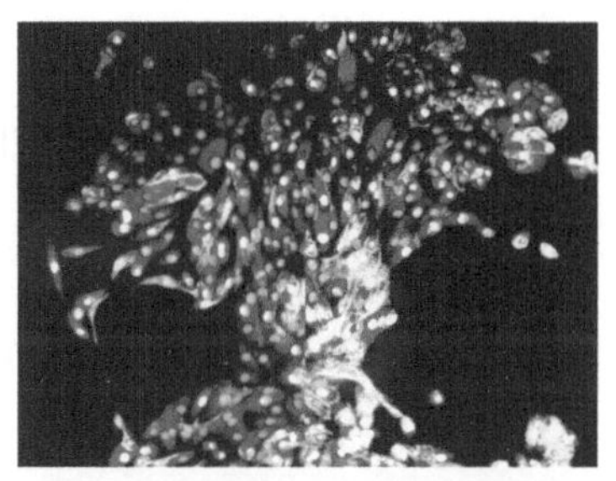
분화된 세포를 역분화시켜 만든 줄기세포로부터 다시 분화된 다양한 장 상피세포들. 분화-역분화 핵심 기술은 DNA 꼬리표다

미국 매사추세츠 폭스보로 고등학교 샘 번스는 선천성 조로증 환자다. 그의 몸은 90세지만 마음은 또래 아이처럼 17세다. 그는 고교밴드에서 드럼을 치고 싶었다. 몸무게 18kg에 맞도록 드럼을 작게 만들고 친구들 도움으로 고교밴드 공연 꿈을 이루었다. 17세로 생을 마감하기 전, 테드* TED 토크에서 그는 꼭 알려주고 싶은 게 있다고 했다. '나는 가

* 테드(TED: Technology, Entertainment, Design) 토크: 비영리 기술, 오락, 디자인 강연회. 일종의 재능 기부이자 지식, 경험 공유 체계다.

족과 친구 사이에서 아주 행복한 생활을 하고 있음을 알아 달라.' 카뮈는 "인간은 살 이유가 없이 살아갈 수는 없다"고 했다. 삶의 길이는 과학, 깊이는 우리 몫이다.

Q&A

Q1. 복제양 돌리 말고도 같은 방법으로 복제된 다른 동물들이 있나요?

복제 방법은 체세포, 예를 들면 피부세포의 핵(DNA)을 꺼내서 다른 동물의 난자에 넣는 방법입니다. 돌리와 같은 방법으로 스너피(개)가 2005년 복제되었습니다. 이후 많은 종류의 동물이 복제되었습니다.

Q2. 미래에는 역분화 줄기세포로 병도 치료할 수 있을까요?

역분화 줄기세포는 체세포 DNA를 '리셋'시켜 원시 상태의 세포로 변환시킨 것입니다. 이를 원하는 세포, 예를 들면 뇌세포, 심장세포로 분화시키지요. 파킨슨병, 심장병 등 세포에 이상이 있어 생기는 병을 고칠 수 있습니다.

2

무기 갖추고 훈련 거친 '항암 3.0 특수부대' 떴다

항암면역 세포치료제

2016년 초 미국 매사추세츠공대MIT는 10대 혁신 기술을 발표했다. 2위 인공지능에 앞서 1위는 암 치료용 면역세포였다. 암은 국내 사망 원인 1위다. 세 명 중 한 명은 평생 한 번 암을 만난다. 수술만으로 완치할 수 있으면 다행이지만 대부분 항암 치료를 한다. 항암 치료 성공 여부는 환자가 면역력을 유지해서 견딜 수 있는가이다. 1세대 화학항암제는 부작용으로 면역력이 떨어져 치료가 중단되기도 한다. 2세대 표적치료제도 치료제 내성이 생길 수 있다. 이런 문제를 단칼에 해결할 수 있는 제3세대 항암치료제, 즉 면역세포 치료제가 최근 임상시험에서 놀랄 만한 치료 효과를 보이고 있다.

면역세포 암 치료 두 가지 방법

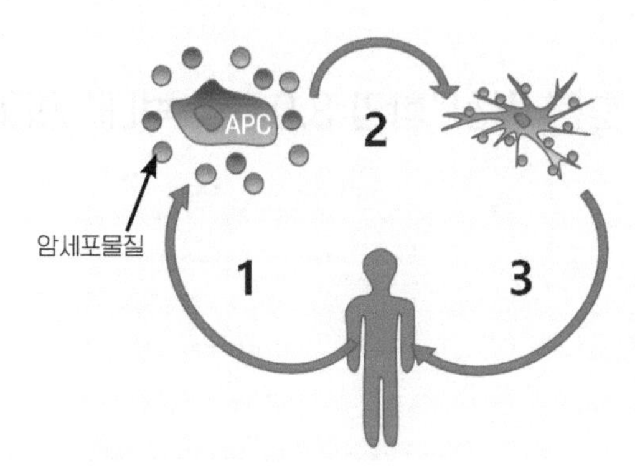

항원제시세포(APC)훈련·주입

① 환자 혈액에서 APC(청색)를 분리→ ② 암세포 물질(황색)과 같이 키워 APC 활성화함→ ③ 인체에 주입하면 면역 T세포가 이를 인식하고 활성화돼 해당 암을 공격, 파괴

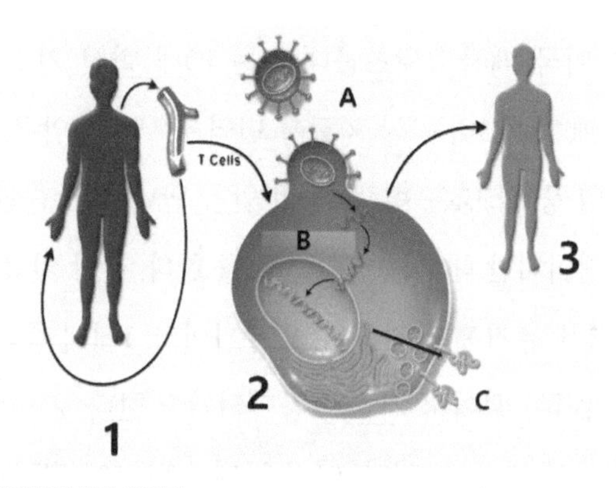

맞춤형 면역 T세포 제작·주입법

① 환자 혈액에서 T면역세포를 분리→ ② 바이러스(A)를 이용, 암 수용체 유전자(B)를 면역세포에 주입해 암 수용체(C)를 외벽에 생성→ ③ 제작된 면역세포의 수를 불려서 암환자에게 주사

부작용, 내성 넘어선 3세대 치료법

미국 과학진흥회AAAS 발표에 의하면 한 달 시한부 급성 백혈병* 환자 29명을 대상으로 면역치료제를 주사한 결과, 27명의 환자에게서 암이 사라졌다. 면역세포 치료제에 사용된 세포는 환자의 면역세포다. 즉 환자의 혈액에서 면역세포T cell를 채취한 후 실험실에서 암세포를 공격할 수 있도록 '무기'를 장착하고 그 수를 불렸다. 장착 '무기'는 암세포 '명찰'에 해당하는 수용체receptor*로 그 암세포를 찾아낼 수 있도록 T세포의 외벽에 붙인다. 이렇게 준비된 면역세포들을 다시 몸에 주사하면 백혈병 암세포에 정확하게 달라붙어 파괴시킨다. 이번 연구는 150년 백혈병 치료 역사 중 가장 효과적이어서 참여 의사들도 놀랐다.

왜 이 방법이 그렇게 효과적일까. 2016년 초 프랑스 파리에서 '이슬람국가IS' 테러가 발생하자 프랑스 정부는 시리아 내 IS 심장부를 폭격했다. 하지만 확실한 제압을 위해서는 외부의 폭격보다는 지상군의 투입이 필요하다. 더 확실한 방법은 프랑스군보다는 IS와 전쟁을 벌이고 있는 시리아 반군을 외부에서 최첨단 무기로 훈련, 무장시키고 투입하는 방법이다. IS의 약점을 가장 잘 알고 있는 반군이 천적이기 때문이다.

---

* 백혈병(leukemia): 백혈구가 종양 형태로 증식하여 병적인 유약백혈구가 혈액 속에 유출하는 질환.
* 수용체(receptor): 세포막 또는 세포질에 존재하며, 세포 밖에서의 물질 또는 물리적 자극을 인식하여 세포에 특정한 반응을 일으키는 구조체.

암의 천적은 면역세포다. 암 환자의 경우는 이런 면역이 약해져 제대로 암을 발견, 파괴하지 못한다. 따라서 약해진 면역세포를 환자의 몸에서 꺼내 실험실에서 훈련시키고 수를 늘려서 인체에 재투입하면 된다. 이 기술의 핵심은 환자의 면역세포를 실험실에서 어떻게 훈련시키고 어떤 맞춤형 무기를 장착하는가다.

적의 모습 기억하는 면역세포 남겨

인체 면역세포의 적은 두 종류, 즉 외부 적(병원균, 바이러스)과 내부 적(암세포)이다. 외부 적이 침입하면 1차 '항원제시세포 APC: antigen presenting cell'가 이를 잡아먹고, 적의 흔적인 '항원'을 자기 세포벽에 '제시'한다. 이후 적의 흔적을 본 T세포가 해당 병원균을 공격하도록 스스로 변신, 공격, 박멸한다. 목표물에 레이저 빔을 비추면 항공기가 그 레이저를 추적해서 미사일을 퍼붓는 방법과 같다. 전투 종료 후 인체 면역은 적의 모습을 기억하는 세포 memory T cell를 남긴다. 이 경우 같은 녀석이 들어오면 기억세포의 도움으로 빠른 속도로 박멸한다.

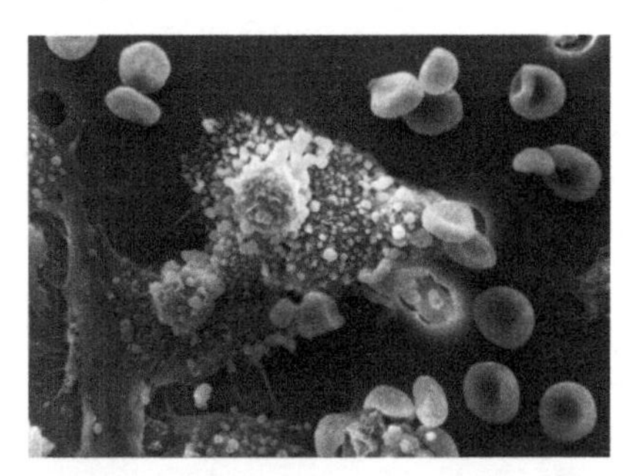

면역세포의 한 종류인 대식세포(도넛 모양)가 암세포(중앙)를 인식, 파괴한다

문제는 암세포다. 암세포는 정상 세포가 변한 내부 변절자다. 내부 사

정을 잘 알고 있는 놈이라 찾아내기도, 공격하기도 쉽지 않다. 암세포는 정상 세포와 다른 단백질을 생산하거나 같은 종류라 해도 많이 생산해서 정상 세포와 구별된다. 이를 구분하는 세포는 경비 역할을 하는 APC다. 따라서 실험실에서 훈련시킬 수 있는 세포는 현재 두 종류, 즉 APC와 면역의 공격 주역인 T세포다.

항원제시세포(APC)인 수지상세포. 침입 바이러스나 암표식 물질을 표면의 굴곡에 붙여서 면역세포(T cell)에 제시, 암세포 파괴를 유도한다

APC는 골수, 즉 뼈에서 백혈구를 만드는 조혈모세포를 분화시켜 만든다. 이때 환자 암세포 물질과 같이 키우면 APC는 활성화돼 외벽에 암세포의 표식을 내건다. 이렇게 준비된 APC를 환자 몸에 주사한다. 즉 '이러이러한 모습을 한 암세포가 당신의 몸 안에 있으니 정신 차리고 그 녀석을 잡아 죽일 준비를 하라'고 모든 면역세포에 알려준다. 암 환자의 경우 이런 '항원제시' 과정이 약해져 있거나 암세포에 의해 고의적으로 차단돼 있다. 외부에서 주입된 APC에 의해 정신을 차린 환자의 T세포는 즉시 수를 불려서 해당 암수용체를 가진 암을 죽인다.

두 번째 방법은 T세포 자체가 특정 암을 인식, 공격하도록 실험실에서 인공적으로 T세포를 만드는 것이다. 2016년 일본 나고야대학에서 이 방법으로 뇌종양을 인식하고 공격하는 무기(수용체)를 갖춘 T세포를 실험실에서 인공적으로 만들었다. 뇌종양 쥐 79마리에게 주사했더니 60% 쥐에서 암 성장이 멈췄다. 목표로 하는 암만 선택적으로 죽이는 면역 T세포는 실험실에서 인공적으로 제작하는 '환자 맞춤형 암치료제'다.

표적 단백질이 변형되면 내성 생겨

암을 선고받으면 환자는 4단계를 거친다. 암이란 사실을 부정하고, 하필 내가 암에 걸렸을까 하고 분노하지만, 현실과 타협하고 결국은 암을 수용한다. 수용 후 치료 단계에서 이들을 가장 힘들게 하는 것은 항암 치료다. 항암 부작용인 구토, 설사, 현기증으로 면역력이 급격히 떨어지게 된다. 그나마 항암제 치료로 암세포가 줄어든다면 암 환자는 어떤 식으로든 버티려고 한다. 하지만 암세포가 항암제에 듣지 않는 '내성'이 나타나게 되면 환자는 절벽으로 몰린다. 항암제 내성은 왜 생길까? 그리고 이를 극복할 수는 없을까?

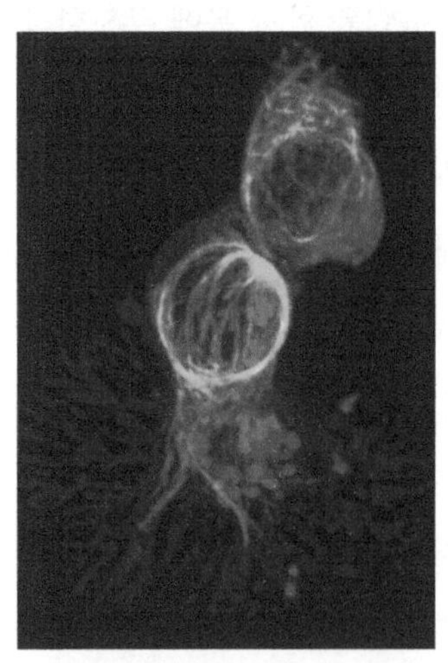

면역 T세포(파란색 표시)가 암세포(녹색)를 발견, 접근해서 공격용 물질(빨간색)을 내뿜는다

정상 세포보다 암세포가 빨리 성장한다는 점에 초점을 맞춘 화학항암제는 당연히 부작용과 내성이 생긴다. 전이 유방암, 전립선암, 폐암, 대장암의 90%가 화학항암제에 내성이 있다. 암

세포에만 작용하는 것으로 알려진 2세대 항암제인 표적치료제의 내성도 이미 예상되고 있었다. 표적치료제*에 암세포 내성이 생기는 이유는 항생제 내성균인 '슈퍼버그*'가 생기는 것과 같다. 즉 항생제를 도로 뱉어내거나 항생제가 달라붙는 곳을 변형시킨 병원균이 발생하면 이놈이 바로 슈퍼버그이다. 암세포도 마찬가지다. 암세포의 특정 단백질에 달라붙은 표적치료 때문에 암세포가 죽어나가지만 어쩌다가 그 단백질이 변형된 암세포는 내성이 생긴다. 2014년 미국 조지타운대의 연구에 의하면 폐암 환자의 40%가 표적치료제에 내성이 생긴 것으로 확인됐다. 그 원인은 돌연변이 때문으로 밝혀졌다. 돌연변이로 표적치료제를 무력화시키는 특정 단백질이 많이 생겨난 탓이다. 죽이겠다고 항생제를 내뿜는 녀석과 이것을 방어하기 위해 스스로 변이하는 녀석 사이에는 끊임없는 '창과 방패'의 진화 경쟁이 벌어지고 있다. 암세포와 표적치료제도 같은 전쟁을 하고 있다.

2세대 표적항암제는 부작용이 상대적으로 적지만 없는 것은 아니다. 현재 알려진 표적항암제 41개를 조사해보니 모두 T세포의 활성을 떨어뜨렸고 미국 식품의약국(FDA) 승인을 받은 피부암 치료제도 환자 50%에서 면역 저하를 일으켰다. 표적치료제가 암세포의 원하는 부위만 정확히 작용하면 좋겠지만 그렇지 못하다는 이야기다. 왜 그럴까. 암세포

---

* 표적치료제: 암의 증식과 관련된 신호전달체계를 공격하거나, 신생 혈관을 억제해 암을 굶겨 죽이는 약물.

* 슈퍼버그(superbug): 항생제의 잦은 사용에 저항할 수 있어 강력한 항생제에도 죽지 않는 박테리아. 슈퍼박테리아와 같은 의미.

는 외부의 침입자가 아니다. 내부 세포가 변해 생긴 변절자라서 정상 세포와 유사점이 많다. 특히 암세포의 대부분 표적물질은 정상 세포에도 있다. 다만 그 양에서 차이가 날 뿐이다. 치료 목적으로 외부에서 몸 안으로 주입되는 물질은, 크든 작든 다른 세포에 영향을 준다. 암세포와 가장 가까운 거리에서 근접전을 벌이는 면역세포는 그런 면에서 표적치료제의 영향권에 있다고 봐야 한다. 이러한 2세대 표적치료제의 단점, 즉 내성과 독성을 3세대 면역세포 치료제는 넘어설 수 있다.

면역세포 치료제는 암 정복의 첫걸음

면역세포 치료제는 3가지 장점이 있다. 첫째로 환자 자신의 세포를 사용해서 거부 반응이 원천적으로 없다. 둘째, 면역치료제는 일회용 주사가 아니다. 즉 1, 2세대 항암제처럼 사용 후 분해되고 없어지는 것이 아니라 몸 안의 세포로 오래 남아 있을 수 있고 기억될 수 있다. 셋째, 개인 암 맞춤형 세포치료제를 만들 수 있다. 환자가 위암이면 위암에 맞는 면역세포를 훈련시켜 다시 몸 안에 주사할 수 있다.

천연두 바이러스를 박멸시킨 가장 큰 주역은 백신*이다. 백신이 바로 '천적'이다. 즉 바이러스를 가장 잘 방어하는 면역을 미리 준비시키는 방법이 백신이다. 면역세포 치료제도 백신 같은 예방 효과와 더불어 치

---

* 백신(vaccine): 전염병을 예방할 목적으로 미리 체내에 항체를 생산하기 위해 접종하는 약독화 병원체(생백신), 불활성화 병원체 또는 병원체가 생성하는 독소의 불활성화물.

료 효과가 있다. 과학계는 암을 정복할 수 있는 첫 단추를 채운 셈이다. 하지만 암은 결코 만만한 놈이 아니다. 인간보다 훨씬 앞서 동물, 식물이 태어난 이래 암세포는 자라고 있었다. 암 발생의 원천 차단만이 확실한 정복이라 할 수 있다.

2016년 초 미국 버락 오바마 대통령은 달 정복처럼 '암 정복' 프로젝트를 천명했다. 그 책임자는 조 바이든 부통령이었다. 부통령의 장남은 지난해 악성 뇌종양으로 숨졌다. 장남을 먼저 보낸 아버지의 슬픔이 암 정복 프로젝트 성공의 기폭제로 승화했으면 한다.

Q&A

Q1. 70대 노인, 항암 치료해야 하나요?

나이가 아주 많은 노인은 젊은 사람과 똑같은 치료를 받으면 견디지 못하는 경우가 많습니다. 하지만 무조건 항암 치료를 못하는 것은 아닙니다. 경우에 따라 항암 치료를 선택하는 데 참고해야 하는 것들이 있을 뿐입니다.
우선, 본인의 진짜 나이보다는 신체나이가 더욱 중요합니다. 그리고 항암제의 용량을 눈여겨봐야 합니다. 젊은 사람처럼 많은 용량의 항암제를 받지 못하는 사람이라도 항암제 용량을 줄이면 별다른 부작용 없이 치료를 받는 경우도 많기 때문입니다.

Q2. 화학항암제 부작용에는 어떤 것들이 있나요?

항암화학요법으로 인한 부작용은 항암제의 종류와 개인적 특성에 따라 그 차이가 크고 모든 환자에게서 나타나는 것도 아니어서 어떤 환자는 전혀 부작용을 겪지 않을 수도 있습니다. 또한 부작용은 투여하는 약제의 종류와 용량에 따라 다르고, 같은 환자에서도 항암화학요법을 반복하는 경우 치료 회차마다 다를 수 있습니다.
항암제 부작용은 대부분 정상 세포에 대한 영향에 인한 것인데, 항암화학요법이 끝나면 정상 세포들은 대개 2~3주 내에 회복됩니다. 따라서 대부분의 부작용은 치료가 완료되면 서서히 사라지기 시작하고 건강한 세포가 정상적으로 증식하면서 2~3주 사이에 회복기에 접어듭니다. 그러나 이러한 회복 시기는 항암제의 종류와 환자 개인의 건강 상태 등에 따라 다릅니다. 대부분의 부작용들은 일시적이지만 심장, 폐, 신장, 신경계 등에 일어난 부작용들은 몇 년간 또는 영구적으로 지속될 수 있습니다.

3

LED 치매 정복: 빛 쏘아 '치매 단백질' 파괴하는 동물실험 성공

치매 정복 기술

손주를 못 알아보는 할머니, 그런 치매 할머니를 돌봐야 하는 가족은 하루하루가 우울한 날이다. 평균수명이 늘면서 치매 환자도 증가한다. 치매는 지난 5년 사이 87% 증가해서 국내 65세 이상 노인 열 명 중 한 명은 치매 환자다. 80대 부부 중 한 명이 치매가 될 확률은 무려 44.6%다. 현재까지 뚜렷한 치료제가 없다. 치매 없는 노년을 맞이하려면 지금부터라도 고스톱을 배워야 할지 아니면 매일 걸어야 할지 궁금하다.

늙는다고 모두에게 생기는 병인 것은 아니다

필자는 대학원생들과 매주 연구 미팅을 한다. 매일 보는 대학원생들이지만 이름이 갑자기 생각이 안 나서 이름 대신 '자네'라는 대명사가 종종 사용된다. 물론 대학원생들은 이런 나의 망각 증세를 눈치 못 챘을 것이다. 하지만 필자는 그럴 때마다 가슴이 '철렁'한다. 혹시 치매 증상인가. 다행히 5분 후에 그 대학원생 이름이 생각나는 것을 보면 치매는 아니고 건망증이 심해진 모양이다. 만약 이름이 다음 날까지도 생각나지 않는다면 치매 검사를 받아야 한다. 이처럼 대화만으로도 치매 증상을 알 수 있다. 2015년 프랑스 연구팀에 의하면 대화 분석만으로도 치매를 87% 정확하게 진단할 수 있었다. 대화 도중 고유명사 대신 '그것(thing)'이란 단어가 늘어나면 치매 초기 증상일 수 있다. 미리 진단할 수 있으면 예방하고 치료할 수 있을까.

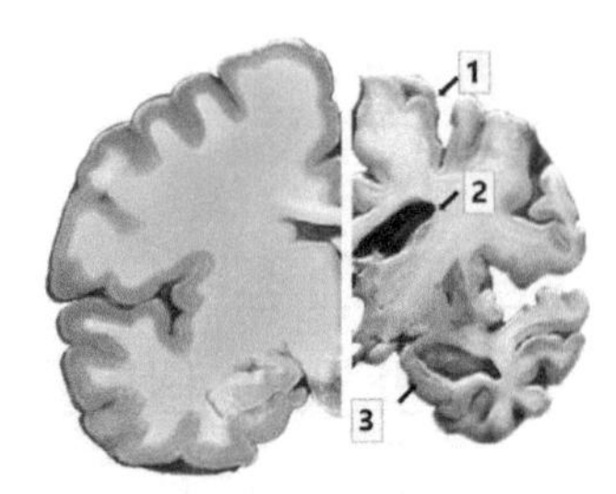

정상 뇌(왼쪽)와 비교한 치매 뇌의 특징. ① 줄어든 대뇌피질 ② 늘어난 빈 공간 ③ 줄어든 해마

치매 dementia는 '정신 mentia이 빠져나간 de'이란 뜻으로 어리석을 치(癡), 어리석을 매(呆)다. B.C 5세기 그리스 철학자 피타고라스는 인생을 6단계로 구분해서 5단계(63~79세), 6단계(80세 이후)는 도달하기 힘들지만 그때가 되면 다시 어린아이처럼 지능이 떨어진다고 했다. 아주 오래전에도 정확히 치매를 예측한 셈이지만 틀린 점이 한 가지 있다. 5, 6단계, 즉 나이가 든다고 모두 치매가 되는 것은 아니다. 정상적인 노화에서는 생각의 속도는 느려지지만 정확도는 떨어지지 않는다. 판단력도 유지된다. 새로운 것을 기억하는 능력은 떨어지지만 옛 기억은 그대로여서 오랫동안 쌓여 있는 경험과 지식은 '노인의 지혜'로 온전히 남아 있다. 나이가 들면서 증가하지만 늙는다고 모두 치매가 되는 것은 아니어서

개별 노화 차이가 심하다.

영국 런던 킹즈대학 연구팀은 개인의 노화를 알 수 있는 유전자 160개를 선정, 조사했다.[1] 같은 50세라도 30세 같은 '젊은 중년'이 있는 반면 70세 같은 '늙은 노인'이 있었다. 건강 차이는 70대에 최대로 벌어져 건강 수치가 4배 이상 난다. 40대는 직장 자랑, 50대는 자식, 60대는 돈, 70대는 건강 자랑한다는 우스개가 빈말이 아니다. 다른 병과 달리 치매는 왜 아직 확실한 치료제가 없는 건가.

치매는 갑자기 발병하기보다는 5년간의 초기, 12년의 중기, 3년의 말기를 거치면서 점점 정도가 심해지는 '진행성 두뇌 퇴화증'이다. 치매 증상이 보일 때에는 이미 두뇌는 정상 노화를 벗어나서 많이 망가진 상태다. 치매치료제가 없는 이유다. 평상시 늘 가던 장소를 못 찾는다든가, 땅콩잼을 식빵의 안쪽에 바르지 않고 바깥 부분에 바른다든가, 슈퍼에서 돈 계산이 안 된다든가, 모든 일에 흥미, 의욕이 없어지고 쉽게 우울해지고 화를 벌컥 내는 것이 일상화되면 치매를 의심해야 한다. 다행히 초기라면 약물치료로 말기 증상을 줄일 수 있다. 하지만 오는 백발을 막을 수 없듯 뇌세포의 퇴화를 거슬러 청년 세포로 만들 수는 없다. 치매를 미리 진단하는 것만이 그나마 대비할 수 있는 시간을 벌 수 있다. 치매는 사망 원인 6위로, 진단 후 8~10년 내 사망하는 무서운 병이기도 하다. 현재 과학은 이제 치매를 겨우 알아가고 있다. 치료제 개발의 핵심은 조기진단이다. 즉, 병이 언제, 어떻게 진행하는지를 분자 수준에서 '볼 수' 있어야 그에 맞는 치료제를 만들 수 있다. 최근 과학은 두뇌를 분자 수준에서 들여다보기 시작했다.

그리드세포 손상과 치매 관련성 '주목'

치매는 알츠하이머 치매(60%), 혈관성 치매(25%)로 구분된다. 혈관성 치매는 뇌의 작은 혈관이 본인도 모르는 사이 막혀버려 생긴다. 반면 알츠하이머는 비정상 단백질 뭉치(베타아밀로이드와 타우)가 뇌 신호 전달을 방해하고 시냅스*(세포-세포 연결점)를 파괴해서 기억력, 사고력이 급감한다. 현재 치료제 연구는 비정상 단백질 뭉치 형성을 막거나 뇌 신호 전달물질(아세틸콜린*)을 높여주는 물질을 찾고 있다.

현재까지 알츠하이머 치료제로 미국 식품의약국FDA 승인을 받은 종류는 5개이고, 그중 3개가 신호전달물질(아세틸콜린)을 높여주는 치료제다. 하지만 치매치료제가 임상시험을 통과하는 비율은 불과 3%로 다른 신약의 13%에 훨씬 못 미친다. 복잡한 뇌의 신호 전달 과정에서 효과적인 치료 목표를 찾기가 쉽지 않고 또 치료제의 효과를 눈으로 금방 확인하기도 쉽지 않기 때문이다. 우선 치매 진단이 만만치 않다. 두뇌촬영기기MRI*, CT*, PET들로 이미 진행된 치매는 확인할 수 있지만 치매 가능성을 미리 진단하기는 힘들다.

유명 과학저널 '사이언스'에 치매를 미리 예측할 수 있는 방법이 발

---

* 시냅스(synapse): 한 뉴런의 축삭돌기 말단과 다음 뉴런의 수상돌기 사이의 연접 부위.
* 아세틸콜린(acetylcholine): 중요한 신경전달물질이며 신경세포의 말단에서 분비되어 다음 신경세포의 아세틸콜린 수용체에 결합하여 그 신경세포를 흥분시킨다.
* MRI(magnetic resonance imaging, 자기공명영상): 강한 자기장 내에서 인체에 라디오파를 전사해서 반향되는 전자기파를 측정해 영상을 얻어 질병을 진단하는 검사.
* CT(computed tomography, 컴퓨터 단층촬영): X선을 이용하여 인체의 횡단면상의 영상을 획득하여 진단에 이용하는 검사.

뇌의 비정상 '타우' 덩어리

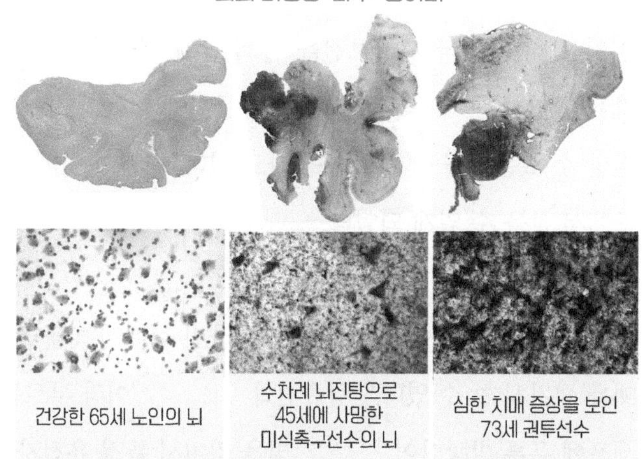

타우단백질은 베타아밀로이드 등을 청소해주는 역할을 하는데, 타우단백질이 엉키며 제 기능을 상실하게 되면 베타아밀로이드가 쌓이고 신경세포가 파괴된다

표됐다.[2] 독일 연구진은 단기 기억을 담당하는 해마의 입출력 부위(내후각피질)에 내비게이션 지도 역할을 하는 세포(그리드세포)가 있음을 확인했다. 입체안경을 쓰고 가상 지역을 운전하면 뇌의 그리드세포가 가상 지도에 따라 달리 반응하는 것을 fMRI(기능성 자기공명장치)로 확인했다. 치매에 걸린 사람이 자기 아파트를 못 찾아서 헤매는 이유가 이 부분이 망가져 있기 때문이라는 것이다. 젊은 사람이라도 이 세포 이상 여부를 미리 조사해보면 20년 후 치매가 발생할 것인지를 예측할 수 있다. 뇌의 그리드세포는 운동성에도 중요한 역할을 한다.

'뉴로사이언스' 잡지에 의하면 정상 쥐는 달리는 속도에 따라 그리드세포의 활동이 증가했다.[3] 치매 환자의 경우 이런 지도가 손상돼 제대로 움직이지 못하고 결국 자리보전을 할 수밖에 없다. 이렇게 운동과 공간 감각을 담당하는 세포를 발견한 것과 동시에 이들 뇌세포를 외부에서 조절할 수 있는 기술이 급물살을 타고 있다. 더불어 치매치료제를 분자 수준에서 찾을 수 있게 되었다.

저명 학술지 '셀 리포트'에 실린 논문에 의하면 쥐에게 빛을 쪼이기만 해도 치매를 생기게 할 수 있다.[4] '광유전학 optogenetics'이라 부르는 이 기술은 뇌세포에 푸른 발광다이오드* LED 빛을 쬐여서 특정 유전자를 작동시킨다. 덕분에 치매 유발 물질인 단백질 뭉치(베타아밀로이드*)가 왜, 어떻게, 언제 생기는가를 알 수 있게 됐다. 특히 장기간에 걸쳐서 치매물질이 생기는 과정을 밝힘으로서 치매 연구의 중요한 고비를 넘어섰다. 치료제 개발에도 광유전학이 한몫을 한다. 2016년 국내 연구진은 빛을 쥐의 두뇌에 쬐여서 베타아밀로이드 생성을 막는 방법을 개발했다. 즉 '포르피린'이란 물질을 쥐의 혈관에 공급해서 뇌

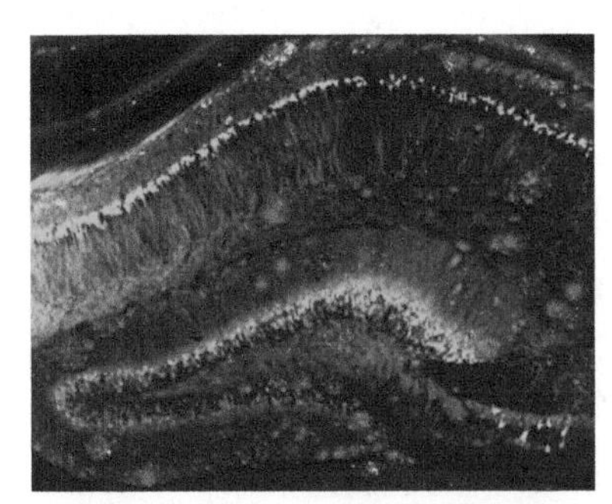

비정상 단백질 덩어리(베타아밀로이드, 적색)가 치매 쥐의 기억담당세포(녹색) 부근에 생겼다

* 발광다이오드(luminescent diode): 반도체의 p-n 접합구조를 이용하여 주입된 소수캐리어(전자 또는 정공)를 만들어내고, 이들의 재결합에 의하여 발광시키는 것.
* 베타아밀로이드(beta-amyloid, Aβ): 알츠하이머 환자의 뇌에서 발견되는 아밀로이드 플라크의 주성분으로서, 알츠하이머병에 결정적으로 관여하는 36~43개의 아미노산 펩타이드.

에 도달하게 한 후 뇌세포에 LED 빛을 비추었다. 이 빛은 포르피린을 활성화해서 베타아밀로이드를 파괴시켜 치매가 개선됨을 확인했다. 즉, 치매 치료의 가능성을 보인 것이다. 이제 두뇌를 현미경처럼 들여다보기도 하고 뇌세포를 원하는 대로 조절하는 기술이 급부상하고 있다. 이들 과학이 실제 환자에 적용되기까지, 생활 속 치매 예방법은 무엇일까.

'노인 쓸모없다' 생각하면 치매 잘 걸려

'오는 백발 막대로 치려 하니 백발이 제 먼저 알고 지름길로 오더라.' 고려 시대 탄로가(嘆老歌)다. 치매를 예방하려면 이처럼 한탄만 하지 말고 오는 백발을 맘 편히 받아들여야 한다. 예일대 연구에 의하면 '노인은 쓸모없다'고 생각하는 사람들이 치매에 더 걸렸다.[5] 28년 추적조사 결과, 이런 부정적인 생각을 가진 사람의 두뇌 해마*가 더 빨리 줄어들고 아밀로이드와 타우단백질 덩어리도 더 많았다. 뇌가 생각만으로도 시냅스 연결이 튼튼해지고 새로운 뇌세포도 형성된다는 뇌의 '가소성*'을 생각해보면 이런 연구 결과에 고개가 끄덕여진다.

필자의 어머니는 아흔이 넘어서도 거의 매일 고스톱을 치셨다. 동네 어르신들과 함께 10원짜리 동전 내기를 하고 점심도 같이 지어 드셨다. 이야기하고 손을 움직이고 머리도 써야 하는 고스톱이 치매 예방에는

* 해마(hippocampus): 둘레 계통에 포함되며 장기 기억과 공간 개념, 감정적인 행동을 조절.
* 가소성(plasticity): 외력에 의해 형태가 변한 물체가 외력이 없어져도 원래의 형태로 돌아오지 않는 물질의 성질.

최고다. 학력이 높을수록 치매 확률이 낮다는 통계도 두뇌 활동이 예방법임을 대변한다. 독서, 글쓰기는 두뇌를, 걷기 운동은 몸을 버티게 한다. 치매 예방은 다른 건강 유지 수단과 다르지 않다. 다만 두뇌를 더 움직이면 뇌의 노화를 지연할 수 있다는 것이 우리가 알고 있는 최소한의 방법이다.

레이건 전 미국 대통령의 1994년 연설문은 치매에 대응하는 우리들의 마음을 다잡아준다.

레이건 대통령과 배우 찰톤 헤스톤(왼쪽). 후일 두 사람 모두 알츠하이머 치매 진단을 받았다

"아직은 괜찮다고 느끼는 지금, 나는 신이 나에게 준 이 땅 위에서의 나머지 인생을 지금까지 항상 해온 일들을 하면서 지낼 것입니다. 불행하게도 내가 앓고 있는 알츠하이머병이 점차 심해지면 가족들이 힘든 고통을 겪을 것입니다. 나는 내 아내 낸시를 이 고통스러운 경험에서 구할 수 있는 어떤 방법이 있기를 바랍니다. 그때가 오면 여러분의 도움으로 그녀는 믿음과 용기를 가지고 굳게 맞설 것이라 믿습니다."

Q&A

Q1. 치매 진단은 어떻게 하나요?

증상이 심한 경우는 일반인들이 봐도 치매라고 쉽게 알 수 있으나 치매의 초기 단계에서는 치매의 여부를 감별하는 것이 쉬운 일은 아닙니다. 이를 위해서 자세한 환자의 증상기록과 함께 신경학적인 검사와 신경심리 검사를 실시해야 합니다.

신경심리 검사는 뇌 기능의 여러 면을 검사하는 것으로 기억력, 주의 집중력, 언어 능력, 수행 능력, 계산 능력과 시공간 감각 등을 검사하는데 전문적인 지식을 가진 검사자에 의해서 수행되어야 하고 이를 통해서 치매의 유무와 치매의 정도, 손상된 뇌 부위를 알 수 있습니다. 일단 치매라고 진단이 되면 치매의 원인을 밝히기 위한 여러 검사를 실시하는데 뇌핵 자기공명영상(MRI), 단일광자방출단층촬영(SPECT)으로 뇌 혈류 검사를 하고, 양전자방출단층술(PET)로 뇌세포의 대사를 살펴볼 수 있습니다. 혈액 검사(간 기능, 혈당, 신장 기능, 빈혈 검사), 뇌파 검사, 갑상선 기능 검사 등도 실시하게 됩니다. 이를 통해서 치매의 원인을 알 수 있고 적절한 치료를 하게 됩니다. 이 검사로 혈관성 치매 여부를 알 수 있고 뇌종양이나 수두, 만성경막하 혈종 등을 알아낼 수 있습니다. 알츠하이머병은 뇌 위축이나 혈류 감소를 보일 수 있으나 병의 초기인 경우 특별한 이상을 보이지 않을 수 있어 환자의 증상과 신경심리 검사가 중요한 검사법이 됩니다.

Q2. 치매 체크리스트를 소개해주세요.

최근 6개월간의 해당 사항에 동그라미 합니다.

1. ( ) 어떤 일이 언제 일어났는지 기억하지 못할 때가 있다.
2. ( ) 며칠 전에 들었던 이야기를 잊는다.

3. (　) 반복되는 일상생활에 변화가 생겼을 때 금방 적응하기가 힘들다.
4. (　) 본인에게 중요한 사항을 잊을 때가 있다. (예를 들어 배우자 생일, 결혼 기념일 등)
5. (　) 어떤 일을 하고도 잊어버려 다시 반복한 적이 있다.
6. (　) 약속을 하고 잊은 때가 있다.
7. (　) 이야기 도중 방금 자기가 무슨 이야기를 하고 있었는지를 잊을 때가 있다.
8. (　) 약 먹는 시간을 놓치기도 한다.
9. (　) 하고 싶은 말이나 표현이 금방 떠오르지 않는다.
10. (　) 물건 이름이 금방 생각나지 않는다.
11. (　) 개인적인 편지나 사무적인 편지를 쓰기 힘들다.
12. (　) 갈수록 말수가 감소되는 경향이 있다.
13. (　) 신문이나 잡지를 읽을 때 이야기 줄거리를 파악하지 못한다.
14. (　) 책을 읽을 때 같은 문장을 여러 번 읽어야 이해가 된다.
15. (　) 텔레비전에 나오는 이야기를 따라가기 힘들다.
16. (　) 전에 가본 장소를 기억하지 못한다.
17. (　) 길을 잃거나 헤맨 적이 있다.
18. (　) 계산 능력이 떨어졌다.
19. (　) 돈 관리를 하는 데 실수가 있다.
20. (　) 과거에 쓰던 기구 사용이 서툴러졌다.

※동그라미 한 문항은 1점을 주어 20점 만점으로 계산합니다. 이 설문지는 환자를 잘 아는 보호자가 작성하는 설문지로 20개 중 10개 이상이면 치매 가능성이 높습니다(자료: 삼성서울병원)

4

'이놈이 암세포' 낙인찍고 면역세포한테 끌고 와 살해

항암 항체 표적치료제

우리 주변에서 세 사람 중 한 명은 평생 한 번 암에 걸린다. 국내 사망 원인 1위가 암이다. 평균수명이 늘면서 이 추세는 더 늘어날 것이다. 운이 나빠 암을 만난다면 치료 과정이 몸에 힘들더라도 끝까지 견뎌서 암을 이겨내야 한다. 암 치료의 최대 고비는 항암제 치료 과정이다. 적색의 화학항암제를 맞았던 필자의 지인은 지금도 적포도주를 못 마신다. 항암주사의 부작용이었던 당시의 구토와 현기증이 떠오르기 때문이다. 하지만 최근 항암제는 효능은 늘고 부작용은 감소했다. 특히 표적치료 항암제는 암세포라는 특정 타깃만을 목표로 하기 때문에 재래 항암제보다 탈모, 구토, 빈혈이 훨씬 적어졌다. 최근 7년간 표적치료항암제 사용 비율은 2배 늘어 전체 항암제의 48%에 이른다. 또 일부 건강보험이 적용돼 표적치료제 사용 비용도 낮아지고 있다. 표적치료제를 제대로 알아보자.

인체 면역을 모방한 항체치료제

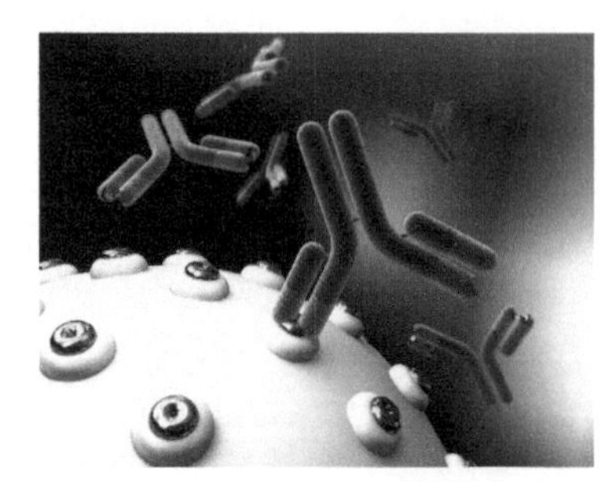

항체가 세포 외벽의 수용체에 달라붙어 성장신호를 차단하는 모식도

표적치료제 중의 하나는 항체치료제다. 항체는 특정 표적에 달라붙어 효과를 낸다. 2014년 11월 미국 식품의약국은 바이오제약회사 제넨텍의 항체치료제 '가지바'를 '획기적인' 표적치료제로 사용을 승인했다. 왜 '획기적'이라고 칭송했을까. 기존 항체는 인체 투입 후 목표 암세포에 달라붙어서 활동을 '방해'만 했다. 하지만 '획기적' 항체치료제는 암세포에 달라붙은 후, 주위의 '자연살해세포*(NK세포)'들을 불러 모아서 암세포를 한 방에 처치한다. 이제 항체는 암 치료의 핵심이 되고 있다. IT(정보통신) 기술 시대에 스마트폰이 있다면 BT(생명공학 기술) 시대에는 표적치료제가 있다. 표적치료제는 과연 만능일까. 항체치료제는 어떤 방향으로 진화할까.

표적치료제는 두 종류, 즉 '항체'와 '소분자 화학물질'이다. 항체는 인체가 외부 침입자 모양에 따라 각기 달리 만들어내는 방어용 면역단백질이다. 반면 소분자 화학물질은 합성해서 만든다. 항체는 소분자 화학물질보다 수천 배 크다. 보잉 747과 승용차의 크기만큼 차이가 난다. 큰 구조의 항체는 더 정교한 입체구조를 가질 수 있어서 더 정확하게 목표

---

* 자연살해세포(Natural killer cell): 면역화 과정 없이 세포 용해 작용을 일으키는 작은 림프구 모양의 세포로, 종양세포나 바이러스 감염세포를 자발적으로 죽이며, 인터페론에 의해 활성이 증진.

물질에 달라붙는다. 이러한 인간 항체를 동물(쥐)세포로 대량 생산한 것이 '항체 표적치료제'다.

영화배우 안젤리나 졸리가 유방절제 수술을 미리 한 것은 비정상 유전자 때문이다. 즉, 유방암 환자의 15~25%는 비정상 유전자 때문에 세포 표면의 '수용체' 단백질 HER2이 정상보다 훨씬 많이 만들어진다. 따라서 성장신호 EGF를 비정상적으로 많이 받은 세포는 '고삐 풀린 망아지'처럼 자라서 결국 암세포로 변한다. '허셉틴(유방암 항체치료제)'은 수용체(HER2)에 달라붙은 뒤 세포의 성장신호를 차단시켜 암세포가 자라지 못하게 한다. 또 다른 악성종양 항체치료제인 '아바스틴'은 혈관을 만드는 신호물질 VEGF에 달라붙어 차단한다. 만약 이 신호를 받으면 혈관세

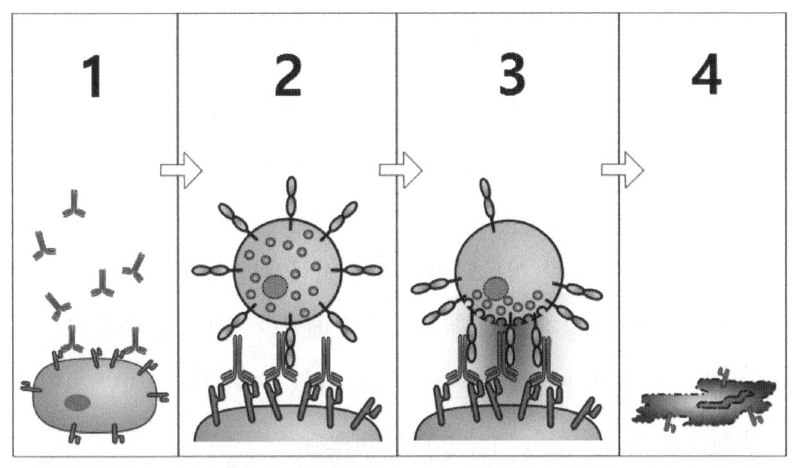

항체의 암세포 파괴 과정 ① 항체(Y모양)가 암세포의 표면항원(녹색)에 달라붙음 ② 자연살해세포(NK, 노란색)가 항체(Y모양)의 꼬리 부분에 달라붙음 ③ NK세포가 암세포 용해물질(적색) 주입 ④ 암세포 사멸

포는 새로 혈관을 만들어 암까지 연결케 한다. 암 덩어리에 혈관은 영양분을 공급하는 생명줄이다. 그리스 의사 히포크라테스는 암 덩어리에 혈관이 '게 crab'의 다리처럼 붙어 있는 것을 보고 crab과 같은 어원인 'cancer(암)'라고 표기했다. 혈관 생성을 차단하는 항체치료제는 결국 암세포를 '굶겨' 죽인다.

항체의 또 다른 기능은 암세포 표면에 달라붙어서 '이놈이 암세포'라는 표식을 하는 것이다. 즉 'Y' 모양 항체의 두 팔에 해당되는 'V' 부분 Fab이 암세포에만 특별히 있는 표식에 달라붙는다. 그리고 'V'자 아래 부분 'I'에 해당하는 부분 Fc이 근처의 면역세포에 달라붙어서 '이놈이 암세포'라고 알려준다. 면역 킬러세포는 항체가 붙들고 온 놈을 사정없이 녹여버린다. 항체 표적치료제의 또 다른 공격법은 '크루즈 미사일'이다. 즉 항체에 방사능 물질을 붙인다. 이 항체는 미사일처럼 암세포를 찾아가 달라붙은 뒤 방사능 물질을 암세포가 '꿀꺽' 삼키게 한다. 덕분에 주위의 정상 세포는 영향을 거의 받지 않는다.

허셉틴, 아바스틴 등 이름도 생소한 암치료제를 의사로부터 듣게 되면 혼란스럽다. 그렇다고 정확하게 어떤 메커니즘의 항암제이고 부작용은 없는지, 얼마나 계속 사용해야 되는지 궁금한 것은 많지만 일일이 답변해주기에 큰 병원의 의사는 너무 바쁘다.

표적치료제의 단점은 무엇일까? 표적치료제의 단점은 특정 물질이 있는 환자에만 효과가 있다. 또 상대적으로 적지만 물론 부작용이 있다. 또 다른 단점은 한곳만을 타깃으로 하니 내성이 있는 암세포가 생길 수 있다. 따라서 단일 표적치료제보다는 칵테일로 여러 항암제를 섞어서 사용하는 것이 효과가 크다. 암세포도 변종이 생기며 교묘한 전략으로 살아남는다. 이처럼 갖가지 생존 전략을 쓰는 암과의 전쟁에서 인류는 승리할 수 있을까.

암은 인류와 함께한 아주 오래된 병이다. B.C 3000년 이집트의 파피루스 종이에도 유방암에 관한 이야기가 나온다. '딱딱한 멍울이 만져지며 치료제가 없는 심각한 병'이라고 기록돼 있다. 고대 이집트나 중국에서 사용된 치료법은 신기하게도 현대의 최첨단 방법과 매우 유사하다. 즉, 암 초기에는 녹차, 삶은 양배추로 다스리라고 했다. 암이 커지면 칼로 잘라내고 불로 지지라고 했다. 지금은 수술로 잘라내고 불 대신 방사선 치료로 남아 있는 암세포들을 '지지고' 있다. 게다가 놀라운 것은 그 옛날에도 화학항암제를 사용했다는 것이다.

즉 비소나 수은, 구리, 철 등을 사용했다. 그중에서 비소는 '이집트 연고'란 이름으로 19세기까지도 암치료제로 사용돼 왔다. 현재 미국에서 급성백혈병 치료제로 사용되고 있는 항암제 중에는 비소화합물이 있다. 옛 사람들의 지혜를 현대 과학이 물려받은 셈이다.

들어왔던 병원균 기억해 대량 생산

항체는 인간의 몸속에 원래부터 있었던 물질이다. 그런 항체가 항암제로 주목받는 이유는 항체가 바로 암세포를 죽이는 면역의 핵심이기 때문이다. 항체는 외부 침입 균이나 내부 암세포에 대해 우리 몸이 만드는 면역무기다. 즉, 병원균의 침입을 피부나 점막이 1차로 방어하지만 이곳이 뚫리면 2차로 '근접전'을 한다. 대기 중인 백혈구나 식균세포* 등이 외부 침입자에 달라붙는 2차 근접전은 몸에 '염증'을 만든다.

여기에서도 병원균이 죽지 않는다면 3차로 발동되는 것이 '항체 면역'이다. 먼저 항체가 만들어진다. 한번 왔던 놈이면 '기억세포'가 발동해서 짧은 시간 내에 항체를 다량 만든다. 처음 본 놈이어도 최소 한 달이면 만들어낸다. 항체 면역의 핵심은 '기억'이다. 즉, 들어왔던 놈의 구조를 기억했다가 같은 놈이 들어오면 재빨리 항체를 만드는 것이다. 예방 백신도 면역의 이런 기억을 이용한다. 즉, 죽은 병원균이나 약하게 만든 병원균, 아니면 껍질만을 주사해서 진짜 침입자가 들어온 것처럼 정밀하게 면역을 발동시키고 그 결과로 기억세포가 남는 것이다. 문제는 암 환자의 경우 면역이 약해져 있어서 제대로 암세포를 공격 못한다는 것이다. 암 환자의 약해진 면역 대신 항체를 다량

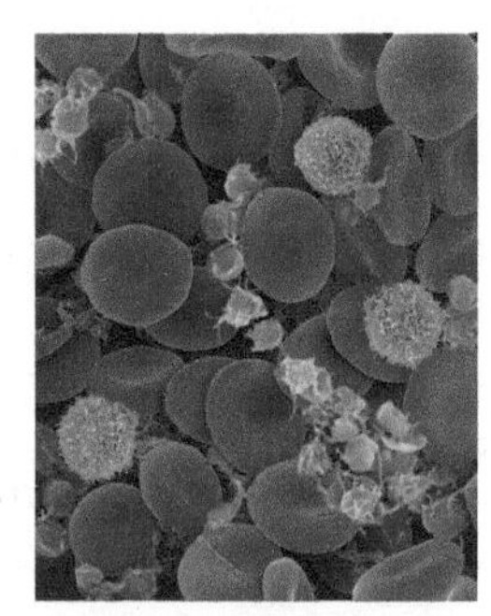

혈액 내의 면역 T세포(주황). 붉은색은 산소를 운반하는 적혈구, 녹색은 혈액 응고를 담당하는 혈소판

* 식균세포(phagocyte): 외부 입자를 섭식하는 아메바성 백혈구.

공급해서 암세포를 공격하게 하는 것이 항체 항암 치료다.

미국 생명공학회사 제넨텍이 개발한 '획기적' 항체치료제는 몸 안의 자연살해세포(NK세포)를 적극적으로 끌어당겨서 암세포를 공격하게 한다. 인간 항체는 이런 공격 유도 능력을 원래 가지고 있었지만 동물(쥐)세포로 실험실에서 생산한 '인공' 항체는 그런 능력이 없었다. 제넨텍 과학자들은 항체구조를 다시 디자인해서 공격 유도 능력을 가지도록 만들었다. 또 두 군데를 동시에 달라붙을 수 있는 '더블 타깃' 항체는 암세포 부착 효율이 높아졌다. 화학항암제를 붙인 항체도 개발됐다. 독성이 강해 쓸 수 없었던 화학항암제라도 항체에 붙이면 사용 가능해진다. 즉, 암세포에만 달라붙어서 소량으로도 효과를 보기 때문에 인체 사용이 가능하다. 이렇게 항체와 다른 항암제를 '칵테일'처럼 혼합해서 쓰게 되면 효과도 높아지고 내성도 적어진다.

인간 항체를 동물(쥐)세포에서 생산하는 바이오 배양기

항체의 다른 응용 분야는 자가면역 치료제다. 자가면역질환은 1형 당뇨*, 천식, 류머티즘 관절염*, 궤양성 대장염 등으로 자기 세포에 '총질'

* 당뇨(diabetes mellitus): 인슐린의 분비량이 부족하거나 정상적인 기능이 이루어지지 않는 등의 대사질환의 일종으로, 혈중 포도당 농도가 높은 것이 특징인 질환.

* 류머티즘 관절염(rheumatoid arthritis): 관절 활막의 지속적인 염증 반응을 특징으로 하는 만성 염증성 전신질환.

을 하는 것이다. 치료법은 총질하라는 신호물질TNF-alpha을 막는 것이다. 실제로 전 세계 항체치료제 매출 1위는 자가면역 치료제다.

'허셉틴' 한 품목 연 5조 5,000억 원 매출

항체치료제가 진화하면서 제약시장에 돌풍을 일으키고 있다. 현재 세계 제약 매출의 상위 10개 품목 중 7개가 항체치료제다. '허셉틴(유방암 치료제)' 한 품목만 연 5조 5,000억 원 매출이고 '휴미라(류머티즘 관절염)' 항체치료제 하나가 11조 8,000억 원으로 국내 상위 20개 제약회사 총매출보다 훨씬 많다. 즉, 제대로 된 항체치료제 하나만 만들어도 '대박'이 날 만큼 항체는 효과가 뛰어난 치료제다. 그만큼 경쟁도 치열하다. 현재까지 연구된 항체만도 수백 종류가 넘는다. 인간의 몸은 수십만 년 동안 외부 침입자와 싸워온 베테랑이다. 이 경험을 살려 내부 변절자인 암세포와도 싸워야 한다. 가장 무서운 적은 외부가 아닌 내부의 적이다. 인간 항체가 가지고 있는 '싸움의 기술'을 찾아내서 '스마트' 항체치료제로 만들어 내는 게 앞으로의 과제다.

Q&A

Q1. 항암에 좋은 음식은 뭐가 있나요?

미국 국립암연구소(NCI)는 항암 음식의 목록을 발표했습니다. 그 목록으로 마늘, 브로콜리, 양배추, 녹차, 녹황색 채소, 대두, 생강, 부추, 현미 등이 항암 음식으로 선정되었습니다.

Q2. 항암 치료 시 주의해야 할 점은 무엇인가요?

암 환자들은 암세포 자체에 의해서도 영양 결핍 상태에 있으며, 항암 치료를 시행할 경우에 정상 세포의 소실이 있기 때문에 이를 위한 영양 공급이 대단히 중요합니다. 특히, 단백질의 충분한 보충이 필요합니다. 또한 치료에 대한 긍정적인 생각으로 더 나은 건강 유지에 대한 확신감과 희망을 가지고 치료에 임하는 것이 중요합니다. 현재 치료를 담당하고 있는 주치의를 신뢰하며, 치료나 병에 대해 의문이 있으면 항상 주치의와 상의하여 불안이나 공포를 해소하는 것이 도움이 됩니다.

일반적으로 항암 치료 후 손상을 받는 조직은 골수, 입안의 점막, 위장관 점막, 생식기관입니다. 이들의 손상에 의해 구역질과 구토, 설사, 변비, 입의 통증(구내염), 백혈구 감소에 따른 세균감염, 빈혈, 출혈, 탈모, 월경주기 변화, 남성의 불임 등이 올 수 있습니다. 이들 부작용의 종류와 심한 정도는 항암제의 종류, 환자의 체질과 건강 상태에 따라 다를 수 있습니다.

5

세종대왕 괴롭힌 소갈증, 뱃살 빼고 운동해야 피하죠

당뇨 원인과 치료

필자의 건강진단서에 노란불이 켜졌다. 공복 혈당*이 정상을 벗어났다. 검사 전날 늦게 먹은 과일 때문인가 했지만 3개월 혈당 평균치도 경계를 넘었다. 특별한 증세도 없이 혈당이 나도 모르는 사이 올라가 버린 것이다. 의사는 '전 단계 당뇨'이니 조심하라 한다. 지금대로 생활하면 10년 내 당뇨 환자가 되고 한번 당뇨가 되면 '완치'는 힘들다고 한다. 그나마 평생 관리하지 않으면 하지 절단, 실명(失明) 등의 합병증이 생긴다 하니 정신이 바짝 든다. 필자 같은 전 단계 당뇨는 국내 성인의 20%다. 여기에 이미 당뇨 진단을 받은 환자 10%를 더하면 10명 중 3명은 '당뇨 위험군'이다. 게다가 최근 젊은 층의 당뇨도 늘고 있다. 국가적인

* 공복 혈당(Fasting Glucose): 전날 저녁식사 이후 최소한 8~12시간 동안 물 이외에는 금식한 상태에서 검사한 혈당의 수치.

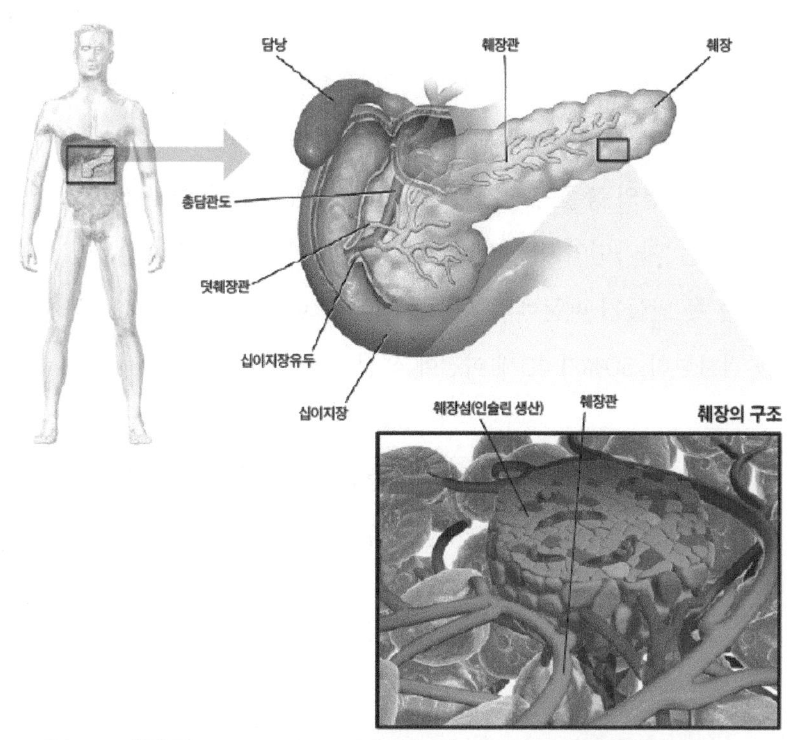

췌장은 위의 뒤쪽에 위치해 있고, 십이지장으로 인슐린 등의 호르몬을 내보낸다

'당뇨 대란'을 의사들은 걱정하지만 정작 사람들은 잘 모른다.

당뇨는 큰불이다. 초반에 제대로 대응해야 세간을 태우지 않는다. 무엇을 해야 당뇨를 예방, 치료할 수 있을까?

2형 당뇨는 대사질환, 비만에서 시작

의사가 필자에게 경고한 '전 단계 당뇨'란 정상과 당뇨병의 중간이다.

즉 공복 혈당이 100~125mg/dL, 포도당 75g을 먹고 2시간 후의 혈당이 149~199, 3개월간 평균 혈당 수치인 당화혈색소가 6.0~6.5인 경우다. 이 단계에서 철저히 예방하지 않고 그대로 방치하면 결국 당뇨 환자가 된다. 당뇨병의 종류는 크게 두 가지다. 1형 당뇨는 몸이 췌장을 스스로 공격하는 '자가면역 이상'이나 선천적으로 췌장이 망가진 경우다. 인슐린*을 못 만들기 때문에 주사로 공급해야 한다. 진단은 자가면역 여부를 검사한다. 50%가 40세 이전에 생긴다.

반면 2형 당뇨는 나이가 들거나 뚱뚱해지면서 생기는 일종의 대사질환이고, 잘 낫지 않아서 평생을 가는 만성질환이다. 이 경우 평생 약을 먹고 살아야 하고 먹고 싶은 것도 마음대로 못 먹는다. 당뇨 환자의 90%가 2형 당뇨다. 왜 2형 당뇨가 생기는 것일까?

당뇨병으로 소갈증을 앓다가 후에 실명까지 한 세종대왕

당뇨는 인류와 함께한 오래된 '귀족병'이다. 세종대왕은 한글 창제에 집중하느라 건강을 못 챙겼다. 운동 부족과 고기 위주 식단으로 몸이 불었고 시력이 나빠져 실명했다. 조선왕조실록에 의하면 '소갈(消渴)증이 생겨 하루에 마시는 물만 몇 동

* 인슐린(insulin): 이자의 랑게르한스섬의 β세포에서 분비되는 호르몬으로 혈액 속의 포도당의 양을 일정하게 유지.

이가 될 정도였다'고 한다. 소갈증은 전형적인 당뇨 증상이다. 현존하는 중국의 가장 오래된 의약서인 『황제내경(黃帝內經)』에는 '뚱뚱하고 신분이 높은 사람은 기름진 음식 때문에 질병이 생긴다'고 말하고 있다. 고대 이집트의 여성 파라오였던 하트셉수트의 미라를 조사해보니 이 여왕도 당뇨병이 심했다. 하지만 현대의 당뇨 환자는 오히려 저소득층이 2배 많다. 먹을 것이 많아졌지만 패스트푸드와 저가의 고열량 음식을 주로 먹는 저소득층의 비만이 늘면서 이제 귀족과 서민을 구분하지 않는 '만인의 병'으로 변했다. 뚱뚱하면 당뇨가 되기 쉽다. 체질량지수(BMI: 몸무게(kg)를 키(m)의 제곱으로 나눈 값)가 25 이상인 복부비만이 2형 당뇨 환자의 절반이다.

복부지방 탓에 인슐린에 둔감해져

62세에 총기 자살로 숨진 노벨상 수상 작가 어니스트 헤밍웨이도 90kg이 넘는 비만이었다. 사망 오래전부터 당뇨와 고혈압을 앓고 있던 것으로 알려졌다. 왜 뚱뚱한 사람이 당뇨에 걸리는 것일까? 원인은 복부지방 때문에 온몸의 세포들이 인슐린에 둔감해지고, 비만으로 인한 염증이 인슐린 생산 공장인 췌장을 망가뜨리기 때문이다. 최근 예일대의 연구도 당뇨 초기에 비만에 의한 염증으로 췌장이 망가짐을 보였다.[6] 식사 후 혈액으로 흡수된 포도당은 췌장의 '베타세포'를 자극해서 인슐린을 만든다. 인슐린은 몸 안의 대부분 세포에 신호를 보내서 포도당을 들여가게 한다. 이때 남는 포도당은 비상시를 대비해서 지방이나 글리코겐 형태로 저장해 놓는다. 쓰는 양보다 먹는 에너지가 많아지면 뱃살, 즉 복부지방으로 축적된다. 2형 당뇨의 가장 큰 어려움은 인슐린이 있어도 몸의 세포들이 포도당을 섭취하지 않는 '인슐린 저항성 resistance'이다. 배가 고파야 밥을 싹싹 비우는데 늘 먹을 것이 널렸으니 게을러질 수밖에 없다. 이 때문에 더 많은 인슐린을 만들어내야 하는 췌장세포는 피곤해진다. 또 고열량 위주의 식사로 포도당이 롤러코스터처럼 급격히 오르내린다. '티코 엔진'을 달고 달리는 트럭처럼 췌장은 기진맥진해진다.

높아진 포도당으로 '다음(多飮), 다식(多食), 다뇨(多尿)'가 생긴다. 즉, 포도당을 조절하는 인슐린이 '태만'해지면 세포 내부로 포도당이 흡수가 안 돼 혈중 포도당이 높아진다. 그 결과 신장이 수분을 재흡수하지 못해서 소변량이 많아진다. 소변으로 많은 포도당이 빠져나가면 포도당과 수분을 보충하기 위해 허기와 갈증이 일어난다. 혈액에 당이 계속 높게 있으면 몸의 모든 장기들은 초비상이다. 모세혈관 구석구석 피가 잘 돌지 못하니 망막세포가 남아날 리 없다. 또 발가락에 피가 돌지 않아 썩는다. 하지 절단의 60%, 고혈압의 67%, 콩팥이 망가진 경우의 44%가 모두 장기간 높은 포도당에 노출된 결과다. 이런 합병증은 돌이킬 수 없다. '당뇨 Diabetes'의 어원이 '사이펀으로 물을 빼가는 것'이고, '악마의 소변'이라고 불려왔던 이유다. 일단 당이 낮아지도록 약과 주사로 관리해야 하는 이유다.

낮은 당지수의 음식과 운동이 최선

수영 종목 10개의 올림픽 메달을 따낸 미국의 게리 홀은 1형 당뇨 환자였다. 당뇨 검사기로 하루 8번씩이나 혈당을 체크하면서 혹독한 훈련을 이겨냈다. 1형 당뇨 환자는 인슐린을 많이 주사하면 저혈당이 생길 수도 있으므로 늘 혈당을 체크해야 한다. 반면 2형 당뇨 치료법은 두 가지다. 즉 인슐린 생산 공장인 췌장의 베타세포를 잘 유지하는 약을 먹는 방법과 1형 당뇨처럼 인슐린을 추가로 주사하는 방법이다. 먹는 당뇨약은 여러 종류다. 그중에는 도마뱀의 침에서 얻은 것도 있다.

식사 종류와 혈당, 인슐린 변화

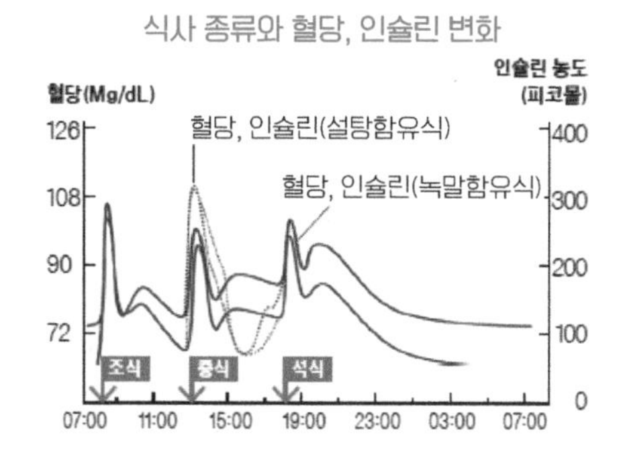

덩치가 60cm나 되는 '길라몬스터' 도마뱀은 일 년에 3~4번 정도밖에 식사를 안 한다. 대신 한 번에 먹는 양이 엄청나서 몸무게의 3분의 1 정도까지 먹는다. 성인이 쌀 20kg을 한 번에 먹는 것과 같다. 그러고도 잘 소화시킨다. 침 속의 특별한 물질이 혈중 포도당을 잘 조절할 것이라는 생각이 'GLP-1'이라는 물질을 찾아내게 했다. 이 물질을 포함해서 베타세포를 나빠지지 않게 하는 약들이 주로 입으로 먹는 당뇨약이다. 당뇨 초기에는 주로 이런 계통의 약으로 2형 당뇨를 치료하다가 잘 안 듣는 경우, 인슐린 주사도 같이 사용한다.

문제는 이런 노력에도 불구하고 환자의 28~44%만이 혈당 조절에 성공하고 있다는 것이다. 즉 근본적으로 췌장이 건강해지지 않고 약, 주사로만 혈당을 조절하는 것은 한계가 있다. 물론 다른 방법들도 시도 중이다. 췌장을 이식하는 것도 하나의 방법이다. 브리티시컬럼비아대학 연구팀은 배아줄기세포를 췌장의 베타세포로 분화시켜 쥐에 이식한 결과 2형 당뇨에도 효과가 있음을 밝혔다.[7] 하지만 실제 인간 적용까지는 시간이 걸린다. 이보다 훨씬 더 안전하고 효과적인 방법이 있다. 바로 다이어트, 즉 체중 감량이다.

미국 당뇨협회에 의하면 체중의 5%, 즉 60kg인 경우 3kg을 줄인 상태를 3년 지속하면 58%가 2형 당뇨를 예방할 수 있다. 이 방법은 전 단계 당뇨와 나이 든 사람에게 특히 효과적이다. 물론 탄수화물, 즉 열량은 줄이고 다른 영양소는 챙기는 현명한 다이어트를 해야 한다. 포도당을 쉽게 만드는 단순당, 예를 들면 흰 빵보다는 현미를 택해야 한다. 그래야 췌장을 높은 포도당으로 자극하지 않는다. 더불어 운동이 가장 중요하다. 운동은 남는 포도당을 소비시켜 비만이 되지 않게 하고 세포들이 인슐린 신호를 잘 따르도록 한다. 즉 2형 당뇨의 가장 큰 어려움인 '인슐린 저항성'을 낮춘다. 더불어 췌장의 베타세포를 정상으로 만드는

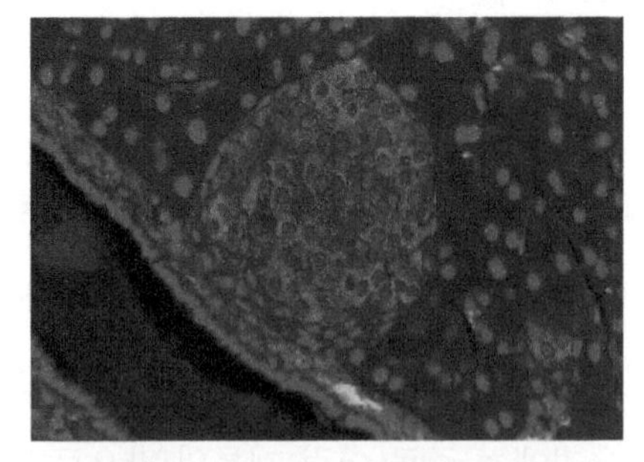

쥐의 췌장섬. 췌장의 4%에 해당한다(적색은 인슐린, 청색은 인슐린 생산 베타세포)

효과도 있으니 일석삼조의 효과가 있다. 하루 30분 내지 1시간, 조금 빠른 걷기 정도가 적당하다.

증상 나타나면 늦으니 미리 검사를

저명 학술지 '셀(Cell)'에 실린 논문에 따르면 인슐린 조절은 단지 췌장만의 문제가 아니라 몸 전체의 대사와 밀접한 관계가 있다.[8] 즉 몸은 오케스트라처럼 모든 장기와 세포들이 관여하는 아주 복잡한 시스템이고 그 결과로 나타나는 것이 혈중의 포도당 농도라는 것이다. 따라서 사람마다 반응도 각각 다르다. 그래서 같은 종류의 식사를 해도 누구는 혈당이 금방 오르고 누구는 안 오른다는 것이다. 이 연구에서 이스라엘 텔아비브대학 연구팀은 800명의 4만 6,898번의 식후 혈당과 개인 특성(혈액 성분, 식사 종류, 식사 습관, 체형, 장내세균 종류) 관계를 조사해서 혈당 예측식을 만들었다. 또 이들 관계를 바탕으로 임의의 100명에게 각자의 개인

특성에 맞는 처방을 했더니 혈당 조절이 훨씬 잘되었다는 결과를 발표했다. 즉 당뇨병은 개인 특성이 있으므로 이를 조사해서 개인 처방(음식, 운동)하면 훨씬 효과적이란 것이다.

증상이 나타나면 이미 늦다. 주기적으로 간단한 혈액 검사를 하자. 일이 커지기 전에 정상으로 돌려놓는 것이 가장 현명한 방법이다.

인슐린을 최초로 발견한 공로로 32세에 노벨상을 받은 캐나다 프레더릭 밴팅 박사는 '인슐린은 당뇨를 치료하는 약이 아니다. 단지 임시로 막아주는 것뿐이다'라고 말했다. 2형 당뇨는 많은 식사, 적은 운동이 원인이다. 너무 잘 먹어서 생기는 당뇨병이야말로 자기 절제와 인내의 수양이 필요한 병이다. 소식과 생활 속 운동, 이것은 세계 장수촌의 공통점이다.

Q&A

Q1. 당뇨를 예방하는 법은 무엇인가요?

당뇨 원인은 불규칙한 식습관인 경우가 많습니다. 식습관 개선이 우선적으로 이루어져야 합니다. 운동을 겸하고, 한식 위주의 식단으로 담백하게 정시에 식사를 하는 것이 중요합니다.

당뇨병을 일으키는 나쁜 음식은 단당류(ex: 당분이 많은 음식)로 백미, 국수, 빵, 사탕, 설탕과 소금도 해당되며 단 과일류 특히 가공식품류, 인스턴트 음식들입니다. 이러한 음식들은 혈관으로의 당 유입이 빠르게 진행되기 때문에 당뇨에 좋지 않습니다.

혈중에 당이 많을 경우 췌장 베타세포에서 인슐린을 분비하여 혈액 내 당을 내피로 흡수시키는데, 위와 같은 일이 반복되다 보면 췌장의 기능이 떨어져 인슐린 분비가 떨어집니다. 또한 혈관에 당이 그대로 있게 되면 혈액순환을 방해할 뿐만 아니라 염증수치도 증가하게 됩니다.

Q2. 당뇨 초기 증상은 무엇인가요?

당뇨 초기 증상은 다뇨, 다식, 다갈입니다. 혈당이 높아지면 소변으로 포도당이 빠져나갑니다. 이때 포도당이 다량의 수분을 가지고 나가기 때문에 소변을 많이 봅니다. 이 때문에 우리 몸에 수분이 부족해져 갈증이 생기고 물을 많이 마시게 됩니다. 음식물을 섭취하면 이를 에너지로 이용해야 하는데 그렇지 못하게 되어 쉽게 피로감을 느끼고 음식을 많이 먹고 싶어집니다. 하지만 아무리 많이 먹어도 몸 안의 세포에서 포도당이 이용되지 않아 체중은 오히려 줄어들고 몸은 점점 쇠약해집니다.

6

악몽은 지우고 추억은 '보관' 당신의 기억도 편집할 수 있다

두뇌 기억 편집

'끼-익' 소리와 함께 백미러 속의 승합차가 달려들며 차를 호되게 들이받는다. 20년 전 사고지만 지금도 '끼익' 하는 소리만 들려도 모골(毛骨)이 송연해진다. 머리 한 구석에 자리 잡은 이 트라우마* 는 삭제하고픈 '섬뜩한 공포'다. 반면 어제 만난 친구의 이름이 생각나지 않아 전화를 못하는 부실한 기억력은 '당황스런 서러

첫사랑이 오래가듯 어린 시절 반복된 기억들이 평생을 지배한다('학교의 아이들' 1866, 유진 프란시스)

* 트라우마: 강력한 정신적 충격으로 인해 발생하는 정신 건강 질환.

움'이다. 첫사랑과의 포도주 한잔 기억은 수십 년을 가는데, 왜 집사람과의 저녁 약속 기억은 하루를 가지 못하는가? 최근 뇌에 빛을 쬐어 원하는 뇌세포를 마음대로 조절하는 기술이 급부상하고 있다. 덕분에 기억을 지울 수도, 새로 만들 수도 있게 됐다. 푸른 발광다이오드LED 빛을 쬐어 우울증, 정신질환, 치매를 치료할 수도 있게 된다. 이 방법으로 줄어드는 기억력을 다시 살릴 수도 있을까? 혹시 나이를 먹더라도 기억이 더 좋아질 수는 있을까? 이 질문에 대한 답은 '가능하다'이다.

프리온 단백질이 장기 기억 만들어

영화 <이터널 선샤인(2004)>에서 주인공들은 사랑의 아픈 기억을 강제로 지우려 한다. 사랑했던 이들의 가슴앓이 기억은 세월이 지나면 점차 잊히고 또 새로운 사람을 만나면 치유가 될 수도 있다. 하지만 진정 기억을 도려내고 싶은 사람은 따로 있다. 월남 참전 군인, 씨랜드 청소년수련원 화재사건*, 세월호 참사*의 가족들, 성폭행 및 아동학대 피해자는 평생 그 악몽과 함께 산

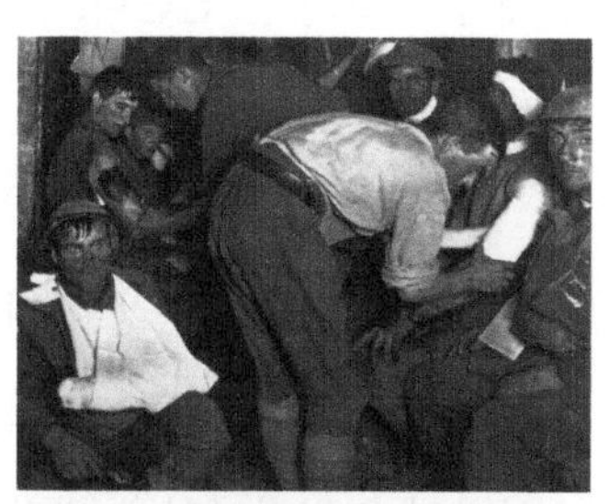

1차 세계대전 때의 전방 치료소. 앞줄 왼쪽 병사는 폭탄쇼크로 넋이 나간 모습이다. 이런 충격은 트라우마의 원인이 된다

* 씨랜드 청소년수련원 화재사건: 경기도 화성군 청소년수련원 씨랜드에서 화재가 발생하여 유치원생 19명 등 23명이 숨진 대형 사고.
* 세월호 참사: 2014년 4월 16일 인천에서 제주로 향하던 여객선 세월호가 진도 인근 해상에서 침몰하면서 승객 300여 명이 사망, 실종된 대형 참사.

다. 2011년 봉사활동 중 춘천 산사태로 희생됐던 대학생의 아버지는 대학 교정에 세워진 추도비를 보며 필자에게 말했다. "가슴의 대못을 어떻게 뽑을 수 있을지 모르겠다. 평생 불구로 살아야 될 것 같다."

'트라우마Trauma'는 외상(外傷)이란 라틴어다. 끔찍한 사고 기억은 뇌에 각인된다. 그 결과 유사한 장면에서 같은 사건이 일어날 것 같은 불안감으로 심하면 환청이나 편집증이 나타난다. 성인의 90%가 평생 한 번은 이런 정신적인 상처(트라우마)를 입게 된다. 대부분 가족이나 주위의 따뜻한 관심과 보살핌으로 점차 사라지지만 전체의 30%는 이후 극심한 고통을 겪게 된다. 이런 사람들의 전두엽, 측두엽, 뇌간의 두께는 점점 축소된다. 즉 큰 사고를 당하거나 목격하게 되면 뇌세포가 줄어들고 이로 인해 심한 고통을 받는다. 이 고통을 덜어줄 수 없을까? 아픈 기억만을 따로 지울 수는 없는 걸까?

첫사랑의 기억은 평생 간다. 첫 입맞춤은 그 짜릿함만큼이나 뇌에 확실하게 각인된다. 최근 장기 기억이 오래가는 이유가 밝혀졌다. 노벨상 수상자인 컬럼비아의대 에릭 캔들이 '신경과학' 잡지에 게재한 논문에 의하면 장기 기억은 시냅스Synapse, 즉 뇌세포(뉴런*)끼리의 연결고리가 튼튼하게 '땜질'되기 때문이다. 어떤 사건이 뇌에 입력되면 그 자극을 받아 특정 뉴런들이 활성화돼 시냅스로 연결되면서 일종의 '기억회로'

---

* 뉴런(neuron): 신경계의 단위로 자극과 흥분을 전달한다. 신경세포체(soma)와 동일한 의미로 사용하기도 하고, 신경세포체와 거기서 나온 돌기를 합친 개념으로 사용하기도 한다.

가 형성된다. 이런 임시 단기 기억은, 시간이 지나면 다른 사건 회로로 덮이거나 대체돼 약화, 감소하며 사라진다. 하지만 아주 강한 자극은 많은 연결고리(시냅스)가 동시에, 튼튼하게 만들어진다. 또 누군가에 대한 생각에 가슴 뛰는 일이 매일 반복되면 그 연결고리가 더욱더 튼튼해진다. 이른바 '굳히기' 과정이다.

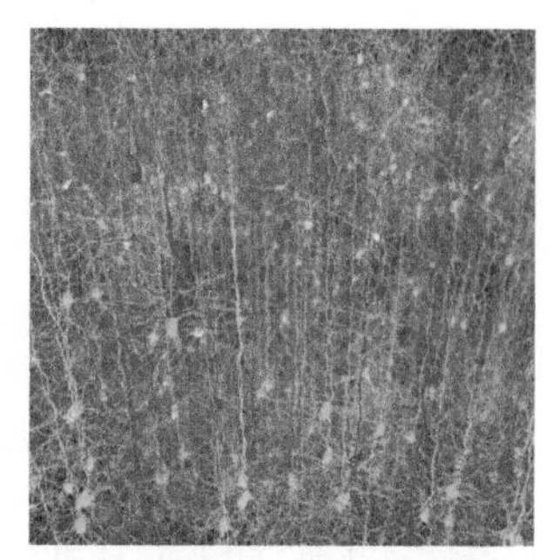
두뇌의 신경망 연결도. 뉴런(뇌신경세포)들이 어떻게 연결돼 있고 역할이 무엇인지를 밝히는 인간 뇌 프로젝트가 미국, 유럽 중심으로 진행 중이다

컬럼비아 연구팀이 밝힌 것은 연결고리를 굳히는 접착제 성분이다. 그건 공교롭게도 '프리온Prion' 계열 물질이다. 자기 복제를 하는 단백질인 프리온 중에는 스스로 뭉쳐서 세포를 파괴해 광우병을 일으키는 것도 있다. 이 물질은 치매 유발과도 관련이 있다. 프리온 계열의 시냅스 강화 물질 때문에 사건을 장기 기억할 수 있다.

반면 단기 기억이 약해지는 것은 해마의 기억보조단백질이 줄어드는 탓도 있다. 두뇌의 단기 기억센터인 해마의 기억보조단백질 RbAp48은 나이가 들면 감소한다. 늙은 쥐에게 이 단백질을 많이 만들게 해주었더니 기억력이 회복될 뿐더러 젊

치매 뇌 속의 비정상 반점인 '아밀로이드' 입자(청색)와 혈관(적색), 신경세포(녹색). 신경세포는 긴 가지끼리 연결된 시냅스로 다른 세포들과 기억회로를 형성한다

은 쥐 수준으로 좋아졌다.

특정 뇌 부위 자극하면 인공기억 생성

문제는 특정 단백질을 많이 만드는 방법이다. 해마의 그 기억 유전자만을 자극해서 기억 단백질을 많이 만들면 단기 기억이 좋아져서 냉장고 속에 넣어둔 리모컨을 찾아 헤매는 일도 없을 것이다. 또 해마의 특정 부위를 자극하면 새로운 기억을 '인공적'으로 만들 수 있다. 거꾸로 뉴런의 자극을 감소시킨다면 해당 부위의 기억을 제거할 수도 있다. 최근 뇌과학자들은 뉴런, 즉 뇌세포 하나하나를 조절하는 신기술을 개발했다.

저명 과학저널 '사이언스'에 놀라운 논문이 실렸다. '어제 일을 기억 못하는 것은 어제의 기억이 사라진 것이 아니라 단지 꺼내지 못하는 것'이라는 것이다. 미국 매사추세츠 공과대학MIT 연구진이 사용한 기술은 뉴런, 즉 뇌세포 하나하나에 빛을 쪼여 자극하는 광(光)유전학Optogenetic 기술이다. 뇌과학 역사 이래 가장 획기적인 이 기술은 사실 간단하다. 식물은 빛을 받으면 전기를 발생시키며 광합성을 한다. 광합성 부품 중 전기를 발생시키는 부분(로돕신)만을 뉴런에 삽입한 것이다. 따라서 뉴런에 빛을 쬐면 외부에서 전기 자극이 온 것처럼 그 부분의 뉴런이 활성화된다.

MIT 연구진들은 쥐에게 시냅스 형성을 방해해서 '미완성'된 공포 기억을 만들었다. 시냅스가 제대로 안 만들어진 쥐는 당연히 기억을 하지 못했다. 하지만 빛을 쬐니 기억이 다시 살아났다. 즉 기억은 새로 생기는 시냅스 자체에 있는 것이 아니고 뉴런끼리 연결된 회로에 있었다. 시냅스의 중요한 역할은 기억을 꺼내는 것이다. 첫사랑의 기억은 시냅스가 강하게 형성돼 있어 쉽게 꺼내진다. 하지만 어제 만난 친구의 기억은 시냅스가 약하게 혹은 형성되지 않아서 기억을 못 꺼낸다. 하지만 친구의 기억은 거기 있다는 것이다.

영화 <토탈 리콜(2012)>에서 주인공은 화성에 관한 기억을 주입하려고 한다. 이런 공상영화가 이제는 현실이 됐다. 캘리포니아대학 연구팀은 '뉴로사이언스' 잡지에 기억을 심는 방법을 선보였다.[9] 방법은 간단하다. 두뇌는 찌릿한 전기 같은 강한 자극이 들어오면 '아세틸콜린'이란 신호물질을 근처 뉴런에 전달해서 일련의 '기억회로'를 만들게 한다. 하지만 전기 자극이 아닌 평범한 소리는 쉽게 기억이 안 된다. 연구팀은 평범한 '소리 A'를 들려주면서 동시에 전두엽 세포를 빛으로 자극해서 아세틸콜린이 나오게 했다. 다음 날 그 쥐는 다른 여러 소리에는 반응하지 않더니 유독 '소리 A'에만 반응을 보였다. 즉, 쥐에게 빛을 쪼여서 '소리 A'의 기억을 심어준 것이다. 기억 소거도 가능하다.

마약 중독도 일종의 기억회로가 만들어져 생긴다. 마약 흡입 시 생성되는 도파민, 즉 쾌락 호르몬이 강하게 기억되면 그게 마약 중독이다.

이 회로를 없애면 마약 중독도 지울 수 있다. 필로폰 중독 쥐에게 필로폰과 함께 '시냅스 형성 방해물질'을 주사하자 쥐의 필로폰 중독 현상만 없어졌다. 이제 광유전학이 작심삼일(作心三日)의 니코틴 중독, '매일 술이야'의 알코올 중독, 패가망신의 도박 중독을 치료해 줄 날을 기대한다.

운동하고 머리 자꾸 쓰면 뇌 젊어져

할머니들의 최고 보약은 깔깔거리는 손주의 웃음소리다. 하지만 이런 손주를 보고도 웃지 않는 노인들이 있다. 우울증 환자다. 노인뿐만 아니다. 여성 우울증은 특히 심각하다. 자살자의 80%가 우울증 환자였다. 하지만 아직까지 왜 우울증이 생기는지 잘 모른다. 최근 광유전학 기술로 우울증의 중심 부위인 도파민 생성 부위를 자극하면 우울증이 개선될 수 있음을 확인했다. 또 손발이 떨리는 파킨슨병의 경우 심부(深部)자극술, 즉 뇌의 깊은 곳에 전극으로 주기적인 자극을 주면 좋아진다. 하지만 이유가 불분명하다. 최근 근육의 운동 핵심인 운동제어회로가 밝혀졌고 뇌세포 자체보다는 시냅스에 자극을 주는 것이 치료에 더 효과적이라는 사실이 밝혀졌다. 광유전학 기술은 암

두뇌의 기억을 빛으로 심을 수도, 없앨 수도 있다. 뇌과학은 양날의 칼이다

(癌) 치료도 거든다. 빛을 전기로 바꾸는 물질(로돕신)을 암세포 수용체에 붙여서 빛을 쬐면 암세포만을 원하는 대로 제어할 수 있다.

광유전학이 빛을 볼 수 있는 분야는 치매 분야다. 치매는 노인들이 가장 두려워하는 병이다. 기억이 없다는 것은 빈 세상을 사는 것과 같다. 치매 노인은 오래전 기억은 남아 있지만 최근 기억은 꺼내지 못한다. 이런 다양한 뇌질환 치료 기술도 중요하지만 정작 중요한 것은 평상시 좋은 생활습관으로 뇌의 건강을 유지, 증진시키는 일이다.

호두는 모양이 두뇌와 비슷해서 먹을 때마다 두뇌 생각이 난다. 실제로 견과류는 두뇌 건강에 좋은 식품이다. 우울증, 파킨슨, 치매, 자폐증, 정신분열증 등 모든 뇌질환의 시작은 뇌의 질병과 노화다. 몸이 늙어가듯 뇌세포도 늙어간다. 하지만 몸을 젊게 만들 수 있듯 뇌세포도 젊게 만들 수 있다. 즉 뇌도 노력으로 건강해진다는 뇌의 가소성 Plasticity이 확인됐다. 즉 하루 15~30분 정도의 적당한 운동, 과일과 채소 위주의 영양 섭취, 충분한 수면은 뇌를 유지하고 때론 젊게 만든다. 무엇보다 일생동안 주기적으로 독서, 글쓰기를 한 노인은 기억력이 좋았고 뇌질환, 특히 치매성 반점이 적었다고 한다. 몸을 부지런히 움직이고 머리를 쓰는 지적 활동을 하면 뇌가 젊어진다는 이야기다. 아직 늦지 않았다.

미국과 유럽은 10년간 30억 달러(약 3조 5,000억 원)와 10억 유로(약 1조 3,000억 원)의 막대한 예산을 각각 투자하는 뇌 연구를 시작했다. 그 이유는 간단하다. 뇌가 바로 '사람'이고 건강의 핵심이기 때문이다. 하지만 뇌과학 기술은 아주 날카로운 '양날의 칼'이다. 영화 <셀프리스(2015, 미국)>는 늙어가는 몸을 젊은 몸으로 대신하고 그 뇌에 본인의 기억을 옮기는 본능적인 욕망을 그렸다. 사상가 에머슨은 "사람은 세계를 그 머릿속에 담고 다닌다"고 했다. 두뇌의 기억은 바로 우리의 삶이고 역사이고 흔적이다. 그 기억의 비밀창고를 이제 열려 하고 있다. 인간은 판도라의 상자 뚜껑을 열고 있는 건가.

Q&A

Q1. 건망증인지 치매 초기 증상인지 알고 싶어요.

TV 리모컨을 어디에 두었는지 모른다면 이는 건망증이지만 TV 리모컨이 무얼 하는 물건인지를 모른다면 치매라고 이야기합니다. 건망증은 일시적인 기억장애로 힌트를 주면 생각이 다시 떠오릅니다. 하지만 치매는 새로운 기억은 입력이 안 되는 형태를 보입니다. 따라서 오래된 기억은 잊지 않고 최근 기억은 못하는 경우가 생깁니다. 일단 기억이 안 되니 최근 사건을 전혀 모르지요.

Q2. 기억력이 좋아지는 방법 있을까요?

따로 특별한 방법이라기보다는 몸의 상태를 최고로 만드는 것이 두뇌 기억력을 높이는 방법입니다. 규칙적인 운동, 충분한 수면, 그리고 두뇌를 끊임없이 자극하는 방법이 있습니다. 두뇌를 자극하는 방법은 상상력을 키우는 훈련과 유사합니다. 단어 잇기, 상상 속 이야기 만들기 등입니다.

3장 외모와 심리

1

VX보다 100배 센 보톡스, 근육 마비시켜 주름 짝~

독의 과학

2017년 2월 말레이시아 공항 로비. 여성 두 명이 한 남자 얼굴에 무언가 바르고 도주했다. 남자는 공항 의무실에 걸어간 지 30분 만에 숨졌다. 1994년 일본 도쿄 거리. 한 남자 목에 액체가 뿌려졌다. 그는 병원으로 이송됐으나 얼마 후 사망했다. 두 사건의 공통점은 얼굴, 목 등 피부에 액체가 뿌려졌고 널브러진 형태로 사망한 점이다. 모두 신경 독극물 'VX'에 의한 것이었다. VX는 화학무기*로 사

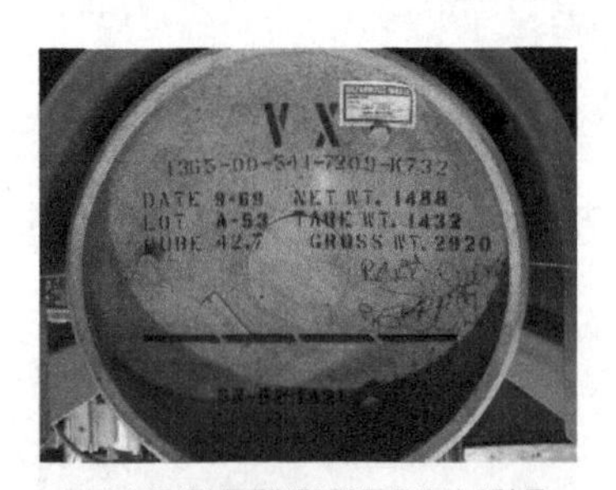

VX 신경작용제(화학무기). 북한은 3,000~5,000t을 보유하고 있다

* 화학무기(chemical weapon): 독성 화학물질(화학 작용제)과 이를 던져 폭발시키기 위한 탄약 및 살포 장치를 총칭하는 무기. 화학제가 충전된 지뢰, 포탄, 항공 폭탄, 로켓 및 미사일 탄두, 항공기, 살포 탱크 그리고 화학탄을 목표 지역에 운반할 수 있는 수단과 그 운반체.

용된다. 하나는 북한군에서, 다른 하나는 광신집단 옴진리교에서 만들었다. 30분 만에 죽게 하는 또 다른 물질이 있다. 킹코브라 독이다. VX와 똑같이 신경 차단, 근육 무력화, 질식, 사망을 부른다. 모두 섬뜩한 독들이다. 역설적으로 이 독들은 사시(斜視) 교정, 주름 제거, 치매 치료에 쓰이는 기특한 놈들이기도 하다. 독의 두 얼굴을 들여다보자.

너무 독한 살충제, 화학무기로 변신

1988년 이라크와 전쟁 중인 이스라엘 텔아비브에 스커드미사일 39발이 날아들었다. 민간인을 학살한 이라크 화학무기 사용 소문이 확인된 직후였다. 미사일 불발이 많아서 2명 사망에 그쳤지만, 병원 치료자는 1,000명이었다. 신경작용제 VX에 노출되지도 않았는데 미리 겁먹고 치료제인 아트로핀 주사를 맞은 탓이다. VX는 공포, 그 자체다. VX는 포탄, 미사일에 실려 에어로졸 형태로 퍼진다. 10mg이 치사량이다. 10kg이면 계산상 100만 명을 죽게 할 수 있다. 북한의 VX 공격 시 민방위 요령대로 방독면, 물수건으로 밀폐 공간에서 에어로졸을 피해야 한다. VX는 원자탄처럼 실험실에서 우연히 시작됐다.

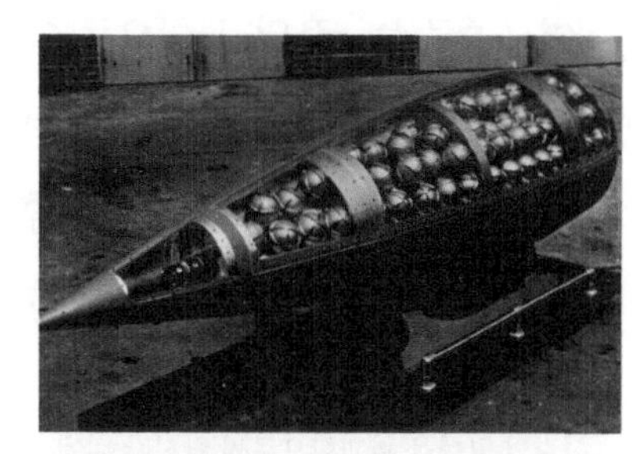

사린가스 탑재 미사일 포탄. 1943년 미국 육군 보유 당시 사진(사진: 위키미디어)

1952년 영국 화학자 라나지트 고시는 살충제 '아미톤'을 합성했다. 하지만 너무 독해서 뿌리는 사람도 위험했다. 사용을 포기했다. 이 첩보를 영국군 연구소가 놓치지 않았다. 암호명 '자색 쥐'인 화학무기로 만들기 시작했다. V Venom(독)계열 중 가장 독성이 강한 VX가 탄생했다. 미국은 원자탄 제조 정보를 VX 제조법과 맞교환했다. 1997년 기준으로 총 21만 톤의 VX가 세계 각국 무기창고에 비축됐다. 화학무기는 가격 대비 성능이 높다. 화학을 조금 공부한 정도면 만든다. '빈자(貧者)의 핵무기'다. 독일 테러집단 '붉은 군대', 일본 광신사이비 옴진리교도 만들었다. 1995년 일본 지하철에 뿌려진 '사린'은 가스 형태의 신경작용제* 다. 군인, 민간인 구분도 않는 비인도적 '위험천만' 화학무기 폐기가 1969년 시작됐다. 폐기협정에 가입하지 않은 북한은 현재 VX 포함 3,000~5,000톤의 화학무기를 보유하고 있다.

영화 <더 록(1996년, 미국)>에는 VX가 등장한다. 영화에서는 VX가 얼굴을 녹이지만 실제는 표식이 나지 않는다. VX는 엔진오일 같다. 액체, 에어로졸로 눈, 코, 입, 모공으로 쉽게 온몸에 퍼진다. VX는 근육 신경전달물질인 아세틸콜린* 분해를 방해한다. 아세틸콜린은 신경세포말단에서 분비되어 근육세포를 움직인 후 분해 효소에 의해 분해돼야 근육이

---

* 신경작용제(Nerve Agent): 흡입 또는 피부 접촉 시 주로 자율신경계통인 교감신경과 부교감신경의 균형을 파괴함으로써 단시간 내에 사망하게 하는 급속 살상 작용제.

* 아세틸콜린(acetylcholine): 신경의 말단에서 분비되며, 신경의 자극을 근육에 전달하는 화학물질. 운동신경과 부교감신경에서는 아세틸콜린이, 교감신경에서는 에피네프린(아드레날린)이 있다. 아세틸콜린이 분비되면 혈압 강하, 심장박동 억제, 장관(腸管) 수축, 골격근 수축 등의 생리작용이 나타난다.

원상복귀된다. 이 분해 효소에 VX가 찰싹 달라붙어 아세틸콜린이 분해되지 못한다. 그 결과 비정상으로 높아진 아세틸콜린 때문에 근육세포는 계속 급속 진동, 이온 균형이 깨지고 결국 모든 근육은 축 늘어지고 정지된다. 호흡 근육도 정지, 질식사한다.

VX보다 100배 강한 독이 있다. 보톡스다. 1급 생화학무기다. 상한 통조림, 고기에서 병원균(보툴리눔)을 만든다. 끓이면 없어지는 단백질 독소다. 이 독소가 사람을 죽이는 작용은 VX와 같다. 즉 근육세포 무력화다. VX가 신경전달물질 분해를 방해한다면 보톡스는 아예 전달물질들이 신경세포에서 못 나오게 한다. 신호가 없으니 근육이 정지, 질식사한다. 병원균은 동물에 침입, 보톡스로 근육을 무력화시켜 죽인다. 동물 사체가 최적 번식처이니 병원균 나름대로 맹독은 최고 생존수단이다. 동물들의 생존수단 맹독이 인간에게는 때로 약이 된다. 가끔 대박도 친다.

협심증用 비아그라, 엉뚱한 혈관 확장

비아그라는 협심증 치료제로 만들려 했지만 실패했다. 대신 엉뚱한 곳 혈관을 확장시켜 남성들의 고민을 해결했다. 소 뒷걸음에 파리 잡기다. 보톡스 미용주사도 '우연한 행운'이다. 보톡스는 근육을 마비시킨다. 이를 역이용해서 비정상 근육수축 질환을 치료할 수 있다. 눈 근육 이상인 사시(斜視)를 교정하고

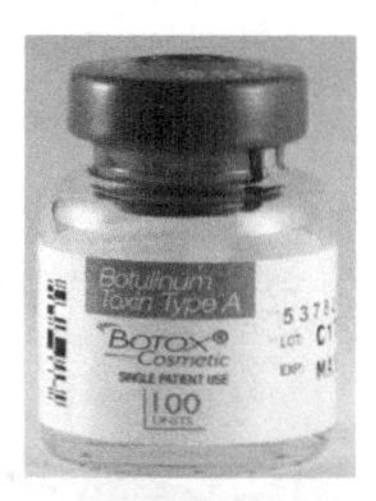

보톡스.
가장 강력한 병원균 독이지만 질환 치료, 미용주사로 쓰인다

심한 눈꺼풀 떨림 현상을 치료했다. 아세틸콜린 과도 자극으로 생기는 다한(多恨)증도 치료한다. 독을 약으로 쓴 셈이다. 이 보톡스가 로또를 맞았다.

1989년 미국 성형외과 의사 리차드 클락은 안면근육 이상 환자에게 보톡스를 주사했다. 그러자 예상치 않은 일이 생겼다. 웃을 때 근육수축으로 생기던 주름이 근육마비로 없어졌다. 이제 보톡스는 주부부터 대통령까지 누구나 쉽게 선택하는 미용주사 1순위가 됐다. 미용주사 사용량은 치사량의 수백 분의 일이다. 이른바 호르메시스 Hormesis 이론, 즉 미량의 해로운 물질 자극이 인체에 도움이 될 수 있는 경우다. 식사 반주, 약간의 스트레스, 미량 독이 그 예다. 1880년 독일에서 처음 발표됐다. 하지만 이미 기원전 의학고서 『마왕퇴의서』에는 닭고기에 벌침을 쏘여 아픈 부위에 붙였다고 했다. 이독치독(以毒治毒), 즉 독으로 독을 치료하기다. 벌침의 붓는 작용, 즉 염증 유발물질을 미량씩 반복 공급해서 환자 면역을 훈련, 증가시키는 원리다.

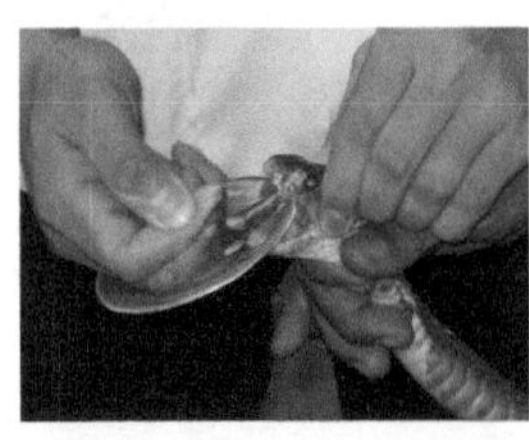
뱀독은 신약 개발 원료의 보물창고다(사진: 위키미디어)

독(毒) 글자는 머리에 특이한 비녀를 꽂은 여성(母) 모양이다. 무당이나 기생이 화려하게 머리를 꾸며 남자를 유혹하고 규범을 해친다는 '독하다, 해치다'로도 해석한다. 독은 뱀을 떠올린다. 뱀은 사악함의 대명사다. 어미까지 잡아먹는다는 패륜아 살모사(殺母蛇)

도 있다. 하지만 10마리 새끼를 낳다가 기진맥진한 어미 곁에 올망졸망 모여든 갓난 새끼들일 뿐 이놈들이 어미를 죽이는 패륜아는 아니다. 독은 새끼를 먹여 살리려는 사냥도구일 뿐이다. 독(毒) 글자를 다시 보자. 비녀가 아닌 새끼들을 머리에 짊어진 어미(母) 모양에 가깝다.

성경 창세기 속 뱀은 순진한 이브를 유혹해서 선악과를 먹게 하는 악마다. 하지만 숲 속 뱀은 유혹은커녕 발자국 소리에 도망가기 바쁘다. 연약한 골격을 가진 뱀의 유일한 무기는 독이다. 오랜 기간 진화하면서 뱀은 독을 첨단화했다. 독 유전자를 분석해보면 외부 유전자가 아닌 뱀 내부 유전자들을 변형했다. 침 속 소화용 분해 효소를 먹이 분해 독효소로 변화시켰다. 뱀독에는 수십~수백 종 성분이 있다. 대부분 효소, 즉 단백질이다. 단백질은 유전자에서 한 번에 만들어지니 독 변종이 쉽게 나오고 그만큼 빨리 진화할 수 있다. 최첨단 뱀독에는 무슨 기능들이 숨어 있을까?

아세틸콜린 분해 막는 게 치매치료제

독사가 먹이 잡는 방식은 다양하나 원칙은 하나다. 독 이외에 별다른 방어책이 없으니 역공을 당하면 안 된다. 어떤 독사는 한번 물고 나면 상대로부터 멀리 떨어진다. 독 속 추적물질로 먹이가 죽을 때까지 추적한다. 독 속 혈액응고방지제는 피가 멈추지 않게 한다. 먹이를 일찍 죽이고 추적을 쉽게 한다. 또 다른 비밀병기는 독 확산제다. 먹이를 물었

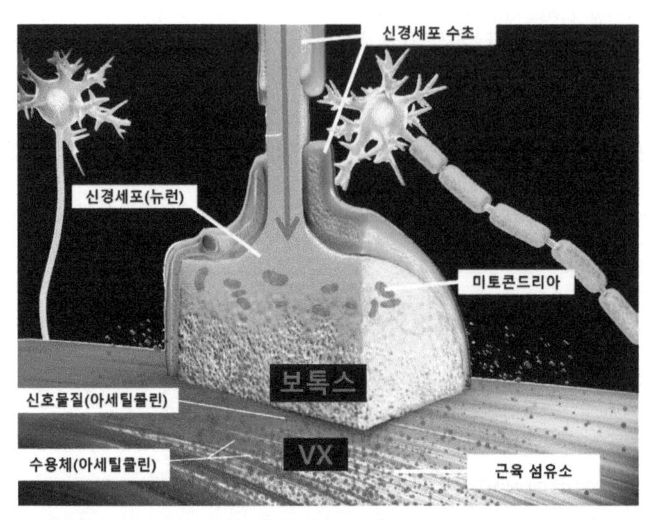

신경독 작용 원리. 운동전기신호(녹색 화살표)가 신경세포 말단에 도달하면 주머니 속 아세틸콜린(적색점)이 분비되고 근육 수용체에 달라붙어 근육세포를 운동시킨다. 보톡스는 아세틸콜린 분비를, VX는 분해를 각각 막아서 모두 근육을 마비시킨다(그림: 위키미디어)

을 때 독이 금방 퍼져 기절하지 않으면 거꾸로 위험해진다. 확산제는 먹이의 피부 장벽을 분해시켜 독을 빨리 퍼트린다. 과학자들은 독 확산 성분을 다른 약으로 변신시켰다. 이것은 치과 마취주사에도 들어 있다. 치과 치료 시 마취주사가 잘 안 들으면 누가 더 답답할까? 의사가 더 곤란해진다. 빨리 마취가 돼야 치료를 시작하기 때문이다. 독 확산제 성분은 마취주사에 함께 사용된다. 실제 의료용 주사 확산제는 위험한 뱀독에서 분리하지 않고 확산제 유전자를 삽입한 효모에서 생산한다.

뱀독은 치매, 파킨슨 치료에 쓸 수 있다. 치매는 뇌신경전달물질(아세틸콜린)이 낮아진 상태에서 나타난다. 따라서 아세틸콜린 분해를 막을 수 있는 물질은 치매치료제다. 뱀독, VX 모두 아세틸콜린 분해를 방해해서 근육을 무력화했다. VX는 독성이 너무 강하다. 뱀독은 치매치료제 대상이지만 다른 독성분이 포함되면 위험하다. 대신 필요한 성분을 유전공학 방법으로 생산, 사용한다.

뱀독에서 신규 치료제를 찾는 '보물찾기'가 한창이다. 저명 학술지 '네이처 사이언티픽 리포트'에는 신약물질 후보 2개가 발표됐다. 하나는 남미 살모사 독의 치매치료제다. 이 물질은 두뇌 비정상 아밀로이드 덩어리를 분해한다. 먹이를 분해하던 물질이 치매 아밀로이드 분해에도 쓰인다. 다른 하나는 호주 너구리 독에서 새로 찾은 2형 당뇨병 치료제다. 이놈은 췌장 인슐린 조절제GLP-1와 달리 안정해서 인슐린이 장기간 일하게 만든다. 너구리 수컷끼리 싸울 때 내뿜는 독 속에 왜 인슐린 조절제가 있는지는 아직 모른다. 독에는 다양한 미지 물질들이 있다. 독 속 보물은 먼저 찾는 사람이 임자다. 지구상 4만 6,000종 거미들이 생산해내는 독 성분만 2,200만 종류다. 미국 국립의학연구소NIGMS는 이 독들을 파헤치는 신약개발 연구를 시작했다. 거미 독에서 보톡스보다 더 강력한 신물질을 찾아낼 수 있다. 이놈을 살인무기로 쓸지, 질병치료제로 쓸지는 인간 몫이다. 스티브 잡스는 말했다. '기술보다 더 중요한 건 인간이 그걸 어떻게 쓰느냐다.'

Q&A

Q1. 현재 보톡스의 효과를 발견한 과정이 궁금합니다.

미국 안과 의사인 앨런 스콧 박사가 독소를 이용해 삐뚤어진 눈(사시)을 치료하는 방법을 찾다가 1971년 보툴리눔 톡신 효과를 동물실험으로 확인했습니다. 사시와 안검경련을 완화하는 효능을 발견한 것이죠. 안검경련은 눈 주변 근육이 자신의 의지와 상관없이 움직이는 증상입니다. 눈을 자주 깜빡이거나, 졸릴 때처럼 눈꺼풀이 내려오거나, 눈 주변을 찡그리는 등의 모습을 보입니다. 그는 1978년 이 독을 이용해 사시와 안검경련을 치료하는 약(오큘리눔)을 개발했고, 미국 식품의약국(FDA)은 1989년 이 약의 사용을 허가했습니다. 그러자 안구 건조 치료제를 만드는 미국 제약사 엘러간은 사시 환자가 미국 인구의 4%라는 시장성을 보고 900만 달러에 이 약의 소유권을 사들이면서 제품명을 보톡스로 바꾸게 됐습니다. 나중에 근육마비 효과가 웃을 때 생기는 주름을 없앨 수 있다는 사실을 발견한 것이지요.

Q2. 뱀독을 활용할 수 있는 다른 사례가 있나요?

미국의 생화학자 데빈 리모토(Devin Limoto) 박사팀은 뱀독 속의 단백질 성분에 주목하고 있습니다. 이 단백질이 뇌중풍이나 심장마비같이 혈전(血栓, 피떡) 때문에 혈관이 막히는 질병에 효과적으로 사용될 수 있기 때문입니다. 연구팀은 뱀독에 들어 있는 단백질 성분을 이용하여 혈전 제거제를 개발하는 연구를 하고 있습니다. 또한 연구팀은 피브린 분해 단백질 성분을 분리한 뒤 청바지에 말라붙어 있는 핏자국과 반응을 시켰습니다. 그 결과 응고된 혈액이 대부분 제거되는 것을 확인했습니다. 어쩌면 앞으로 뱀독으로 만든 세탁용 세제를 사용하게 될지도 모릅니다. 이런 아이디어는 모두 뱀이 어떻게 살아가고 있는가를 관찰한 데서 나온 아이디어입니다.

2

대도시 청소년 근시 40년 새 4배 증가? 스마트폰 대신 공을 주자

근시 예방법

국내 중, 고교생의 80%가 근시다. 불편만 하다면 참으면 된다. 하지만 근시는 망막박리, 녹내장, 실명 등 심각한 질병을 유발한다. 라식 수술은 안경의 대체법이지 근본 치료법이나 예방법은 아니다. 왜 국내 근시가 지난 40년간 400%나 증가했을까? 최근 연구는 근시를 막는 간단하고도 근본적인 방법을 알려준다.

햇볕 노출 줄고 근거리 시야는 늘어나

미국안과협회 학회지에 의하면 6~7세 아이들에게 하루 40분간 야외활동을 하게 했더니 3년 뒤 근시가 야외활동을 하지 않은 그룹보다 23%나 감소했다.[1] 운동을 더 한 것도, 책을 덜 읽은 것도 아닌데 야외에

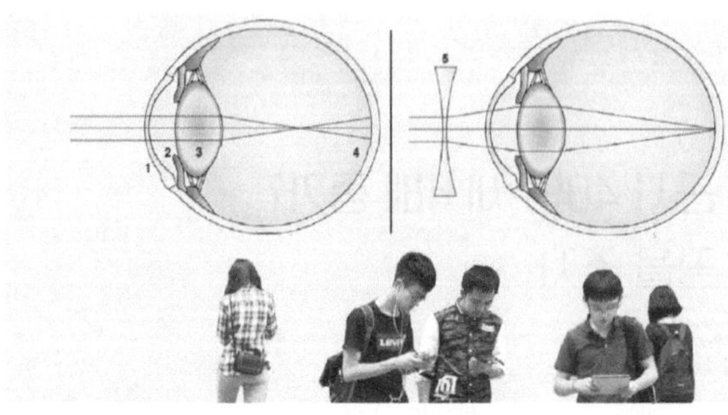

근시는 눈의 길이가 정상보다 길어져 각막(1)과 동공(2), 수정체(3)를 통과한 빛이 망막(4)의 앞에 맺혀 상이 흐릿하게 보인다(왼쪽). 오목렌즈(5)를 착용하면 근시를 교정할 수 있다(오른쪽).

걸으면서 스마트폰을 보는 것은 근시를 부르는 지름길이다

있다는 것만으로 근시가 예방됐다.

근시는 왜 생기나? 렌즈(각막+수정체)를 통해 들어온 물체의 초점이 필름(망막)에 정확히 맺혀야 한다. 하지만 근시는 눈의 길이가 정상보다 길어서 초점이 망막 앞에 맺혀 뿌옇게 보인다. 이 경우 물체를 코앞까지 끌고 와야만 초점이 뒤로 옮겨져 제대로 보인다. 왜 눈의 길이가 정상보다 길어져 근시가 된 걸까? 유전 탓일까, 환경 탓일까?

지난 40년간 서울, 홍콩 등 동아시아 대도시에서 근시 청소년은 4배나 증가했다. 40년은 유전자 변화가 생기기에는 너무 짧은 시간이다. 즉 유전자가 아닌 주위 환경이 근시를 만든다는 반증이다. 최근의 연구 결과들도 후천적 환경에 무게를 둔다. 후천적 원인은 크게 두 가지, 즉 눈이 비정상으로 길어지는 것, 그리고 가까운 물체만 보도록 생활이 변해 가고 있는 것이다.

태아가 성장하면서 눈의 크기도 커진다. 더불어 수정체(렌즈)와 망막(필름) 사이의 거리도 길어진다. 이에 맞춰 수정체(렌즈)는 두께를 얇게 조절해서 초점이 망막에 맺히도록 한다. 아이가 8~9세가 되면 눈의 길이와 수정체 초점 조절이 끝난다. 이후로는 눈 길이가 변하지 않아야 한다. 하지만 근시의 경우는 20대 중반까지도 눈이 비정상적으로 계속 자란다. 그 결과, 망막 앞에 초점이 맺히고 물체는 뿌옇게 보인다. 망막 1mm 앞에 맺히면 -2디옵터인 근시에 해당한다(디옵터는 렌즈 굴절 능력 단위로 -1 이하는 근시, -6 이하는 고도근시, +값은 원시다). -1디옵터의 근시면 1m 앞의 물체를 50cm, -2디옵터면 25cm까지 눈앞으로 당겨야 제대로 볼 수 있다.

왜 눈이 성장을 멈추지 않고 계속 길어져 근시가 되는 걸까? 과학자들이 주목하는 것은 도파민 부족이다. 도파민은 눈을 통해 햇볕을 받은 뇌가 만드는 신경조절물질로 눈이 더 자라지 않도록 억제한다. 하지만 지금의 청소년은 햇빛 부족으로 도파민이 적게 만들어져 눈이 계속 자란다. 근시의 두 번째 원인은 수정체가 가까운 거리만 보도록 훈련되기 때문이다. 먼 물체를 볼 때는 수정체가 얇아지고 가까운 것을 볼 때는 두꺼워지도록 수정체는 스스로 조절, 적응한다. 인류 조상의 눈은 아프리카 평원, 즉 먼 곳을 보는 데 수십만 년간 익숙해 있었다. 하지만 불과 600년 전, 활

아프리카 평원. 현대 인류는 구석기 시대 아프리카 평원에 적응한 조상의 눈을 아직 가지고 있다

자로 찍은 책이 생기면서 인간은 코앞에서 작은 글씨를 봐야 했다. 개인용 컴퓨터(PC)의 등장으로 코앞에서 문자를 보는 시간도 급증했다. 스마트폰의 등장은 눈-물체 거리를 더욱 좁혔다. 책, PC를 보는 30cm보다 훨씬 가까운 18cm에서 눈은 깨알 같은 스마트폰 문자를 봐야 한다. 계속되는 코앞의 시각 자극 활동은 수정체의 근육을 근거리에만 작용하도록 만든다.

안경, 수술은 예방법 아닌 교정법에 불과

얼마 전 필자는 고등학생들을 단체로 만났다. 왠지 인상들이 비슷했다. 원인을 찾아냈다. 학생 대부분이 안경을 끼고 있었던 것이다. 아이들의 안경을 벗겨 줄 치료법은 없나. 서울, 홍콩 등 동아시아 대도시 지역 고등학교 졸업자의 80~90%가 근시다. 고도근시도 10~20%에 이른다. 주당 평균 공부 시간은 32시간으로 유럽의 26시간보다 많다. 좋은 대학 가겠다고 열심히 공부한 부작용이 근시인 셈이다.

근시는 7~8세부터 발생해서 9~11세에 급증하고 고교 졸업쯤에는 정점에 이른다. 증가하는 청소년 근시인구는 성인으로 연결된다. 미국 안과협회는 35년 뒤 세계인의 근시가 지금(22.9%)보다 2배 늘어난 49.8%가 될 것이라고 경고했다. 이러한 증가 추세는 책, PC, 스마트폰에서 눈을 떼지 않는 한 필연이라는 주장에 고개가 끄덕여진다.

성장하면서 근시가 생기면 안경으로 교정해야 한다. 그렇지 않으면 시야가 흐려져 집중도 하락, 눈부심, 두통, 학력 저하가 생긴다. 근시 안경은 물체의 초점거리를 늘려 망막에 상이 맺히게 한다. 하지만 안경은 근시를 멈추거나 고치지 못한다. 수술은 안경을 벗게는 할 수 있다. 각막은 고정된 렌즈다. 깎아 내면 초점이 길어진다. 라식은 각막 뚜껑을 얇게 잘라 열고 내부를 깎은 뒤 뚜껑을 닫는 것이다. 라섹은 각막을 직접 깎아낸다. 라식은 회복이 빠르나 눈이 건조한 경우도 있다. 라섹은 각막이 얇아도 되지만 회복이 느리다. 모든 수술은 눈의 변화가 완전히 끝난 20대 이후에 하는 것이 좋다.

라식 수술 후의 부작용은 종종 보도된다

미국 식품의약국은 지난 5년간의 라식 수술 효율성을 조사해 발표했다. 수술 3개월 뒤 시력은 1.0으로 95% 회복, '빛 번짐' 현상은 33%에서 6%로 감소, 부작용은 0.7%로 보고됐음을 밝혔다. 하지만 수술은 수술이다. 회복된 시력이 다시 떨어지는 경우도 있다. 한국보건의료연구원 자료에 의하면 국내 수술자 2,638명 중 수술 후 3년 시점에 시력이 떨어진 경우가 라식 8%, 라섹 13.4%였다. 수술은 근시를 원천 치료하는 방법은 아니라는 이야기다. 안경을 끼고 살 것인가 혹은 수술대에 누울 것인가는 개인의 선택사항이다.

아프리카 초원에 적응된 눈을 가진 현대인의 근시가 단순 불편함이 아닌 질병이란 점을 일반인은 잘 모른다. 정상 망막은 마치 벽지처럼 눈 안쪽에 '딱' 붙어 있다. 하지만 근시는 눈 길이가 늘어나서 망막이 당겨진다. 그 결과 망막이 찢어지고, 떨어지고, 얇아진다. 근시가 심할수록 녹내장*, 백내장*, 실명도 많아진다. 즉, 근시는 단순한 '시각적 불편함'이 아니라 눈 건강에 심각한 영향을 미친다. 근시가 치유되지 않는다면 대응 방법은 오직 하나, 조기 예방이다. 근시를 예방할 방법은 무엇일까?

이스라엘 연구팀의 근시 관찰 결과는 흥미롭다.[2] 예루살렘 정통 유대학교 학생들이 일반 학교보다 근시가 유난히 많았다. 정통학교에서는 유대교 성경을 자주 읽게 하는데 이들의 성경 읽기 광경은 독특하다. 고개를 앞뒤로 '까딱까딱' 계속 흔든다. 티베트의 한 사원에서 만났던 승려들도 마찬가지였다. 독서에 온통 집중하기 위한 노력으로 보인다. 이렇게 글자-눈 사이 거리가 계속 '왔다 갔다' 하면 눈 근육도 '늘었다 줄었다' 해 수정체 근육이 고장 난다. 독특한 독서 방법과 더불어 정통유대교 학생들은 모두 기숙사 생활을 한다. 때문에 야외에 나갈 날이 별로 없다. 연구팀은 흔들리는 초점과 실내 생활이 근시를 만든 것으로 추측했다. 최근 야외활동이 근시를 예방한다는 결과가 나오고 있다.

과학자들은 근시 요인을 조사했다. 인종, 성적, 가계수입, 남녀, 독서시간, TV 시청 시간, 도시-농촌, 야외활동 시간을 비교했다. 그 결과 동

---

* 녹내장(glaucoma): 안압의 상승으로 인해 시신경에 장애가 생겨 시야 결손 및 시력 손상을 일으키는 질환.
* 백내장(cataract): 수정체의 혼탁으로 인해 사물이 뿌옇게 보이게 되는 질환.

아시아인, 높은 학력, 여자, 잘사는 집, 책벌레, 도시 거주자 가운데 근시가 더 많았다. 가장 큰 영향은 야외활동 시간이다. 운동 여부와 상관없이 햇볕을 쬐고 먼 곳의 풍경을 보는 것이 가장 효과적인 근시 예방이다. 미국 오리건대학 안과 연구진에 의하면 눈이 정상인 8~9살 아이 500명을 5년 뒤 조사해보니 20%가 근시가 됐다.[3] 그중 야외활동을 많이 한 아이들은 근시가 안 생겼다. 대만 아이들도 밖에서 80분 활동시켰더니 1년 뒤 근시가 52% 감소했다. 야외활동은 확실한 근시 예방법이다.

야외활동은 인류 조상의 아프리카 초원 생활과 같다

눈은 수십만 년 전과 같은데 눈의 길이, 수정체 근육이 짧은 기간에 변한 결과가 근시다. 원상태의 눈으로 돌아가는 최소한의 방법이 아이들의 야외활동이다. '야외활동'이라는 답을 찾기 위해 현대과학자들은 많은 노력을 했다. 그 점에선 옛날 의사가 더 똑똑했다. 안경이 발명되기 전인 중국 당나라 의학서적 『천금요방(千金要方)』에는 이미 근시 예방법이 나와 있었다. 즉 '햇볕을 쬐고 창밖을 보라'고 했다. 현대과학은 이제야 그 답을 찾은 셈이다.

야외활동은 원거리 시야와 도파민 생산으로 근시를 예방한다

근시 예방은 시작 시점이 중요하다. 3~4세가 되면 안과에서 눈 이상 여부를 검사하자. 눈

이 정상이라면 이제는 예방이다. 6~7세는 시력 발달에 중요하고 예민한 시기다. 스마트폰을 주지 말자. 초등학생 스마트폰 보유율은 3년 새 2배 증가한 41%다. 유대인 학생들처럼 흔들거리는 작은 화면을 코앞에 들이박고 걸어가는 초등학생의 눈이 건강하게 자라기를 기대하는 것은 어불성설이다. 스마트폰 대신 공을 주자. 머리통보다 큰 가방 메고 밤늦게 학원 순례시키지 말자. 대신 야외로 데리고 나가자. 야외활동은 시력만 좋게 하는 것이 아니다. 몸도 마음도 튼튼하게 한다. 소금 절인 배추 같은 아이들의 얼굴에서 안경을 벗겨주자. 2016년부터 모든 중학교에서 한 학기를 시험 없이 자유로이 운영한다. 근시를 막을 수 있는 절호의 기회다. 진정한 공부는 책으로만 하는 게 아니다. 자연은 최고의 선생이다.

Q&A

Q1. 근시는 계속 진행되나요?

사람은 몸이 자라면서 안구가 커지고, 수정체도 이에 맞춰 얇아지면서 정상 초점이 맺힙니다. 정상적인 경우 이런 조절 단계가 아동기에서 끝납니다. 하지만 현대인은 햇빛을 덜 보면서 안구가 계속 자라 근시가 생깁니다. 근시는 안경을 안 쓴다든지 하면 오히려 정확한 교정시력을 잃는 경우가 있으므로 약시 등의 심각한 결과를 초래할 수 있습니다. 그래서 어린 시절에는 정확한 시력 검사를 6개월, 혹은 1년 단위로 받고 교정하는 것이 최선의 방법입니다.

Q2. 라식과 라섹 중 어떤 것이 더 안정성이 뛰어나나요?

라식은 각막에 뚜껑을 임시로 만들고 뚜껑 안의 수정체를 깎아내는 방법이고 라섹은 아예 각막을 처음부터 깎아내는 방법입니다. 안과 의사마다 개인적인 견해차는 있지만 라식, 라섹 모두 가능하다면 보통 라섹을 권유합니다. 왜냐하면 안정성과 부작용이 적은 것을 최우선으로 고려하기 때문입니다. 라식의 경우 각막절편과 관련된 합병증이 생길 수가 있습니다. 가령 수술 후 시간이 한참 지나도 각막절편은 각막 몸통에 느슨히 붙어 있습니다. 따라서 강한 충격을 받으면 각막절편이 찢어지거나 뜯겨나가게 되는데 이때는 심한 시력 저하가 생기게 됩니다.

3

납 성분 화장품으로 눈병 막은 3300년 전 이집트인들의 지혜

기능성 화장품 과학

내가 몇 살로 보일까? 영화 <도망자(1993)>의 주인공 해리슨 포드의 지금 모습은 75세라고는 도저히 믿어지지 않을 만큼 젊어 보인다. 같은 또래에 비해 족히 10년은 젊어 보이는 '동안(童顔)'은 타고난 것인가, 아니면 그만의 비법이 있을까? 할리우드 스타 오드리 헵번은 예순이 넘은 나이에도 <로마의 휴일(1953)>에서의 청순함을 간직한 채 아프리카 봉사를 다녔다. 이들의 우아한 얼굴은 그냥 얻어진 것이 아니다.

CNN은 나이 들어도 우아하게 얼굴을 유지할 수 있는 비결 10가지를 소개했다. 뉴욕의대 피부과 전문의 랜스 브라운 교수가 추천한 비결 1, 2위는 꾸준한 얼굴 관리, 그리고 지속적인 운동이었다. 꾸준한 피부

관리 방법으로 자외선 차단제*, 보습제*, 레티노이드* 사용을 권장한다고 했다. 이들은 피부를 보호하고 개선하는 기능성 화장품이다. 남성 화장품 소비가 10년 사이 6배 늘어났다. 차림새에 신경을 쓰는 '그루밍족'에 이어 꽃중년이 단장을 시작했다. 화장품은 내 얼굴 관리에 무슨 도움을 주는 걸까? 서울 명동에서는 중국 관광객들이 화장품을 싹쓸이하는데 이런 인기를 누리는 한국 화장품은 어떻게 진화하고 있는가? 우아한 얼굴을 미래 화장품에 맡겨보아도 될까?

화장한 얼굴은 호감도가 높아진다. 그림은 프랑스 화가 툴루즈 로트렉의 '화장하는 여인(1889년)'

나일강 범람에 눈병 잦았던 고대 이집트

오드리 헵번은 클레오파트라 같은 외모를 가졌다. 정연한 이목구비, 확연히 대비되는 눈과 이마. 이렇게 눈에 띄는 대조가 미인의 특성이다.

---

* 자외선 차단제(sunscreen): 자외선을 차단하기 위해 사용하는 화장품.
* 보습제(Moisturizer): 피부를 윤택하게 가꾸기 위해 피부의 건조를 막아 피부를 부드럽고 촉촉하게 해 주는 화장품.
* 레티노이드(retinoid): 화학적 정의로는 비타민A(레티놀)의 골격이 있는 화합물에 대한 총칭. 그러나 일반적으로 레티놀의 활성체인 레티노인산(전 trans 및 9-cis)과 같은 효과 또는 유사한 작용을 하여, 레티노인산수용체에 결합하는 화합물도 포함.

클레오파트라가 다스리던 이집트에는 역사책을 장식한 또 한 사람의 미인이 있다. 바로 파라오인 네페르티티(B.C 1370~1340) 여왕이다. 기원전 1300년 이전에 나일강 지역을 지배했던 네페르티티의 미모는 지금 봐도 감탄을 자아낸다. 특히 눈썹과 눈 주위의 짙은 검정색 아이라인은 여왕으로서의 카리스마와 여인으로서의 아름다움을 유감없이 보여준다. 검은 물감은 어디에서 왔을까?

짙은 눈 화장을 한 이집트 여왕 네페르티티 조각상. 베를린 박물관 소장

파리 루브르 박물관에는 이집트 왕들의 무덤에서 발견된 화장품 용기가 있다. 2010년 프랑스 연구팀이 용기 안에 있는 검은색 원료를 분석했다.[4] 놀랍게도 납 화합물이었다. 납은 치명적인 중금속이다. 한때 얼굴을 희게 한다고 불티나게 팔린 중국산 화장품이 있었지만 수은 독으로 피부세포를 죽게 만들었다. 납도 심장과 뼈에 치명적이다. 그런데 어떻게 네페르티티 여왕은 자신의 얼굴에, 그것도 가장 눈에 잘 띄는 눈 주위에 납 성분이 든 검은색 아이라이너를 발랐을까? 얼굴이 예뻐 보인다고 독도 마다하지 않은 것일까?

연구팀이 '분석화학' 저널에 밝힌 바는 더 놀랍다. 바로 극소량의 납 성분은 피부세포의 면역력NO(일산화질소*)을 두 배 이상 증가시킨다는 것

* 일산화질소(nitric oxide): 질소 원자 한 개와 산소 원자 한 개가 결합해 있는 화합물 NO.

이다. 소량의 독은 오히려 약이 된다는 소위 '호르메시스hormesis' 이론이다. 당시 이집트 나일강이 범람하는 홍수로 질병이 많았고 특히 강물이 눈에 접촉할 경우 눈병이 발생한다. 검정 색소는 피부 면역을 높여서 이런 질병 예방 효과를 냈다고 연구진이 밝혔다. 더구나 납 화합물은 천연물이 아니라 합성한 것이라니 그런 효과를 미리 알고 화장 겸 눈병 예방 목적으로 의도적으로 만들어 발랐다는 이야기다. 3000여 년 전의 지혜에 감탄할 따름이다.

두뇌 반응 따라 화장품 개발하는 시대

화장품은 피부색을 변화시키는 '색조'와 피부를 좋게 하는 '기능성' 두 종류다. 이집트 여왕의 '검은색' 소재는, 비록 지금은 중금속 없는 다른 소재를 쓰지만 색조와 기능성을 모두 가진 드문 화장품 소재인 셈이다. 색조 화장품은 화장품 역사의 시작이다. 어떻게 색칠해야 아름다워 보일까? 백설공주 동화에 나오는 계모 왕비는 거울에 물어본다. "거울아, 거울아, 누가 제일 예쁘니?" 지금 화장품을 연구하는 과학자들은 같은 질문을 거울 대신 기능성 자기공명장치fMRI에 물어본다. 즉 어떻게 화장을 해야 가장 아름답다고 느끼는지 두뇌의 반응을 보고 과학적으로 평가한다.

미인은 우선 얼굴 모양이 대칭, 평균적이어야 하고 눈 부분이 주위 피부색과 뚜렷한 대조를 이루어야 한다. 평균적, 즉 '많이 보던 사람 같은'

얼굴 모양이 호감을 가지게 한다. 진화론은 그 이유를 유전적 다양성에서 찾는다. 몇 가지 특정 색으로만 이루어진 벽지보다는 다양한 색이 많이 들어간 벽지일수록 색이 서로 비슷해지는 것과 같은 이치다. 마찬가지로 다양한 유전자를 많이 가진 사람일수록 가장 평균적인 얼굴 모습을 가진다. 얼굴의 틀을 이렇게 '호감 있는 형태'로 바꾸는 것은 대규모 성형 수술이다. 하지만 눈 주위를 강조하는 소규모 메이크업만으로 얼굴은 달라 보인다. 같은 얼굴이라도 화장을 할 경우는 '생얼', 즉 맨 얼굴에 비해 훨씬 호감도가 높아진다는 fMRI 결과가 2014년 '신경과학회지'에 발표됐다.[5]

젊게 보인다는 사실만으로도 사람들은 자신감이 생기고 사회활동이 늘어난다. 하지만 화장으로 나이를 감추면 역풍을 맞을 수도 있어 '생얼', 즉 맨 얼굴이 진짜 젊어야 한다. 내가 몇 살로 보이는가는 두 가지, 즉 몸의 건강 상태와 피부 관리 정도로 결정된다.

자외선 피하고 꾸준히 운동해야 '동안'

통통하던 지인의 부인이 다이어트로 조깅을 시작했다. 한 달을 매일 열심히 달려서 5kg을 줄여 친구들의 부러움을 샀다. 그러던 그녀가 돌연 달리기를 중단했다. 이유인즉 갑작스런 감량으로 얼굴의 피하지방이 사라지자 얼굴이 난민처럼 말라버린 것이다. 그녀에게는 불어난 체중보다도 쪼글쪼글해진 얼굴이 해결해야 할 1순위였다. 중장년의 경우 과도한 운동은 오히려 노화를 촉진한다. 피부를 포함한 모든 장기는 같이 나이를 먹는다. 세포 텔로미어 Telomere(말단소립)의 길이로 피부 노화를 측정해보면 피부는 운동과 건강식으로 도로 젊어진다. 과학자들은 주 3회, 하루 30분, 말을 하며 달릴 수 있을 정도의 '저강도' 조깅을 권장한다. 하지만 피부는 자외선으로도 늙는다. 햇빛을 많이 받는 어부의 피부는 훨씬 더 나이 들어 보인다.

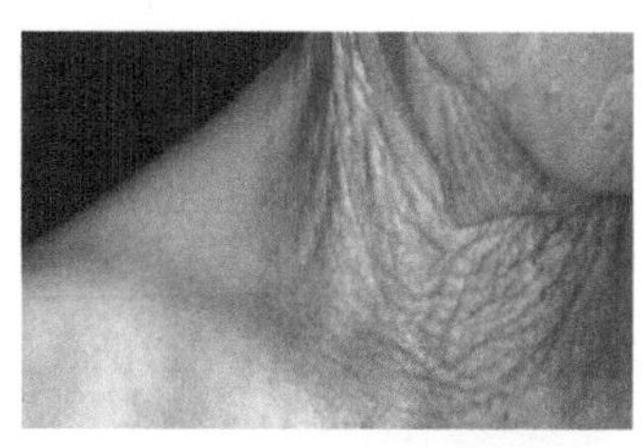

옷 속에 가려진 피부에 비해 자외선에 노출된 피부는 노화가 더 빠르게 진행된다(사진: 서울대 정진호 교수)

실제로 저명 학술지 '사이언스'에 게재된 논문에 의하면 피부세포의 25%는 자외선 때문에 유전자 돌연변이가 생긴다. "집에 있을 때도 자외선 차단제를 바른다"는 어떤 여배우의 이야기는 결코 과장이 아니다. 피부를 검게 하는 자외선A는 유리창도 통과하고 여름 아닌 다른 계절에도 여름만큼 노출되기 때문에 조심해야 한다. "무인도에 갈 때 챙겨야 하는 단 하나의 화장품은 자외선 차단제"라는 랑콤 피부연구소장의 말이 이해가 된다. 자외선 차단제, 보습제 그리고 피부세포의 성장을 촉진하는 '레티노이드(비타민A 유도체)'는 피부 나이를 멈출 수 있는 기능성 화장품이다.

아름다움은 결국 마음의 평화에서 나와

글로벌 기업인 P&G는 하버드의대, MIT와 공동으로 '동안'의 비밀을 밝히는 연구를 진행하고 있다. 즉 나이보다 젊어 보이는 20~70세 여성을 대상으로 '젊은 얼굴' 유전자를 선별했다. 이 연구로 어떤 물질이 젊은 얼굴을 만드는지 알 수 있다. 서울대 의대 피부과 정진호 교수 연구팀은 예민한 피부의 원인 유전자를 발견, 피부를 진정시키는 물질을 피부에 적용한 결과를 2015년 한국화장품미용학회에서 발표했다. 화장품이 하이테크 기술로 점프하고 있다.

삼성경제연구소(2012년 보고서)에 의하면 미래 화장품은 재래의 화학 기반에서 바이오 기반으로, 감성 상품에서 기술 상품으로 진화 중이다. 특히 피부 생태계가 중요하다. 피부에 붙어 살고 있는 피부 박테리아(세균)는 여드름만 일으키는 말썽꾼으로 알고 있었다. 하지만 이들은 피부의 면역세포와 끊임없이 접촉하면서 면역을 훈련시킨다. 실제로 아토피 환자는 피부균의 조성이 정상인과 완전히 다르다. 피부 트러블의 원인이 피부 면역인 점을 감안하면 어떤 화장품을 쓸 때 피부 면역세포가 무슨 반응을 보이는가를 파악하는 방법이 가장 근본적인 트러블 방지책이다.

미국 펜실베이니아 의대팀이 발표한 연구 결과에 의하면 피부에 살고 있는 바이러스는 10%만 알려졌지만 이들은 피부 생태계에서 중요한 역할을 한다.[6] 피부 생태계에서의 으뜸은 피부 줄기세포다. 모근, 피지선 내부, 표피-진피경계 등에 있는 피부 줄기세포는 죽거나 상한 세포를 대체하고 새로 공급한다. 자외선으로 쭈글쭈글해진 피부는 줄기세포도 줄어 있다. 녹차, 포도, 효모발효액은 이런 줄기세포의 감소를 억제해서 피부 노화를 막는다. 결국 미래 화장품의 방향은 피부의 생태계를 완전히 이해하고 피부를 건강하게 하는 것이다. 메이크업을 통해 '정신적 젊음'을 찾는 것도 중요하지만 피부 자체 건강을 통해 '신체적 젊음'을 찾는 것이 동안의 비결이고 미래 화장품 방향이다.

CNN이 제시한 또 다른 동안 비결은 흰머리에 자신감을 가지는 것이다. 즉 나이에 주눅 들지 말고 매일 운동과 숙면을 해야 한다고 했다. 무엇보다 마음의 평화가 피부의 최대 적인 스트레스, 불면을 없애는 지름길이다. 오드리 헵번은 배우로서 1막을 보냈다면 2막은 소외받는 이웃, 특히 가장 극빈층이 많은 아프리카 어린이를 위해 남은 생을 보냈다. 전 세계 어린이를 위해 뛰어다니던 그녀의 모습은 청순미를 뽐내던 '젊음'이 아니고 힘든 이웃과 사랑을 나누던 우아한 '성숙'이었다. 아름다움은 얼굴에서 나온다. 하지만 그 얼굴은 '마음의 평화'에서 나오지 '메이크업'에서 나오지 않는다.

동안의 비결은 꾸준한 운동과 피부 관리다

Q&A

Q1. 호르메시스 효과란 무엇인가요?

19세기 말에 발견된 호르메시스(hormesis) 현상이란 동물이 아주 적은 양의 독에 노출되었을 때 그것이 일종의 촉진작용을 하는 현상입니다. 촉진작용에는 성장 촉진 및 다산, 수명 연장 등이 있습니다. 호르메시스의 정확한 메커니즘은 아직 알려지지 않았지만 적은 양의 독이 동물 체내의 항상성을 교란하고 그것을 복구하는 과정에서 건강 증진의 효과가 나타나는 것으로 추측됩니다. 이것은 야생동물의 건강에서 아주 중요한 역할을 하지만 아직 확실한 과정이 알려지지 않았습니다.

Q2. 햇빛을 직접 받지 않고 창문으로 투과되는 빛에도 피부 손상이 오나요?

자외선의 종류는 A, B, C가 있습니다. UV-C는 피부에 가장 위험하지만 오존층이 거의 다 차단해서 문제가 되지 않습니다. 자외선A는 자외선의 80~90%를 차지하는데 광노화의 주범으로 진피 깊숙한 곳까지 침투해 멜라닌 색소를 자극합니다. 그 때문에 멜라닌 색소가 많이 만들어져서 우리 피부에 검버섯이나 기미, 주름 등 색소침착과 피부 노화를 만드는 원인이 됩니다. 자외선B는 UV-A보다 강해서 염증, 피부암을 유발합니다. 12~16시 사이에 가장 많고, 집안과 실내에는 침투하지 못합니다. 반면 자외선A는 유리창을 통과하기 때문에 실내에 있을 때도 UV-A 차단에 신경을 써주는 것이 좋습니다.

4

DNA 변이 여부 들여다보면 자살 40% 막을 수도 있다

우울증 치료와 예방

'굿-모닝 베트남!' 한 옥타브 높은 오프닝 멘트와 경쾌한 음악으로 시작되는 야전 방송은 전쟁 중인 미군에게 큰 힘이 된다. 영화 <굿모닝 베트남>(1987)에서 배우 로빈 윌리엄스는 아침 햇살 같은 하이톤의 목소리로 쾌활한 연기를 한다. 하지만 현실에서의 그는 심한 우울증과 싸우고 있었다. 알코올 중독으로 악화된 우울증으로 결국 2014년 8월, 그는 자살했다. 고(故) 최진실 씨 등 유명 연예인만의 이야기가 아니다. 성인 8명 중 1명이 우울증을 앓고 있다. 자살자의 80%가 우울증 환자일 정도로 우울증은

영화 <굿모닝 베트남>에서 쾌활한 배우였던 로빈 윌리엄스는 알코올 중독과 심한 우울증으로 결국 자살했다

위험하다. 우울증은 왜 생기는 걸까? 기분상의 문제일까, 아니면 두뇌의 유전자 질환일까? 한번 빠지면 스스로는 헤쳐 나오기 힘든 것이 정신질환이다. 평상시 어떤 활동을 하는 것이 이런 늪에 빠지지 않게 할까? 과학자들이 밝힌 해답은 '햇빛'이다.

우울증엔 지위고하, 남녀노소도 없어

알렉산더 대왕이 그리스 철학자 디오게네스에게 "무엇이든 원하는 것을 말해보라"고 했다. 디오게네스는 "그저 햇빛만 가리지 말아 달라"고 했다. 디오게네스는 햇빛이 그 무엇보다 건강에 중요함을 알고 있던 것일까? 햇살이 줄어드는 가을이 되면 유난히 가을을 타는 사람들이 있다. 공연히 예민해지고 기분이 바닥으로 가라앉는다. 이런 '계절성 우울증'은 특히 북유럽에서 자주 관찰된다. 스웨덴의 경우 6명 중 1명은 가을을 탄다. 이 사람들의 두뇌를 조사해보면 세로토닌이 낮아져 있다. '무드 호르몬'인 세로토닌은 정확히 햇빛 양과 비례해 겨울에는 여름의 13%로 떨어진다. 하지만 대부분의 사람들에게 계절성 우울증은 별문제가 안 된다. 정말 두려운 것은 치료를 요하는 '병적인 우울증'이다.

1860년, 51세의 에이브러햄 링컨(16대 미국 대통령)은 정치 인생의 절정기에 있었다. 하지만 전당대회 후 모두가 떠난 빈 강당 구석에 앉아 있던 그는 빈껍데기처럼 고통스러운 얼굴이었다. 그는 심한 우울증을 앓고 있었다. 그는 후일 그의 삶 전체가 도통 재미없고 몸과 마음이 무기력한 상태의 연속이었다고 했다. 우울증은 지위고하, 남녀노소를 막론하고 누구에나 찾아온다. 국내 성인 13%가 우울증이고 여성이 남성의 두 배다. 중년, 특히 50~59세 사이가 자살위험군(群)이다.

미국 16대 대통령 링컨은 평생 심한 우울증을 앓았다. 하지만 공적인 의무감이 우울증을 견디게 했다

다양한 우울증 원인이 있지만 낮은 세로토닌*이 주원인이다. 미국 전 지역을 미국항공우주국NASA 위성으로 측정해보니 햇빛을 많이 받은 지역의 주민이 우울증이 적고 인지 능력도 높았다. 결국 계절성 우울증이건, 병적 우울증이건 햇빛이 중요하다. 그럼 이런 햇볕을 어릴 적부터 쬐면 우울하지 않고 평생 쾌활하게 살 수 있을까? 영화 <희랍인 조르바>(1964)에서 배우 안소니 퀸은 크레타 해변의 밝은 햇살 아래서 흥겨운 댄스를 춘다. 지중해에 사는 사람들은 태어날 때부터 밝은 햇살의 흥겨움이 몸에 밴 것일까? 실제로 그리스, 이탈리아의 자살률은 한국의 15%도 안 된다.

'현대생물학' 잡지에는 흥미로운 연구 결과가 실렸다.[7] 하루 16시간

* 세로토닌(serotonin): 뇌의 시상하부 중추에 존재하는 신경전달물질로 기능하는 화학물질 중 하나.

빛을 쪼이며 키운 쥐보다 8시간만 빛을 쪼인 쥐가 우울 증상이 더 심하고 세로토닌도 더 낮았다. 더 놀라운 것은 햇빛을 덜 받은 쥐는 나이가 들어도 세로토닌이 낮았다. 즉 어릴 적 빛을 덜 쬔 쥐는 커서도 우울해진다. 두뇌가 자리 잡을 어린 시절에 형성된 '우울증 회로'가 어른이 돼서도 작동한다는 의미다. 햇빛은 세로토닌 이외에 멜라토닌이라는 수면 조절 호르몬도 같이 만든다. 이 멜라토닌*은 세로토닌의 보조 역할을 해서 둘 다 충분히 만들어져야 잠도 푹 자고 우울해지지 않는다.

환경과 유전자가 스트레스 저항력 결정

우울증의 시작은 스트레스다. 특히 어릴 적 받은 스트레스는 성장 후 우울증, 불안증을 만든다. '네이처 커뮤니케이션' 잡지에 의하면 태어나서 하루 3시간씩 엄마와 떨어진 쥐는 우울증에 걸렸고, 스트레스 호르몬인 코르티손이 높아져 있었다. 그런데 왜 누구는 같은 스트레스를 받아도 견디고 누구는 우울해지는가? 외부 스트레스에 대항하는 능력은 환경과 유전자 차이다. 좋은 환경, 예를 들면 가족들의 따뜻한 보살핌이 있다면 심한 스트레스라도 별문제 없이 넘어갈 수 있다. 반면 선천적으로 스트레스에 약하게 변이된 유전자를 가진 사람도 있다. 세로토닌 전달유전자SRT에 변이가 있으면 같은 스트레스에도 세로토닌이 낮아져

---

* 멜라토닌(melatonin): 송과선에서 생성, 분비되는 호르몬으로 밤과 낮의 길이나 계절에 따른 일조 시간의 변화 등과 같은 광주기를 감지하여 생식활동의 일주성, 연주성 등 생체리듬에 관여.

우울해진다. 즉 평생 우울하게 살 확률이 높은 것이다. 하지만 세로토닌을 높이는 항우울제 '프로작Prozac'이 70%만 치료 효과를 보이는 것으로 봐서 밝혀지지 않은 다른 원인도 있음을 추측케 한다.

최근 연구에 의하면 자살 유전자가 존재하고 유전자가 자살 원인의 40%를 차지한다. 미국 존스홉킨스의대 조사에 의하면 자살한 사람은 'SKA2' 유전자에 변이가 생겨 있었다.[8] 이 경우 스트레스 호르몬(코르티솔)에 대응하지 못해서 우울해진다. 실제로 이 유전자의 변이 여부를 조사해보면 자살 시도를 90% 정확하게 예측할 수 있다. 또한 우울증 쥐는 두뇌 앞부분인 전전두엽*의 피질이 과도하게 예민해져 있어 작은 스트레스성 자극에도 예민하게 반응한다. 정상적인 쥐도 이 부분을 전기 자극하면 우울해진다. 즉 전전두엽에 '우울증 회로'가 있는 셈이다. 결국 유전적으로 취약한 사람들은 외부 스트레스에 제대로 대응하지 못해 우울증, 자살에 취약해진다. 이들을 자살로부터 구해야 한다.

필자의 아파트 주차장에서 차량이 전소했다. 중년 남자가 차량 뒷좌석에서 번개탄을 피우고 자살을 시도했다가 중도에 포기하고 사라진 것이다. 한국은 1만 명당 27.3명이 자살해서 경제협력개발기구OECD 1위의 '자살 왕국'이란 참담한 불명예를 10년째 이어가고 있다. 자살을 시도하려는 사람은 무슨 징조가 있을까? 느리고 멈칫멈칫한 목소리가

* 전전두엽(pre-frontal lobe): 전두엽의 앞부분. 추론하고 계획하며 감정을 억제하는 일을 주로 맡는다.

자살 시도자의 특징이다. 이 점에 착안한 미국 MIT공대 프로그램은 전화로도 자살 가능성을 진단한다. 또한 자살하려는 사람의 40%는 우울과 흥분이 뒤섞인 '조울증' 상태를 보인다. 갑자기 운전을 과격하게 하고 뒤죽박죽의 행동을 보이거나 방 안을 빙빙 돌며 손을 감았다 풀었다 하는 등 돌발적이고 즉흥적 행동을 한다. 문제는 이런 전조 증상을 정작 본인은 알지 못해서 주위 가족, 친구만이 도울 수 있다는 것이다. 내 가족을 유심히 살피는 것이 그들을 살린다. 만약 내 가족이 이런 증상이 3주 이상 계속되면 어떻게 해야 하나?

생명체 살리면서 삶의 의미 되찾아

우울증은 정확한 진단을 받는 것이 급선무다. 하지만 우울증 환자의 10%만이 의사를 찾는다. 현재 치료는 심리치료와 약물치료를 한다. 환자의 80%는 세로토닌 조절제인 '프로작'을 처방하며 70% 치료율을 보이고 있다. 항우울제를 복용하면 세로토닌이 높아져 기분이 좋아진다. 일부 부작용, 즉 초조감, 불면증이 보고되지만 자살 시도가 50% 감소한다. 약물치료 이외에도 인공 빛은 멜라토닌을 조절해서 불면증 해소와 계절성 우울증에 도움이 된다. 또한 뇌의 깊숙한 곳에 전기 자극을 주는 심부(深部) 자극* 도 사용된다. 최근 광(光)유전학의 기술을 이용하여 우울증을 일으키는 부위의 뇌세포만을 빛으로 쪼이는 방법이 개발되고 있다. 우울증은 치료가 급선무다. 하지만 늪에 발을 들이지 않도록 평상시

* 심부 자극: 뇌의 심부(시상, 미상핵, 해마 등)에 전극을 삽입하고, 여기에서 기록되는 전위와 다른 부(部)에서 기록되는 전위와의 관련을 검토하여 뇌의 각 부의 관련을 추구하는 것.

예방이 최선이다.

『만들어진 우울증』의 저자 크리스토퍼 레인은 정신의학계가 수줍음이나 낯가림 같은 가벼운 증상도 과잉대응하고 있음을 경고하고 있다. 즉 스스로 이겨나갈 수 있는 가벼운 증상에도 항우울제를 쉽게 처방하고 있다고 우려한다. 심각한 우울증은 물론 약물치료가 우선이다. 하지만 가벼운 우울증의 개선과 예방 목적으로 전문가들이 추천하는 방법은 햇볕을 쬐며 운동하는 것이다. 하루 20~30분 정도 야외에서 가볍게 걷는 것도 우울증을 예방한다. 운동은 항우울제처럼 세로토닌을 높이고 신경세포가 자라도록 해서 해마의 기억 기능도 유지하고 스트레스 호르몬도 낮추는 일석삼조의 효과가 있다. 우울증 환자의 30%는 퇴행성 관절염, 45%가 비만이다. 우울하니 방에만 있고 방에만 있으니 관절염, 비만에 걸리고 그러하니 또 못 나가는 악순환이다. 고리를 끊어야 한다. 야외로 나가야 한다.

외동딸을 시집보낸 지인의 부인은 심하게 우울증을 앓았다고 했다. 이후 하루도 쉬지 않고 텃밭에 나가 씨를 뿌리고 채소를 가꿨다. 이제는 웃는다. 텃밭 일은 우울증 개선과 예방에 탁월한 효과를 보인다. 텃밭을 가꾸

텃밭을 돌보는 일은 우울증 개선, 예방에 탁월한 효과가 있다

는 사람들의 97%는 기분이 좋아진다고 말한다. 또 실제로 국내 노인의 24%는 텃밭 일 덕분에 우울증이 줄었다. 햇살을 받고 몸을 움직이는 것만이 텃밭 일이 주는 혜택의 전부가 아니다. 본인의 힘으로 어떤 생명체를 살리는 일은 '내가 살 가치가 있는 사람'이라고 알려준다. '내가 살 가치가 없고 사라지는 것이 도움이 된다'고 생각할 때 우울증 환자는 목을 맨다. 반면 내가 뿌린 씨앗들이 흙을 뚫고 새순이 올라오고 토마토가 열릴 때 그들은 가슴이 벅차오르고 '살아야 하는 이유'를 찾는다. 본인이 돌보는 화분이 있는 양로원 노인은 직원이 돌보는 화분을 가진 노인들보다 자살률이 2배 낮다. 이 효과는 반려견을 키우는 사람들에게도 해당된다. 텃밭 일, 반려견과의 산책은 햇볕 쬐기, 운동, 생명체를 돌보는 일석삼조 행위다.

햇볕을 쬐는 야외활동으로 자연, 생명을 접하면 우울증을 개선할 수 있고 자살 예방 효과도 얻을 수 있다

미국 사상가 헨리 데이비드 소로는 이야기했다. '자연의 복판에 살면서 자기의 모든 감각을 조용히 간직하는 사람에게는 지나치게 암담한 우울이 존재할 여지가 없다.' 자연의 치유 능력을 십분 이용해 우울증을 근본적으로 치료하고 예방하자.

Q&A

Q1. 갱년기 우울증이 정확히 뭔가요?

사춘기, 출산 후, 갱년기는 호르몬 변화가 심하고 이로 인해 우울증이 생기기 쉽습니다. 특히 갱년기에는 폐경에 따른 에스트로겐이 낮아지는 증상으로 안면홍조 등의 부작용이 생깁니다. 대처 방안으로는 호르몬 보충 요법이 사용됩니다.

Q2. 우울증 치료에 햇볕을 쬐면 좋은가요?

햇빛을 포함한 야외활동은 우울증 치료에 많은 도움을 줍니다. 글에서도 언급되었듯이 멜라토닌, 세로토닌 등 두뇌 작용 호르몬은 태양빛과 밀접한 관련이 있기 때문입니다. 게다가 야외에서 활동한다는 것은 심리적으로 긍정적인 힘을 줍니다. 햇볕을 쬐면서 동료들과 어울려 다닌다면 더없이 좋은 우울증 치료법이 될 것입니다.

5

노름에 빠지면 DNA 달라져 '도박병 대물림'엔 과학적 근거

중독의 메커니즘

재미로 시작한 화투놀이가 그를 죽음으로 내몰았다. 2015년 1월 경남의 한 초등학교 행정실장인 30대 남자가 산청군 마을 공터의 자기 차 안에서 자살했다. 그는 2년 동안 학교 공금 1억 8,000만 원을 횡령해 인터넷 불법 도박에 사용한 것으로 알려졌다. 돈을 따는 짜릿함이 결국 사람을 죽인 셈이다. 카지노의 슬롯머신에서 '7' 숫자가 일렬로 늘어서면서 동전이 쉬지 않고 '차르륵 짜르륵' 떨어지는 소리를 들은 사람은 그 짜릿한 맛을 잊지 못하고 다시 찾는다. 이런 짜릿한 맛

호텔 카지노의 모습. 인간은 유희를 즐기는 호모 루덴스(Homo ludens)다(사진: 셔터스톡)

에 시간 가는 줄 모르는 젊은 층이 급격히 늘고 있다. 국내 성인의 5.4%가 치료가 필요한 도박 중독이다. 중고생의 73%가 인터넷 도박 경험자다. 청소년 도박의 대부분은 스포츠 도박이다. 또 스마트폰 베팅이 가능해서 부모들이 알기도 힘들다. 도박은 블랙홀이다. 가족, 돈, 건강, 정신까지 모조리 빨아들이는 가장 끊기 어려운 중독이다. 평소 성실했던 사람이 왜 도박의 늪으로 빠지는 걸까? 인터넷 게임을 즐기는 우리 아이는 괜찮은 걸까?

도박 중독보다 치료 어려운 주식 중독

프로농구 감독, 현역 선수들이 스포츠 도박에 연루돼 수사를 받고 있다. '스포츠토토'는 승인된 도박이다. '토토'란 '도박'이란 뜻의 단어로 1946년 이탈리아에서 실시된 '토토-칼치오(도박-축구)'에서 유래했다. 청소년과 30대가 스포츠 도박에 열광하는 이유는 이것이 도박이 아닌 '승부 게임'이라고 생각하기 때문이다. 축구를 잘 알면 어느 팀이 이길지 맞출 수 있을 것 같다. 과연 그럴까? 이스라엘 텔아비브대학 연구팀이 이에 대한 흥미로운 연구 결과를 내놓았다.[9] 165명을 모아서 2012년 유럽챔피언스리그 축구대회 16강전에 개별적으로 베팅하게 했다. 그 결과 세 그룹(축구 전문가, 도박 전문가, 축구와 도박을 전혀 모르는 '초짜')의 베팅 성적이 모두 비슷했다. 오히려 돈을 제일 많이 딴 사람은 '초짜'그룹에서 나왔다. 스포츠 도박에 경기 지식이나 경험이 전혀 도움이 안 되고 운(運)에 좌우된다는 의미다. 현실은 이렇지만 스포츠 도박 중독자들은 많은 경험과 스포츠 지식을 가진 내가 유리하다는 망상에서 벗어나지 못한다. 스포츠, 승부 게임을 좋아하는 청소년, 대학생, 젊은 층이 스포츠 도박에 쉽게 빨려들고 헤어 나오기 힘든 이유다.

필자의 지인은 정년 후 매일 한 시간씩 단타 매매 주식을 한다. 오랜 경험 덕인지 불황에도 용돈 정도를 충당하는 눈치다. 하지만 정작 놀라운 것은 그의 절제력이다. 주식시장이 활황으로 전광판이 모두 녹색이어도 정해진 수익의 범위, 그리고 한 시간을 철저히 지킨다. 이런 그도 아들에게는 주식을 권하지 않는다. 주식이 가지고 있는 도박성 때문이다. 어떤 행동이 도박인가 아닌가는 세 가지에 달렸다. 즉 돈 잃을 위험성이 있는가, 그럼에도 돈을 따겠다는 희망으로 베팅하는가, 그리고 그 결과가 불확실한가이다. 고수익, 고위험 주식 상품은 도박에 가깝다. 주식을 재테크의 한 수단으로만 생각하고 방심해서는 안 된다. 도박 중독 치료 도중에 주식을 하면서 도박이 재발한 경우도 심심찮다. 연구논문에 의하면 도박 중독자 중에서는 비교적 교육을 많이 받은 사람이 포함돼 있다. 대학생의 경우 일반 도박 중독보다도 주식 중독자가 많았다. 이들은 카지노 도박 중독자보다 치료가 더 어렵다. 본인이 돈 잃은 것을 시장 상황이나 경기 불황, 불운 탓으로 치부하기 때문이다. 이들은 스포츠 도박자와 마찬가지로 본인의 실력으로 언제든지 '대박'을 낼 수 있다는 환상을 갖는다. 도박 중독자가 되고 싶어서 된 사람은 없다. 쉽게 유혹에 빠지는 사람이 따로 있을까. 옛말에도 아비가 노름꾼이면 아들도 화투를 잡는다고 했다. 노름도 대물림이 될까?

<타짜(2006년)>라는 영화에서는 속임수를 쓰는 상대방의 손목을 잘라 다시는 화투를 못 잡게 한다. 하지만 잘린 손목에 갈고리를 만들어서 화투짝을 다시 잡는 장면이 나온다. 도박을 끊으려면 정작 잘라야 할 곳은 손목이 아닌 뇌다. 중독회로는 뇌에 만들어지기 때문이다. 동물의 뇌에는 '쾌락회로 Pleasure Center'가 있다. 쥐의 그곳에 전극을 꽂고 쥐에게 전극 스위치를 주면 시간당 700번씩 먹지도 않고 하루 종일 그것만 누른다. 1954년 캐나다 맥길대학에서 발견한 이 '쾌락회로'가 바로 '중독회로'다. 인간의 진화를 위해 이곳은 중요하다. 종족 번식을 위해서는 짝짓기가 즐거워야 한다. 섹스가 쾌락으로 발전한 이유다. 이 쾌락회로는 신경전달물질인 도파민에 의해서 돌아간다. 즉 섹스의 물리적 행위가 두뇌에 전기신호로 전달되면 그 신호를 받은 뇌의 '측좌핵' 부분이 도파민을 만들고 이 도파민이 인간을 황홀하게 만든다. 따라서 섹스는 몸이 하는 게 아니라 두뇌가 하는 셈이다.

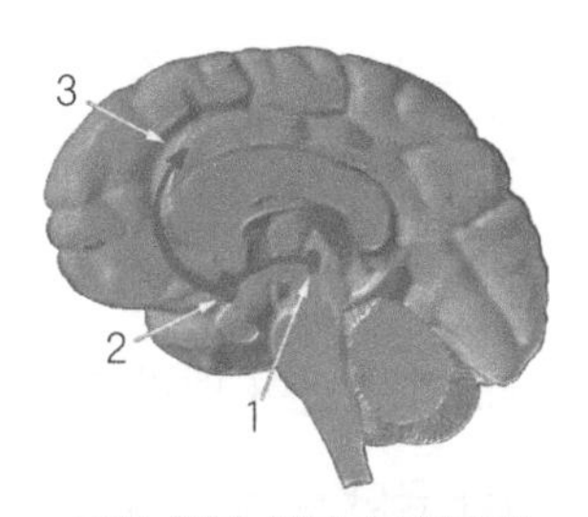

뇌의 중독 회로. 복측피개영역(1)-중격측좌핵(2)을 연결하는 쾌락회로엔 도파민이 흐르고 전전두엽(3)과 연결돼 있다

짝짓기서 쾌락 느낀 덕에 종족 번식

문제는 이 회로를 돌게 하는 또 다른 물질들을 인간이 찾아냈다는 것이다. 담배, 마약이다. 도파민이 달라붙는 수용체 receptor에 니코틴, 코카인이 대신 달라붙어 섹스 같은 쾌락을 준다. 쥐가 죽을 때까지 쾌락 전

극 스위치를 누른 것처럼 사람들도 반복해서 담배를 피우고 마약을 주사한다. 문제는 이 사이클을 계속 돌다 보면 점점 내성(耐性)이 생겨 더 많은 담배, 마약이 있어야 같은 정도의 쾌락을 느낀다. 또 담배, 마약을 끊으면 손발이 떨리고 몸이 고통스러운 '금단(禁斷) 현상'이 생긴다. 내성과 금단 증세가 나타나기 시작하면 이미 자기 통제의 범위를 벗어난 병적인 중독 상태이다. 담배, 마약처럼 물질에 의한 물질 중독도 있지만 게임, 도박, 섹스, 쇼핑 등 행동 중독도 있다. 두 종류 중독 모두 뇌의 쾌락 사이클을 돈다.

어떤 타입의 사람이 중독에 더 잘 걸릴까? 유전과 환경이 반반씩 영향을 준다. 최근 연구는 도파민 수용체가 개인마다 조금씩 다르다는 것을 밝혔다.[10] 즉 중독 유전자에 개인차가 있다는 것이다. 만약 도파민 수용체의 숫자가 적거나 효율이 안 좋다면 같은 정도의 쾌락을 느끼기 위해 더 많은 니코틴, 코카인이 필요하다. 더 쉽게 중독이 될 수 있다는 의미다.

독일 하노버대학 연구팀은 노름이 대물림된다는 연구 결과를 발표했다.[11] 연구팀은 노름하는 사람의 DNA에 '꼬리표(메틸기)'가 많이 붙어 있음을 확인했다. 즉 태어나서 한 일, 즉 후천적 행동까지도 자식에게 전달된다는 소위 '후성유전학*'이 도박 중독에서도 확인되고 있다. 결국 선천적이든 후천적이든 아비가 노름꾼이 되면 그 아들, 손자도 화투를 잡

* 후성유전학(Epigenetics): DNA, RNA 또는 단백질 간의 공유 결합 변형을 통해, 일차 서열을 변경하지 않고 분자의 기능이나 조절을 변화시키는 유전학을 연구하는 학문.

을 확률이 높다는 것이다. 이 경우 노름을 못하게 하면 아들은 부족한 도파민을 채우기 위해 다른 중독, 예를 들면 담배, 술, 마약으로 부족한 뇌의 쾌락을 찾으려 한다. 실제 도박 중독자 직계가족의 11%가 역시 도박 중독자이고 집안에 다른 종류의 중독자들이 많다. 이런 집안에서 태어나면 도박 중독이 될 확률이 8배나 높다. 따라서 집안에 그런 가족이 있다면 미리 주의해야 한다. 도박을 아예 멀리하고 내가 지금 어떤 상태인지 늘 조심해서 보고 있어야 노름 대물림의 덫에 빠지지 않는다.

뇌운동용 고스톱과 도박 중독의 차이

필자의 어머니는 유난히 고스톱을 좋아해서 늘 동네 분들과 내기 화투를 쳤다. 10원짜리 동전이 오간다. 카드놀이를 하는 노인들의 뇌를 촬영해보면 인지 능력 해당 부분이 활성화돼 있다. 생각하고 손을 움직이고 상대방과 끊임없이 이야기하며 즐기는 10원짜리 고스톱만큼 노인의 건강에 도움을 주는 '놀이'는 없다. 인간은 원래 놀이를 즐기는 '호모 루덴스Homo ludens'다. 문제는 놀이가 중독으로 변할 때다. 어떤 행동이 놀이인가 중독인가는 두 가지로 판단할 수 있다. 그 '행동' 때문에 삶의 균형이 깨지고 그 '행동'을 하다가 멈추고 다른 일을 하기가 힘들면 중독이다. 멀쩡한 사람들이 도박에 빠지는 가장 큰 요인은 '대박'과 딸 수 있다는 환상이다. 하지만 도박은 잃도록 프로그램 돼 있다.

카지노의 슬롯머신 환급률은 75~99%다. 90%로 가정하고 1만원을 베팅해보자. 어쩌다 100만 원이 나올 수 있지만 허탕일 수도 있다. 이런저런 모든 경우를 고려하면 1만원 베팅에 돌아오는 평균 돈은 9,000원이다. 1,000원은 물론 카지노 수입이다. 두 번째로 머신을 당기면 9,000원의 90%인 8,100원이 남는다. 결국 이런 식으로 7번만 당기면 반 토막난다. 또 처음에 100만 원이 당첨되어도 이대로 바로 집에 돌아가는 사람은 거의 없다. 계속 베팅해서 결국은 다 털린다.

또 다른 게임을 보자. 동전을 던져 '앞'이 나오면 이긴다고 하자. 연속해서 6번 '뒤'가 나올 확률은 0.5를 여섯 번 곱한 0.015이다. 만약 어떤 게임에서 동전의 '뒤'만 5번 나왔다 치자. 따라서 6번째에 '앞'에 돈을 걸면 이길 확률이 무려 6배나 될 것 같다. 하지만 잘못된 계산이다. 이 경우 6번째에 '앞'이 나올 확률은 역시 50%다. 실제 슬롯머신, 홀짝게임 등 순전히 운에 좌우되는 도박에서 연이어 계속 잃게 되면 이번에는 딸 확률이 높다는 잘못된 계산이 계속 베팅하게 만든다. 하지만 도박기계 환급률이 99%라고 해도 시간이 지나면 결국 다 털린다고 수학은 말한다. 경마장 환급률은 73%다. 정작 경마에서 돈 버는 쪽은 매번 27% 수수료를 떼는 경마장이다.

2015년 죽마고우의 집에서 현금 6,500만 원을 훔친 남성이 잡혔다. 해외 원정 도박에서 돈을 한번 딴 이후 도박 중독이 됐다. 그 이후 자기 돈, 가족 돈, 은행 돈도 모두 끌어 쓰고 결국 친구 돈을 터는 도둑질로 쇠고랑을 찼다. 도박 중독은 술, 담배 중독과는 달리 표가 나지 않는 '은밀한’ 중독이다. 설사 가족이 알게 돼도 쉬쉬한다. 중독이 되면 개인이나 가족이 해결하기보다는 전문가의 도움이 필요하다. 2013년 설립된 도박문제관리센터는 전국 단위 상담센터로 쉽게 상담이 가능하다. 국내 도박 중독자는 5.4%로 다른 나라의 2~3배다. 한국 청소년의 인터넷 사용 시간은 유난히 길다. 인터넷 도박에 빠져든 10대는 어른이 되어서도 도박의 늪에서 빠져나오기 힘들다.

청소년들의 인터넷, 스마트폰 불법 스포츠 도박이 늘고 있다. 도박은 블랙홀이다

17세기 프랑스의 철학자이자 수학자인 파스칼은 “모든 도박하는 자는 불확실한 것을 얻기 위해 확실한 것을 건다”라고 했다. 불확실한 승리와 대박의 환상을 위해 내 가족의 행복을 거는 것만큼 멍청하고 불행한 일은 없다.

Q&A

Q1. 후성유전학으로 뒤늦게 키가 큰다거나 쌍꺼풀이 발현될 수 있나요?

후성, 즉 태어난 이후의 환경이 유전자 발현(활동하고 안 하고의 여부)에 영향을 미치는 것을 후성유전학이라 합니다. 키에 관련된 유전자가 있고 그 유전자가 발현돼 단백질이 만들어져 그것 때문에 키가 커진다면 당연히 뒤늦게 키가 클 수 있지요. 언제 해당 유전자가 켜지는가는 일반적으로 미리 결정되어 있습니다. 예를 들면 1~9살까지는 성장 유전자가 켜져 대부분의 아이는 이때 크겠지요. 하지만 어떤 아이는 20살이 되어서 닫혔던 이 유전자가 다시 켜져 충분히 키가 클 수 있겠지요. 쌍꺼풀도 마찬가지입니다. 다만 키, 쌍꺼풀이 실제로 후성유전학 범위에 들어가는지는 불분명합니다.

Q2. 술이나 담배, 게임은 왜 중독이 될까요?

어떤 물질, 행동에 중독되는 원리는 간단합니다. 간단한 행동, 물질이 쾌락을 유발하면 중독이 됩니다. 술, 담배, 게임 모두 간단히 할 수 있는 일들이지요. 그리고 계속해도 누가 뭐라 하는 사람이 없다면 대부분의 사람은 그걸 반복하게 되지요. 그렇게 되면 이 행동은 쾌락호르몬인 도파민을 생산합니다. 이 행동이 반복되면 쾌락회로가 형성되어 머릿속에서 굳어집니다. 이 경우 늘 일정 수준 도파민이 있어야 같은 정도의 쾌락을 느낍니다. 안 하면 도파민이 떨어지니 더 채우기 위해 계속해야죠. 할수록 도파민 민감성이 떨어져서 더 많이 해서 그 양을 유지해야 합니다. 이게 바로 중독입니다.

6

비타민D 위해 햇볕 쬐던 습관 인간의 '선탠 중독' DNA로 변화

자외선 과학

갓 태어난 아이의 엉덩이에는 푸른 반점이 있다. 삼신할미가 엄마의 뱃속에서 어서 나가라고 엉덩이를 세게 두들기는 통에 생겼다는 '몽고반점'이다. 이 반점은 4~5살이면 없어진다. 반면 입가에 난 점은 밥을 잘 먹을 상이고, 코의 점은 미인점이라 하여 일부러 놔둔다. 하지만 점 중에는 주의해야 할 점이 있다. 피부암으로 생기는 점이다. 특히 전이*가 잘 되는 악성 피부암인 흑색종*은 전이될 경우 5년 생존율이 15% 미만으로 미국인이 가장 두려워하는 병이다. 그동안 피부암은 백인에게만 생기는 암으로 알고 있었다. 하지만 최근 5년간 국내 피부암은 44%나

* 전이(metastasis): 어떤 종양이 그 원발 부위에서 여러 경로를 따라 다른 신체의 부위에 이식되어 그곳에 정착, 증식하는 상태.
* 흑색종(melanoma): 검은색 또는 흑갈색을 한 악성 종양. 피부, 눈알, 뇌척수 연막 등 생리적으로 멜라닌 색소가 존재하는 조직에서 발생한다.

늘어났다. 야외 여가 활동이 늘어난 이유도 있지만 햇빛의 위험성을 모르는 탓이 더 크다. 매일 만나는 햇빛이지만 여름엔 세기가 더 강해진다. 흑색종은 어떻게 알 수 있고 어떤 차림으로 나들이를 해야 가족들이 피부암을 피할 수 있을까?

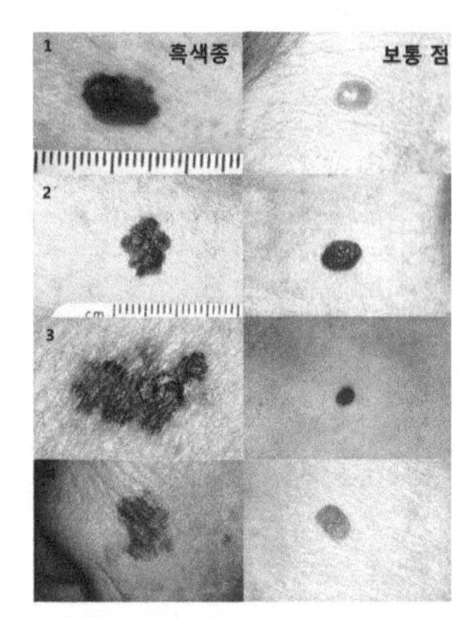

보통 점과 비교한 흑색종(악성 피부암)의 특징(왼쪽부터)
① 비대칭이다.
② 경계선이 불분명하다.
③ 여러 가지 색이 섞여 있다.
④ 크기가 6mm 이상이고 모양, 크기가 변한다.

피부 검게 하고 주름 만드는 자외선

안과 의사 집안의 지인이 있다. 그는 자동차 뒷좌석에서도 선글라스를 낀다. 구름이 잔뜩 낀 날의 등산길에도 선글라스 착용을 잊지 않는다. 그의 말에 의하면 눈동자의 필름에 해당하는 황반에 변성이 생기면 실명(失明)하게 되는데 자외선이 주범이다. 눈의 각막, 망막에 염증도 일으킨다. 흐린 날도 자외선 세기는 크게 줄지 않는다. 자외선은 A, B, C로 구분된다. 짧은 파장의 C는 성층권 오존층에 흡수되어 지상에는 없다. B는 유리를 통과 못하지만 A는 통과한다. B를 '레저 자외선', A를 '생활 자외선'이라 부르는 이유다. 하지만 A도 B만큼 위험하다. 운전석에서도 피부가 검어지고 주름이 생긴다. 긴 파장의 A는 피부의 아래 진피층까지 침투해서 콜라겐, 엘라스틴을 부숴 주름을 만든다. 파장이 짧아서 깊게 침투하지는 못하지만 에너지가 강한 B는 표피층의 세포 DNA를 변형시켜 피부암을 만든다. 피부에 암이 있다고 사람이 죽을 것 같지 않는데 왜 목숨을 잃는 걸까.

미국 로드아일랜드 대학생이던 글레나 콜(26, 여)이 악성피부암으로 숨졌다. 3년 전 다리에 생긴 점을 '별것 아니다'라고 오진한 것이 비극의 시작이었다. 허벅지 안쪽에 멍울이 만져질 때는 이미 전이가 시작된 때였으며 채 4년을 견디지 못했다. 피부암의 시작은 대부분 자외선이다. 자외선으로 피부 DNA 속에 나란히 있던 T(티민) 염기 두 개가 서로 달라붙어 T-T로 변해서 돌연변이가 생기고 암의 원인이 된다. 이때 관여 유전자는 'p53 암억제' 유전자다. 즉 자외선 피해는 발암 과정과 동일하다. 각질세포*가 변해 생기는 기저세포암, 편평세포암은 조기 진단 시 95% 완치된다. 피부 검정 색소인 멜라닌을 만드는 '멜라닌세포*'가 변해버린 흑색종 melanoma 역시 조기 진단 시 치료율이 높다. 반면 다른 장기에 전이될 경우 생존율은 15% 미만이다. 왜 이렇게 독해질까?

'미국 공공도서관학술지 Plos One'에 흑색종을 포함한 초기 암이 어떻게 다른 장기로 전이되고 왜 독해지는지 발표됐다. 피부 껍질에만 있던 암세포는 주위 환경이 나빠지면 '살 만한' 다른 곳으로 이동할 궁리를 한다. 새로운 이동수단이 필요하다. 흑색종은 인체 곳곳을 돌아다니는 면역세포를 모방한다. 면역세포의 '이동신호물질 CCCR3'을 흑색종도 새로

* 각질세포(keratinocyte): 표피세포 중 각질화 능력을 갖는 세포. 표피세포의 대부분을 차지한다. 표피의 기저층(배아층)에서 분열하며 세포는 표층으로 이동한다.

* 멜라닌세포(melanocyte): 특수한 멜라닌 함유소 기관인 멜라닌소체를 생합성하는 색소세포.

이 장만한다. 그리고 이 물질을 이용, 피부에서 폐, 간, 뇌로 전이된다. 전이가 된 놈은 이미 산전수전 다 겪은 놈이다. 웬만한 항암제 공격에도 살아남는다. 따라서 최선의 치료 방법은 조기 발견, 치료하는 것이다. 피부암은 다행히 눈에 잘 띈다.

2015년 5월 미국 켄터키주의 간호대 학생인 토니 윌로우(27, 여)가 피부암에 걸린 본인의 얼굴 사진을 페이스북에 올려 주위 사람들에게 그 위험성을 경고했다. 흑색종은 일반 점과는 다르다. 즉 비대칭, 불분명한 경계선, 여러 가지 색깔, 6mm 이상 크기 그리고 형태가 변하는 특성이 있다. 물론 여기에 해당하지 않는 흑색종도 있으니 비정상적인 반점이 나타나면 일단 피부과를 찾아야 한다. 국내 피부암 발병률은 위암의 10%로 10만 명당 20명, 그중 흑색종은 6명이다. 조기 진단 시 쉽게 치료되지만 일단 전이되면 생존율은 급감한다. 따라서 평상시 피부의 '비정상' 반점을 잘 살핀다면 크게 걱정할 사항은 아니다. 하지만 풀리지 않는 의문은 남는다. 자외선이 피부암을 유발한다는 것을 잘 알면서도 사람들은 왜 웃통을 벗어 제치고 선탠을 계속하는 것일까. 그만둘 수 없는 무슨 사정이라도 있는 건가.

선탠에 중독되면 다른 유혹에도 취약

흑색종을 오진해 숨진 불운의 여대생 글레나 콜은 집안 내력이 있는 것도 아니고 건강한 여성이었다. 단지 그녀가 해변과 실내 태닝장에서 많은 시간을 보냈다는 것이 불행의 시작이었다. 미국 식품의약국은 인공 선탠이 피부암을 유발하며 특히 젊은 여성의 경우 그 위험도는 60%나 증가한다는 사실을 경고해 왔다. 하지만 이런 경고에도 불구하고 미국 대학생의 59%는 인공 선탠장을 다녀본 경험이 있다. 놀라운 사실은 흑색종으로 진단된 여성 중에서 6%가 암 선고 후에도 인공 선탠장을 계속 다닌다는 사실이다. 죽음이 코앞에 있다는 것을 뻔히 알면서도 왜 이렇게 인공 선탠에 집착하는 걸까. 놀랍게도 선탠은 '중독'을 일으킨다.

햇빛은 두뇌에 즐거움을 주는 엔도르핀을 만들어 선탠 중독을 일으킨다(사진: 셔터스톡)

유명 학술지 '셀 Cell'은 선탠이 뇌에 엔도르핀을 만들어서 중독에 걸리게 한다고 발표했다.[12] 즉 담배나 술처럼, 선탠을 하면 금방 기분이 좋아지고 그래서 자주 벗고 눕게 한다. 과학자들은 뇌의 중독성 쾌락을 일으키는 주범으로 '선탠 중독 유전자 PTCHD2'를 발견했다. 하나에 중독되는 사람은 다른 것에도 중독되는 경향이 있다. 실제로 선탠을 자주 하는 사람들이 알코올이나 마리화나에 많이 중독돼 있었다. 이 연구에 참여한 사람들은 선탠을 할 때 빛에서 자외선만을 일부러 빼면 금방 알아차릴 만큼 자외선에 민감하다. 자외선은 검정 색소(멜라닌)를 만들고 동시에 엔도르핀을 만들어서 기분을 황홀케 한다. 그래서 피부암이 생길 정도로 선탠을 즐기게 된다고 최근 밝혀진 것이다. 왜 인간이란 동물은 피부에 자외선을 쬐도록 진화했을까. 과학자들은 피부에 의한 비타민D 생산을 그 이유로 추측한다.

필자는 프랑스를 방문할 일이 있으면 남부 해안 지방을 들른다. 니스 해변은 지중해의 넘실대는 흰 파도로 눈이 부시다. 게다가 벗어젖힌 반나체의 사람들로 그나마 눈 둘 곳이 마땅치가 않다. 이들이 비타민D를 못 구해서 해변에 누워 '자체 생산'을 하는 것은 아니다. 이들은 햇빛을 즐기고 몸을 구릿빛으로 만들려는 '현대' 유럽인이다. 반면 오래전 인류 조상들에게 비타민D는 필수였다. 이것이 부족하면 칼슘 섭취가 안 돼 뼈가 약해진다. 그 결과 아이들은 다리가 휘어져 안짱다리가 되는 구루병*, 어른은 치명적인 골다공증에 걸린다. 살아남으려면 피부로 비타민D를 만들어야 했다. 따라서 비타민D를 만드는 선탠 행위가 즐거워야 했다. 이런 이유로 선탠이 중독으로 진화한 것으로 추측한다. 하지만 지금은 비타민제 한 알이면 충분하다. 니스 해변에 누운 이들은 비타민D 때문이 아니라 엔도르핀이 주는 안락한 쾌감과 건강미의 갈색 피부를 위해 해바라기가 된다. 하지만 태양이 그리 달가운 존재만은 아니다.

자외선 차단제 기능 잘 알고 발라야

최근 국내 해수욕장이나 야외풀장의 풍속도가 조금씩 변하고 있다.

---

* 구루병(rickets): 비타민D의 결핍으로 일어나는 뼈의 병이다. 비타민D가 부족하면 뼈에 칼슘이 붙기 어려워 뼈의 변형(안짱다리 등)이나 성장 장애 등이 일어난다.

중년 그룹은 예전과 같이 모두 햇빛을 피해 도망가는 반면 햇빛에 벌렁 눕는 젊은 그룹이 늘어나고 있다. 이들이 햇빛에 눕는 이유는 유럽인들이 햇볕을 찾는 이유와 같다. 즉 멋있어 보이는 갈색 피부로 변하고 싶어서다. 한 가지 다른 점은 얼굴은 가린다는 점이다. 갈색 얼굴보다는 갈색 보디를 만들고 싶어 한다. 빅데이터 분석 결과, '태닝'이란 단어는 'TV 연예인'과 직결돼 있다. 이들의 초콜릿 복근, 그을린 갈색 몸매가 섹시함의 상징이 되고 있다. 해변에 갈 시간이 없는 젊은 여성들은 실내 인공 태닝장을 찾는다.

태닝이 건강에 좋다는 태닝 업소의 과장 선전도 태닝 증가 추세에 한몫한다. 반면 한국인의 자외선 지식 수준은 유럽인들에 크게 못 미친다. 미국 FDA는 피부암 발생이 급증하는 청소년의 태닝장 출입을 경고했다. 갈색 몸매를 원한다면 태닝 대신 피부색을 인공적으로 바꾸는 게 낫다. 피부 각질층과 반응해서 갈색을 내는 물질DHA이 FDA 승인 제품이다.

야외, 실내 태닝은 모두 피부암 유발인자다. 가리거나 차단제를 사용해야 한다

야외라면 그늘에서도 20~30% 자외선을 각오해야 한다. 가장 확실한 차단은 긴 소매 옷을 입는 것이다. 차단제의 자외선 차단지수SPF, Sun Protection Factor는 차단 가능 시간을 알려준다. 즉 SPF 30은 홍반(피부염증)

을 일으킬 때까지의 시간을 30배 늘린다는 의미로 30×15분=450분(7시간 30분) 동안 차단한다. SPF 20, 30, 40의 자외선B 차단 효율은 각각 95%, 96%, 97.5%다. 따라서 자외선에 극히 예민한 피부가 아니라면 SPF 20 이상이면 충분하다.

자외선A의 차단 능력(PA)을 표시한 상품도 나온다. PA++ 이상 정도면 충분하다. 사용자들이 정작 주의해야 할 것은 SPF 숫자가 아니라 사용량과 재보충이다. 얼굴에는 500원 동전 정도의 양을 '듬뿍' 사용해야 하고 두 시간마다 다시 발라야 한다. 또 물에 씻기지 않는 방수제품을 사용하는 것이 좋다.

이렇게 자외선이 완전 차단된다면 야외활동만큼 사람의 기분을 끌어올리는 것은 없다. 흐린 날은 더 우울해진다. 실제 뇌의 활동도를 PET*(양전자단층촬영)로 보면 햇빛이 많은 여름철에 겨울보다 더 활발해진다. 또한 햇볕이 줄어들면 정신적 스트레스로 평소보다 많이 먹게 된다. 채근담(菜根譚)에는 '바람과 비가 개고 햇볕이 따스하면 초목도 기뻐한다. 인심(人心)도 마찬가지고 기쁨을 저버릴 수 없다. 자연의 본래 모습은 생기에 가득 차 있다'라고 했다. 햇빛은 사람들을 행복하게 만든다. 자연의 값진 선물인 햇빛을 안전하게 즐기자.

---

* PET(양전자단층촬영, positron emission tomography): 양전자를 방출하는 방사성 의약품을 이용하여 인체에 대한 생리화학적, 기능적 영상을 3차원으로 얻는 핵의학 영상법.

Q&A

Q1. 선크림에 표시된 PA, SPF는 정확히 뭔가요?

PA는 자외선A를 차단하는 정도로 (+)로 표시되며 4개가 최대입니다. UVA는 생활 자외선으로 유리도 통과해서 실내에 있어도 노출됩니다. SPF는 Sun Protection Factor의 약자로 자외선(B) 차단지수입니다. 지금까지는 피부암이나 홍반을 일으키는 것은 주로 자외선B로 간주되었기에 이 수치만을 측정하였습니다. SPF 30이란 30×15분=450분간 자외선B를 차단한다는 의미입니다.

Q2. 선크림도 무기 자외선 차단, 유기 자외선 차단으로 나뉘어 있던데 그건 뭔가요?

자외선 차단물질이 유기재료인가 무기재료인가 하는 차이입니다. 지금까지는 타이타늄옥사이드(TiO_2)가 무기차단제로 많이 사용되었습니다. 주로 반사하는 형태입니다. 반면 유기물질 차단제는 자외선을 흡수하는 형태입니다. 아직 두 개의 효능, 부작용 등에 관한 비교는 분명치 않습니다.

Q3. 비타민D는 햇빛이 생성하지만 사실 그게 힘드니까 영양제 섭취를 하는데요. 영양제에 25μg, 두유에 1ug이 있다고 하네요. 자연 비타민은 아닐 텐데 양이 많은 것은 아닌지, 부작용은 없는 건지 궁금합니다.

비타민D는 피부에 자외선을 쬐면 생산됩니다. 얼마큼 쬐야 하루 필요량(400~800IU)을 만족하는지는 환경마다, 사람마다 많은 차이를 보입니다. 어떤 연구는 하루 5~30분, 일주일에 최소 2번 이상 쬐면 된다고 하지만 맨살에 직사광을 쬐는 것은 피부암 위험이 있습니다. 따라서 음식으로 섭취하거나 비타민제로 먹으면 됩니다. 생선류가 비교적 비타민D가 풍부합니다.

4장 최신 바이오 기술

1

아인슈타인 게놈 복사해 제2 아인슈타인 만들 수도

합성생물학

2016년 스위스 동부 시골 마을 다보스에서 세계경제포럼(다보스 포럼)이 열렸다. 페이스북 저커버그 등 세계 거물들이 모였다. 주제는 세계를 바꾸는 '4차 산업혁명'이다. 핵심 기술로 인공지능, 로봇, 사물인터넷* IoT, 자율주행차 등을 꼽았다.

그런데 생소한 단어가 눈에 띈다. 합성생물학이다. 생물체를 합성한다는 말일까? 기존에 알고 있던 유전자 재조합* 기술과는 다른 뜻인가?

---

* 사물인터넷(Internet of Things): 사물에 센서를 부착해 실시간으로 데이터를 인터넷으로 주고받는 기술이나 환경.
* 유전자 재조합(recombinant DNA): 특정 세포에서 얻은 유전자나 합성하여 만든 유전자의 일부분을 다른 유전자에 결합시켜 새로운 유전자를 만드는 것으로, 바이오테크놀로지의 핵심 기술.

들은 비슷하지만 급이 다르다. 유전자 재조합이 권총이라면 합성생물학은 분당 3,000발의 벌컨포다. 합성생물학은 인공지능 같은 파괴력, 기대, 우려를 동시에 가진 양날의 칼이다.

2016년 6월 세계 유명 합성생물학자, 의료인 등 사회적 지도자 150명이 하버드대학 초청장을 받았다. 단, 외부에 알리지 말라는 비공개 모임이었고 주제는 '인조 인간 게놈'이었다. 인조 게놈은 무엇이고 왜 4차 산업혁명의 키워드가 되었을까? 합성생물학을 깊숙이 들여다보자.

DNA를 고속합성, 조립한다

합성생물학은 생물체 및 생물 부속품을 합성하는 기술Synthetic Biology이다. 생명공학 핵심이다. 생물체를 스마트폰이라 하자. 복잡한 회로가 프린트된 칩, 칩들이 모여 있는 모듈, 이 모듈들이 모여 스마트폰이 된다. 합성생물학은 스마트폰을 만드는 작업과 같다. 설계된 DNA 회로를 프린트하듯 DNA 합성 기계로 찍어 낸다. 여러 개 DNA 세트가 모여서 한 개 모듈이 된다. 생체에너지를 만드는 모듈, DNA를 만드는 모듈, 세포분열 조절 모듈 등이 이렇게 만들어진다. 수십 개 모듈을 모으면 생물체 핵심인 유전자 전체 세트, 즉 게놈이 된다. 이 방식으로 인조 게놈이 만들어진다.

DNA 염기 자동분석실(미국 에너지부 합동 게놈연구소)

지난 50년간 컴퓨터 기술은 폭발적으로 발전했다. 진공관, 트랜지스터, 집적회로, 고집적회로, 휴대폰, 스마트폰까지 IT 진보 속도는 급상승 제트기다. 무어의 법칙, 즉 컴퓨터 성능은 18개월마다 2배로 늘지만 가격은 변치 않는다는 이야기는 컴퓨터뿐만 아니라 합성생물학에도 적용된다. 20년 전과 비교해 보자. DNA* 하나 만드는 비용 50달러가 현재는 1.6센트다. 1만 개 DNA 사슬을 만드는 데 2년 걸리던 합성 속도가 1주로 줄었다. 발전 속도가 총알이다.

20년 전 시골 냇가 빨래터로 가 보자. 겨울 냇가 빨래는 고역이다. 손이 시린 것은 둘째 치고 때가 제대로 지워지지 않는다. 비누칠 후 방망이로 두들겨 패지만 어깨만 아프다. 세탁기가 주부들을 살렸다. 비누 대신 분말세제가 세탁기에 사용됐다. 세제는 옷에 붙어 있는 때를 녹여 낸다. 세탁이 잘되려면 강하게 휘저어야 한다. 그만큼 옷이 망가지고 에너지 소비가 높아진다. 이 고민을 해소한 것이 효소다. 사람 침 속 아밀라아제*는 녹말을 잘게 부순다. 이놈은 옷에 묻어 있는 녹말 때도 잘게 분해해서 세탁이 잘되게 한다. 세제용 효소는 10조 원 세계 효소 시장 중 30%다. 가정용 세제 50%는 효소세제다. 세제 효소는 산업용 바이오 제품 효시다.

세제 효소 개량에 합성생물학 기술이 본격적으로 사용되었다. 찬물에

---

* DNA(deoxyribonucleic acid): 인산(H_3PO_4)+디옥시리보스($C_5H_{10}O_4$)+염기. 이것이 사슬 형태의 고분자로 만들어진 것.
* 아밀라아제(amylase): 다당류를 가수분해하는 효소로서 녹말(아밀로오스 및 아밀로펙틴)이나 글리코젠과 같이 α-결합의 포도당으로 되어 있는 다당에 작용한다.

서도 일을 하는 저온 효소라면 온수 사용에 드는 전기료를 줄일 수 있다. 효소는 박테리아가 만든다. 찬물 효소를 만드는 박테리아가 필요했다. 북극에서 찾아왔다. 북극 박테리아가 저온 효소를 만들기는 하지만 세탁 목적으로 만들지는 않는다. 수억 년 동안 북극에서 살아남는 방향으로 진화했던 박테리아* 아밀라아제를 현대의 세제 용도에 맞게 새로이 진화시켜야 했다. 다시 수억 년을 기다릴 수는 없다. 과학은 수억 년 박테리아 진화를 하룻밤 만에 인간이 원하는 놈으로 실험실에서 만들었다. 이른바 실험실 유도진화 Directed Evolution, 즉 원하는 방향으로 진화시키는 기술이다. 그 핵심은 합성생물학이다.

신규 유용물질을 다량 만든다

아밀라아제는 단백질*이다. DNA에서 만들어진다. 효소를 바꾸려면 DNA를 바꾸면 된다. 합성생물학은 DNA를 떡 주무르듯 자유자재로 변화, 합성해 낸다. 먼저 클라우드* 컴퓨터에 공개된 모든 생물체의 아밀라아제 DNA 정보를 분석해서 어떤 부분을 변화시키면 찬물에서도 녹말 때를 잘 분해할지 알아낸다. 박테리아에서 DNA를 꺼내서 수백

---

* 박테리아(bacteria, 세균): 아주 작은 단세포 생물로서, 지구 환경 어디에서나 살고 있는 매우 작고 가장 많이 번성한 생명체이다.
* 단백질(protein): 모든 생물의 몸을 구성하는 고분자 유기물로 수많은 아미노산(amino acid)의 연결체이다. 세포 내의 각종 화학 반응의 촉매 물질로서 중요하다.
* 클라우드(cloud): 소프트웨어와 데이터를 인터넷과 연결된 중앙 컴퓨터에 저장, 인터넷에 접속하기만 하면 언제 어디서든 데이터를 이용할 수 있도록 하는 것.

종 돌연변이 DNA를 로봇을 이용해 자동으로 만든다. 변이* DNA에서 만들어진 각각의 아밀라아제가 찬물에서 녹말을 잘 분해하는지를 폐쇄회로 CCTV로 실시간 분석한다. 제일 잘 분해하는 놈을 로봇이 골라낸다. 다시 DNA 변종을 만든다. 다시 최고를 고른다. 이런 과정을 하룻밤에 수십 번 반복한다. 그 결과, 하룻밤 만에 녹말 때를 가장 잘 분해하는 박테리아를 만들어 냈다. 수억 년 진화 과정을 하룻밤에 합성생물학이 실험실에서 대신해 낸 것이다.

합성생물학은 생명체 부속을 합성, 조립한다

이런 합성생물학 핵심 기술은 게놈 빅데이터, DNA 분석, DNA 합성 기술이다. 인간 게놈 정보와 더불어 병원균, 가축 등 인간과 밀접한 생물체 2만 4,000종 게놈 정보가 모두 분석, 공개돼 있다. 이를 기반으로 실험실 로봇이 DNA를 원하는 방향으로 합성, 변화, 선발한다. 합성생물학은 인간이 원하는 물질을 미생물이 대신 만들게 한다.

한국과학기술원 이상엽 박사 연구팀은 대장균 속에 휘발유 모듈을

* 변이(mutation): 유전물질인 DNA가 갑자기 변화하고 자손에게까지 전달되는 일. 유전물질의 복제 과정에서 우연히 발생하거나 방사선, 화학물질 등과 같은 외부 요인에 의해 발생한다. 자연발생적 변이는 100만 번의 DNA 복제 중에서 한 번 정도의 비율로 일어나며, 방사선이나 약품을 처리하면 이보다 높은 빈도로 일어난다.

조립하고 있다. 녹말-포도당-지방산-휘발유 회로를 DNA 수준에서 설계한다. 대장균 내 모든 유전자 정보를 슈퍼컴퓨터로 분석, 최적 회로를 설계한다. 설계 유전자를 합성, 조립한다. 휘발유를 만드는 유전자는 기존 대장균 내에는 없다. 다른 박테리아 것을 사용한다. 지구에는 없던 전혀 새로운 대장균을 만든 셈이다.

2015년 중국 노벨상 수상자 투유유는 개똥쑥에서 말라리아 치료제 아르테미신을 찾아냈다. '개똥'이라는 이름만큼 흔한 쑥이지만 약을 얻으려면 8개월이나 키워야 한다. 치료제 가격이 비싸다. 미국 버클리 연구진은 개똥쑥 내 치료제 유전자 회로를 효모* 속에 설계, 제작했다. 이제 맥주 만들 때처럼 효모를 키우기만 하면 말라리아 치료약을 만들 수 있다. 대장균의 휘발유, 효모의 말라리아 치료제, 모두 이놈들에게는 원래 없었던 물건들이다. 합성생물학은 큰 규모의 유전공학 집합 기술이다. 생물체를 재조립해서 신약 치료제, 새로운 화학 소재, 청정에너지를 만들 수 있다.

바이오테크놀로지는 급물살을 타고 있다. 100년 전 페니실린을 곰팡이에서, 40년 전 인간 인슐린 호르몬을 효모에서, 2년 전 플라스틱 원료를 대장균에서 만들었다. 가내수공업 형태이던 유전공학이 로봇, 컴퓨터를 만나 고속, 대량의 합성생물학 시대로 들어섰다. 지금까지가 부품

* 효모(yeast): 빵, 맥주, 포도주 등을 만드는 데 사용되는 미생물. 곰팡이나 버섯 무리이지만 균사가 없고, 광합성능이나 운동성도 가지지 않는 단세포 생물의 총칭이다. 효모의 어원은 그리스어로 '끓는다'는 뜻을 가진다. 이것은 효모에 의한 발효 중에 이산화탄소가 생겨 거품이 많이 생기는 것에서 유래한다.

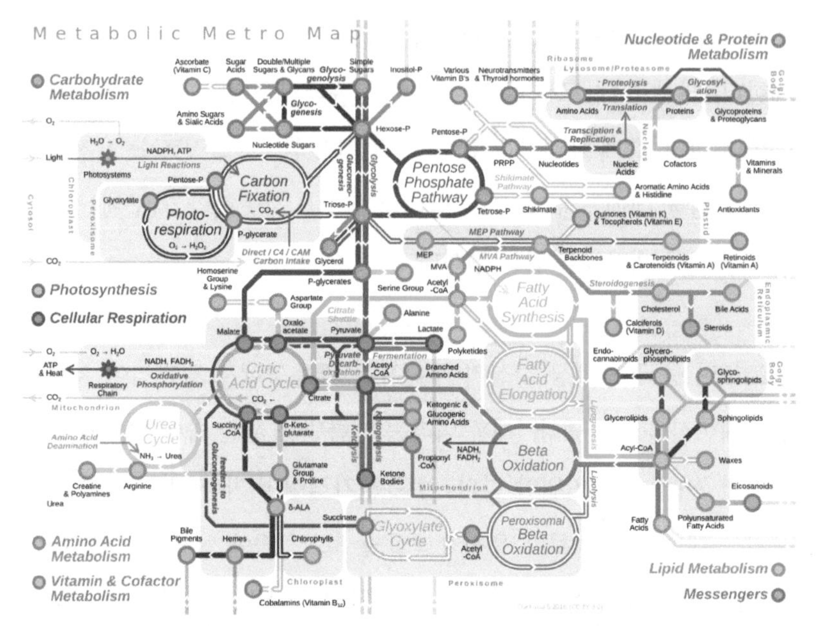

박테리아 내부 회로를 분석, 변경, 제조해서 신약, 신에너지를 만든다

생산 단계였다면 이제는 부품 조립 단계다. 부품들이 모여서 완성품인 게놈, 즉 유전자 세트가 된다. 바로 생명체다. 합성생물학은 인조 게놈을 만들기 시작했다.

인조 게놈의 시대가 다가온다

저명 학술지 '사이언스'는 인조 효모가 만들어졌다고 보고했다. 효모는 게놈 크기가 인간의 0.4%밖에 안 되지만 버젓이 16개 염색체*를

* 염색체(chromosome): 세포분열 시 핵 속에 나타나는 굵은 실타래나 막대 모양의 구조물로 유전물질을 담고 있다. 세포분열의 전기 때 핵 속의 염색사가 응축되어 염색체를 형성한다.

가지고 있다. 1개 염색체를 가진 박테리아(원핵생물*)와는 급이 다르다. 46개 염색체를 가진 사람처럼 다세포생물(진핵생물)이다. 이번 연구에서는 효모 염색체 30%가 인조 염색체로 대체됐다. 인조 염색체라고 해서 단순히 기존 염색체를 복사한 것이 아니다. 기존 염색체에서 불필요한 부분을 빼내고 기존 생물체에는 없는 단백질을 만들고 신호 체계도 바꾸었다. 수억 년 동안 사용되던 생물체 부속이 바뀌는 상황이다. 이제 인조 효모는 더 이상 지구상에 있던 효모가 아니다. 종과 종 사이 경계가 모호해진다. 그래도 괜찮을까? 한두 개 유전자를 바꾼 유전자변형생물(GMO)* 도 많은 우려를 낳고 있는데 지금 연구는 유전자 전체를 바꾸려 한다. 대장균, 효모는 눈에 보이지 않는 작은 미생물이다. 하지만 여기에 적용된 합성생물학 기술은 이제 걸어 다니는 동물로 향하고 있다. 인간이다.

2016년의 하버드대학 '인조 인간 게놈' 비밀회의는 10년 내 인간 게놈을 모두 합성해 내자는 것이다. 큰 논란을 불러일으켰다. 이게 가능할까? 지금의 발전 속도라면 가능하다. DNA 합성 속도는 20년 전에 비해 100배 빨라지고 비용은 1,500분의 1로 줄었다. 인간 게놈(30억 개 염기) 합성 비용이 현재 9,000만 달러에서 20년 내에 10만 달러 수준으

---

* 진핵생물(eukaryote): 진핵생물은 분화 정도가 높다. 다세포생물로 곰팡이, 조류가 해당된다. 핵, 미토콘드리아 등 별도의 막으로 구분된다.

* 유전자변형생물(GMO: Genetically Modified Organism): 기존의 생물체 속에 다른 생물체의 유전자를 끼워 넣음으로써 기존의 생물체에 존재하지 않던 새로운 성질을 갖도록 한 생물체이다.

로 줄어들 것이다. 과학은 지난 20년간 인간 게놈 정보를 밝혀서 유전자 연관 질병 치료에 집중했다. 반면 지금 방향대로 인간 게놈을 합성한다면 무엇을 할 수 있을까? 인조 효모라면 새로운 의약품, 신규 플라스틱 원료, 신재생에너지를 만들 수는 있다. 하지만 효모가 아닌 인간 세포라면 목적지가 어디일까? 아인슈타인 게놈을 복사, 합성해서 제2의 아인슈타인을 만들자는 생각일까. 등이 오싹해진다. 현재는 박테리아 인조 게놈을 만들어서 기존 게놈을 빼낸 껍데기 박테리아에 넣어서 키운 정도다. 인조 생명체는 아직 누구도 만들지 못했다. 하지만 박테리아, 효모에 적용되는 기술은 사람에게도 적용된다. 과학은 앞만 보고 직진하는 특성이 있다. 이제는 생각해 봐야 한다. 사회 공감대가 없는 과학은 프랑켄슈타인 같은 괴물을 만들 수 있다.

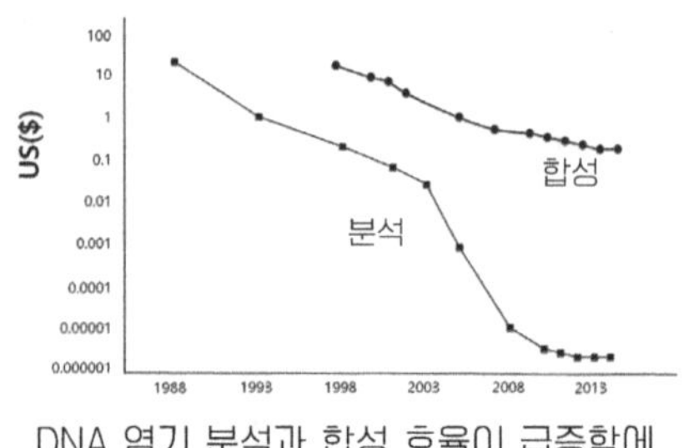

DNA 염기 분석과 합성 효율이 급증함에 따라 비용은 급감했다

미국 SF 작가인 아이작 아시모프는 '사람들이 미처 생각하기도 전에 기술이 앞서간다는 것이 현시대의 비극이다'라고 이야기했다. 과학 기술, 특히 생명을 다루는 기술이 어느 방향으로 가야 할지 모두 고민해야 할 시간이다.

Q&A

Q1. 인간 게놈 프로젝트가 정확히 어떤 것인가요?

사람 세포 안에는 DNA가 들어 있습니다. 46개 염색체(DNA 뭉치)에 들어 있는 DNA의 코드(염기서열: A, T, G, C)를 읽어내는 작업으로 13년, 막대한 예산이 소요되었습니다. 이 순서를 알면 인간 DNA가 어떻게 구성되어 있고 무슨 역할을 하는지 알게 되어 의학 발전에 큰 계기가 됩니다. 예를 들면 개인의 게놈을 읽어서 몇 살까지 살 수 있고 언제 무슨 병에 걸리는지도 예측할 수 있게 됩니다.

Q2. 사람 세포에 들어 있는 DNA가 손상되지 않았다는 가정하에 한 사람의 몸속에 있는 모든 세포들의 DNA는 동일한가요? 그렇다면 미래에 바이오 기술이 발전되었을 때 입안 피부세포 하나로도 한 사람을 완벽히 복제해낼 수 있을까요?

사람 속에는 220종류의 각기 다른 세포들이 있습니다. 피부세포, 뇌세포, 근육세포 등등이지요. 이들은 모두 수정란에서 출발했지만 어떤 유전자는 켜지고 어떤 유전자는 꺼져 있게 분화, 즉 변했습니다. 평생 그렇게 살지요. 하지만 유전자는 모두 동일한 그대로입니다. 따라서 인체의 어느 세포든 DNA를 꺼내서 난자에 다시 집어넣으면 다시 인간으로 복제할 수 있습니다. 복제양 돌리가 태어난 것과 같은 원리입니다. 하지만 인간 복제는 엄청난 결과를 초래할 수 있지요. 현재 금지되어 있습니다.

2

죽더라도 맞겠다는 도핑, 악착같이 막겠다는 反도핑

도핑 과학

서울 올림픽 3관왕 그리피스 조이너. 돌연사한 그녀에 대한 도핑 의혹이 끊이지 않았다(사진: 중앙포토)

1988년 서울올림픽 육상 3관왕인 그리피스 조이너가 돌연사했다. 올림픽의 꽃인 100m와 200m 세계 신기록, 붉은 립스틱, 화려한 성조기 유니폼으로 각인된 그녀다. 10년 뒤 그녀는 침대에서 사망했다. 도핑 부작용인가. 올림픽 전후 그녀가 도핑했다는 제보가 끊이지 않았다. '아나볼릭 스테로이드, 테스토스테론', 조이너의 도핑 의혹 물질이다. 박태환의 아시안게임 메달 6개를 박탈한 약물이다. 2016년 8월 리우 올림픽위원회는 도핑을 원천 차단하겠다고 공언했다. 죽을지라도 맞겠다는 도핑, 뿌리 뽑겠다는 반(反)도핑, 쫓고 쫓기는 게임은 지금도 계속된다. 게임 속으로 들어가 보자.

초기 올림픽선 도핑 공공연히 행해져

도핑의 핵심이라고 할 수 있는 테스토스테론은 남성호르몬이다. 고환에서 만들어진다. 물개 생식기를 말린 '해구신(海狗腎)'은 동의보감에도 나온 정력제다. 정력은 건강에서 온다. 비아그라와는 다르다. 예전 사람들은 귀한 물개 대신 누렁이 생식기 '황구신(黃狗腎)'을 먹었다.

동의보감을 서양 과학자가 본 걸까? 1889년 하버드대 생리학 교수 찰스 에드워드는 기괴한 논문을 냈다. 개 생식기를 추출해서 자기 피부에 직접 주사했더니 몸이 급격히 좋아졌다는 내용이다. 72세 그의 논문에 사람들은 망령이라고 비웃었다. 플라시보(위약) 효과라 했다. 38년 뒤 다른 과학자가 황소 고환 18kg에서 20mg의 호르몬을 얻었다. 고환testes에서 나오는 호르몬, 테스토스테론은 그렇게 세상에 모습을 드러냈다. 테스토스테론은 남성답게 만드는 호르몬이다. 울퉁불퉁한 근육, 거뭇거뭇한 수염을 만든다. 고혈압, 신장, 당뇨치료제로 쓰이기 시작했다. 1939년 노벨화학상이 주어졌다. 노벨상은 니트로글리세린*이 살상무기(다이너마이트)로 쓰이게 된 것을 반성하며 만든 상이다. 과학은 때로

---

* 니트로글리세린(nitroglycerin): 폭발성이 있는 기름 모양의 무색 액체. 미량인 산의 존재에 의하여 자연 분해하는 경향이 있고 열, 충격 등으로 쉽게 폭발한다.

의도와는 달리 쓰인다. 노벨상을 타게 한 테스토스테론이 환자 치료 대신 선수를 망가뜨렸다. 도핑 시작이다.

도핑doping의 어원은 남아프리카 원주민 알코올음료dop다. 고대 로마 전차경기에서도 마법 드링크를 마셨다. 초기 올림픽에서 도핑은 공공연히 행해졌다. 1900년 6일간 장거리 사이클 선수에게 주사된 약은 니트로글리세린이다. 심장 비상약이 아닌 심장 도핑약으로 사이클 선수들의 심장을 더 뛰게 했다. 1904년 여름 올림픽 마라톤. 선두 토마스 힉이 비틀거렸다. 옆에 따라붙은 코치는 근육자극제 1mg을 주사하고 브랜디도 한잔 먹였다. 주자는 정신 차리고 다시 달렸다. 7km 앞에서 그가 다시 비틀댔다. 연이은 주사 한 방으로 결승선을 기다시피 통과했다. 정신이 오락가락, 서지도 못해 며칠 뒤에 메달을 겨우 받았다. 당시 신문은 '이런 보조제는 선수 기력 향상에 큰 도움이 된다'고 했다. 도핑 천국이었다.

1935년 테스토스테론 유사체(아나볼릭 스테로이드)가 다량 만들어졌다. 의료용이었지만 멀쩡한 사람이 이 주사를 맞고 근육이 늘어나고 힘이 강해졌다. 구미가 당겼다. 운동코치들이다. 1954년 미국 역도팀 의사가 러시아 코치에게 접근한다. "요새 무슨

1904년 여름 올림픽 마라톤 경기 도중 코치가 선두 주자에게 근육자극제를 주사했다

주사를 맞는다고 하는데 좀 줘라." 스테로이드가 선수들 사이에 '마법 주사'로 은밀하게 돌기 시작했다. 10주간 스테로이드를 먹으면 근육이 2~5kg 증가하고 힘은 5~20% 늘어난다. 근육은 금메달을, 금메달은 평생 부와 명예를 보장한다. 들키지만 않으면 된다. 국제올림픽위원회IOC가 규제를 시작했다. 1960년 후반이다. 하지만 1984년 올림픽 참가자의 68%가 도핑했다고 무기명 설문에 답했다. 몰래 주사를 맞는 선수와 이를 잡으려는 반도핑 기관의 쫓고 쫓기는 게임이 시작됐다.

용도별로는 근육, 두뇌, 혈액, 방해 도핑으로 구분

근육 도핑은 근육을 늘린다. 테스토스테론을 포함하는 '아나볼릭 스테로이드' 계열이다. 주사를 맞거나 약으로 먹는다. 서울올림픽 육상 100m 1등이던 벤 존슨, 2등에서 1등이 된 칼 루이스, 둘 다 모두 사용했다가 적발된 약물이다. 심근경색, 뇌졸중, 간종양, 무월경이 약물의 부작용이다. 도핑 검사는 소변, 혈액 속의 '흔적' 물질을 찾는다. 두뇌 도핑에 사용되는 도파민, 노니페린은 두뇌 호르몬이다. 이 주사 한 방이면 근육은 탄탄해지고 손발은 민첩해진다. 카페인도 금지됐지만 2003년 이후 풀렸다. 선수들은 이제 진한 에스프레소를 마셔도 된다.

혈액 도핑은 혈액을 늘려 근육에 산소를 더 공급하게 한다. 산소가 많아지면 더 빨리, 더 강하게 움직일 수 있다. 실제 방법은 수혈로 산소 운반 적혈구를 늘린다. 타인이나 자기 피를 몇 주 전에 뽑아놨다가 시합 바로 전날 맞는다. 적혈구를 만드는 물질EPO*을 주사하기도 한다. 혈액 도핑은 마라톤, 사이클 등 지구력 게임에 자주 사용된다. 고환암을 이겨낸 사이클 전설 랜스 암스트롱은 7번의 혈액 도핑으로 7개 메달을 박탈당했다. 혈액 도핑은 검사하기가 만만치 않다. 다른 사람 피가 아닌 자기 피를 나중에 주사했다면 발견하기가 더 힘들다. 피가 좀 많아진 것뿐 원래 몸 안에 있었던 성분들이기 때문이다. 현재 검사 방법은 '혈액 이력제'다. 즉, 평상시 선수 혈액 조성을 주기적으로 검사해 놓는다. 시합 전후에 이 조성이 변했는가를 조사한다.

사이클 경기(투르 드 프랑스)에서의 도핑 반대시위(왼쪽)와 혈액 도핑이 적발돼 메달을 박탈당한 랜스 암스트롱

방해 도핑은 도핑약물이 검출되지 않도록 방해물질을 주사하는 것이다. 교묘하게 도핑을 감추겠다는 계략이다. 이뇨제로 소변량을 늘리고 수혈 보조제로 혈액 수분을 늘린다. 소변, 혈액이 희석되면서 도핑약물 검출이 어려워진다. 숨기는 도핑, 찾으려는 반도핑이 숨 가쁘다. 하지만 반도핑 기술은 늘 뒷북을 쳤다.

---

* EPO(erythropoietin): 에리트로포이에틴(적혈구 생성소). 주로 신장에서 생산되는 조혈 호르몬으로, 골수에 작용해서 적혈구 생산을 촉진한다.

서울올림픽의 꽃 조이너는 도핑 의혹으로 수차례 검사를 받았다. 모두 통과했다. 당시 도핑 검사는 구멍이 많았다. 채취 시간을 미리 공지하면 약 소멸 시간을 계산해서 검사를 피할 수 있다. 실제 2014년 무기명 설문조사에서 29% 선수들이 도핑을 했다고 답했다. 하지만 당시 18만 6073개 샘플 중 적발된 것은 1% 미만이었다. 검사 방법이 못 따라간다는 반증이다.

도핑은 반도핑보다 5~10년 앞서가고 있었다. 특히 선수와 코치는 새로운 물질이 나왔다 하면 귀를 바짝 들이댄다. 성장호르몬*은 키가 작은 아이를 크게 한다. 근육도 커진다. 1991년 미국 제넨텍 생명공학회사에서 상용화했다. 하지만 3년 전인 서울올림픽 때 이미 도핑한 정황이 있다. '주사 10cc를 2,000달러에 금메달리스트 조이너에게 팔았다'고 폭로했다. 미국 육상팀 동료였던 다렐 다빈슨이다. 하지만 그는 곧 육상계 블랙리스트에 올랐다. 25세에 조기 은퇴 후 정신병원에 다녔고 두 번 자살 시도를 했다. 조이너는 검사 방법이 미리 정해진 날짜가 아닌 무작위 샘플 방법으로 바뀌자 돌연 사퇴했다. 주위에서는 그녀가 도핑을 했다고 하지만 정작 검사는 증거를 못 찾았다. 그 약물의 검사가 가능해진 것은 10년 뒤였다. 도핑 기술은 진화한다. 50년대 마약류 암페타민, 70~80년대 스테로이드(테스토스테론), 1990년대 혈액 수혈, 이제는 무슨 기술에 코치들은 눈독을 들일까?

---

* 호르몬(hormone): 우리 몸의 한 부분에서 분비되어 혈액을 타고 표적기관으로 이동하는 일종의 화학물질.

언제 어디서든 혈액, 소변 채취

2004년 인슐린유사물질IGF-1 유전자를 쥐에게 집어넣었다. 쥐 근육이 30% 튼튼해졌다. 미국 펜실베이니아대학 연구 결과가 보도되자 실험실에 전화가 걸려왔다. 고교선수 코치였다. 돈을 줄 테니 팀 전체에 그 유전자 주사를 맞히자는 전화였다. 어떤 약물을 주사하는 대신 그 약물을 만드는 유전자를 몸에 주사하는 이른바 '유전자 도핑'의 시작이다. 유명 학술지 '네이처'는 치료 목적 '유전자 치료' 방법이 도핑에 쓰일 경우 위험하다고 경고했다. 코치, 선수들이 포기했을까. 2007년 독일 육상 코치는 혈액생성(EPO) 유전자 주사를 시도한 혐의로 16개월 자격 정지됐다. 어디선가 유전자 도핑이 은밀히 진행되고 있다는 반증이다.

2016년 리우올림픽위원회는 '유전자 도핑' 검사를 선언했다. 하지만 증거를 찾기가 그리 쉽지 않다. 인체의 30억 개 DNA 염기 속으로 들어간 수십 개 염기를 찾아내야 한다. 사전에 DNA 정보가 없으면 유전자 검사가 불가하다. 유전자 도핑, 다음은 뭘까. 지난해 미국 일리노이대 연구팀이 중간엽 줄기세포*를 쥐에게 주사했더니 근육량이 늘어났다고 발표했다. 그 연구자에게 코치들의 전화가 가지 않았을까. 도핑은 빠른 속도로 진화하고 있다. 쫓고 쫓기는 도핑과 반도핑 대결에서 리우올림픽을 계기로 올림픽위원회 측이 칼을 빼들었다. 최후통첩을 했다. '언제, 어느 장소에서든 혈액, 소변을 채취한다. 비록 지금은 못 찾더라도

* 줄기세포(stem cell): 여러 종류의 신체조직으로 분화할 수 있는 능력을 가진 세포, 즉 '미분화' 세포이다.

계속 찾아서 10년 뒤라도 모든 메달을 박탈할 것이다.' 4년 전, 8년 전 올림픽 샘플에서 32명, 23명 도핑 선수를 찾아냈다. 당시는 불가했지만 새로 개발된 검사 덕분이다. 러시아 육상팀이 리우에 참가하지 못한 이유다.

반도핑은 무관용이다. 해구신이 들어간 한약을 모르고 먹어도 테스토스테론으로 걸릴 수 있다. 알아야 한다. 도핑을 보는 일반인의 눈은 싸늘하다. 조이너 사망 당시 시신 도핑 검사를 하자고 했다. 샘플 미비로 불발되었지만 반도핑은 이제 무덤까지 쫓아갈 기세다. 베이컨은 말했다. "불성실한 사람이라고 낙인찍히는 것만큼의 치욕감은 없다." 올림픽의 기본은 페어플레이다. 맨몸으로 맞짱 뜨자.

Q&A

Q1. 도핑 테스트는 어떻게 이뤄지나요?

일반적인 도핑 검사는 선수의 소변과 혈액을 분석해 금지약물을 이용했는지를 파악합니다. 대표적인 검사 방법으로는 '크로마토그래피-질량분석기(HPLC-Mass)'를 이용하는 것이 있습니다. 크로마토그래피는 1906년 소련(지금의 러시아)의 식물학자 미하일 츠베트가 식물 잎 안의 색소를 분리할 때 이용한 기술이죠. 용매(어떠한 물질이 녹아 있는 액체) 속 용질(액체에 녹아 있는 물질)이 이동하는 속도가 각각 다른 점을 활용해 각각의 용질을 분리하는 방법입니다. 보통 HPLC라고 부르는 방식을 사용합니다. 분해능이 뛰어납니다. 이렇게 분리된 물질은 질량분석기를 통해 어떤 물질인가를 정확히 확인합니다. 물질분리와 물질동정을 동시에 하는 최첨단 분석법입니다.

Q2. 유전자 도핑 말고 다른 도핑 방법이 있나요?

도핑 종류 중 약을 먹거나 주사하는 것이 아닌 혈액을 보충하는 '혈액 도핑'이 있습니다. 혈액 도핑은 자신이나 타인의 피에서 산소 운반에 도움을 주는 적혈구를 분리해내어 경기 직전에 다시 수혈하는 것을 말합니다. 혈액 도핑의 경우는 혈액 속의 적혈구, 헤모글로빈(적혈구 속에 들어 있는 단백질) 등의 수를 분석해서 알아냅니다. 혈액 검사를 통해 평상시 값을 넘어선 적혈구나 헤모글로빈 수치가 나오면 혈액 도핑을 했다는 사실을 알 수 있는 것이죠.
또 다른 도핑 방법으로 '브레인 도핑'이 있습니다. 브레인 도핑은 뇌에 전기 자극을 주어 선수의 운동 능력을 향상하는 도핑 방법입니다. 일반적인 약물 도핑과 달리 헤드폰처럼 생긴 도핑 장비를 착용하고 뇌에 전기 자극을 주어 운동 능력을 향상하는 것을 말합니다. 사이클 선수들을 대상으로 한 테스트에서도 실제 이런 브레인 도핑을 한 선수들의 성적이 더 좋게 나타나는 것을 알 수 있었다고 합니다. 브레인 도핑의 경우 WADA(세계반도핑기구)에서 아직 금지목록에 포함하고 있지 않지만 유전자 도핑과 더불어 선수들의 신체에 해를 줄 수 있고 공정한 경쟁을 방해하는 만큼 이 부분 역시 사실 확인만 명확해지면 추후 금지될 수 있는 도핑 방법 중 하나입니다.

3

개구리를 올챙이로 바꾸는 '마법' 엉뚱 발랄 이튼스쿨 열등생 작품

역분화 줄기세포

효녀 심청은 봉사 아버지를 구하고자 인당수에 뛰어든다. 심봉사가 지금 다시 태어난다면 심청은 굳이 바다에 뛰어들지 않고 그를 병원 안과 수술실로 데려갔을 것이다. 줄기세포로 실명(失明)된 눈을 고치는 임상실험이 시작됐기 때문이다. 망막세포뿐이 아니다. 파킨슨 환자의 잘못된 뇌세포, 당뇨 환자의 비정상 세포를 정상으로 고쳐 사용할 날이 머지않았다. 이제 장기가 고장 나면 그 부분의 세포를 줄기세포로 바꾸면 된다. 진시황은 불로초를 찾으러 온 사방에 수많은 신하를 보냈다. 진시황이 1948년에 영국으로 신하를 보냈더라면 15세 소년 '존 거든'을 만

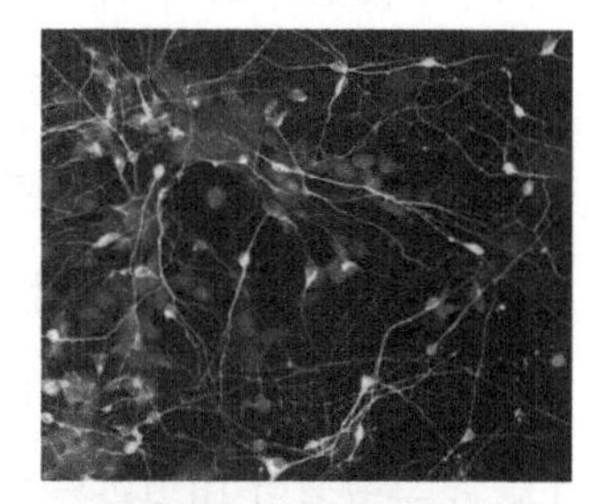

피부세포(적색)로부터 역분화돼 만들어진 신경세포(녹색)

났을지도 모른다. 그는 '21세기 불로초'인 역분화 줄기세포의 원조다. 하지만 그의 중학교 생물 성적은 250명 중 바닥이었다.

과학 성적 바닥이던 소년이 노벨상 수상

필자는 영국 윈저성을 방문한 적이 있다. 연갈색의 고풍스런 성보다 더 기억에 남는 것은 근처의 675년 전통 '이튼 Eton 스쿨'이다. 존 거든은 이곳 학생이었다. 과학을 좋아했던 그였지만, 과학 점수가 모두 바닥이었다. 당시 과학 교사가 써 놓은 성적부는 인상적이다. '이 학생은 제멋대로다. 교사의 말대로 하지 않고 제 고집대로 한다. 내가 알기로 그는 과학자가 되는 것이 꿈이라고 했다. 웃기는 이야기다. 생물학을 제대로 배우지 않고 과학자가 된다니, 그나 그를 가르치는 사람들 모두에게 시간 낭비가 될 것이다.' 이 소년이 자라 영국 최고의 케임브리지대학 교수가 됐고 2012년 노벨상을 받았다. 노벨상 인터뷰에서 그는 이 성적부를 늘 책상에 두고 있다고 했다. 교사의 말대로 그의 인생이 '시간 낭비'가 되지 않도록 하기 위해서다. 필자는 그의 인터뷰, 그리고 교사의 신랄한 '성적부'를 보면서 뜨끔했다. 혹시 내가 같은 일을 저지르고 있지 않나 해서다. '너같이 작고 약한 녀석이 무슨 축구를 하겠다는 게냐.' 축구코치의 비평과는 달리 데이비드 베컴은 영국 최고의 축구선

줄기세포를 연구한 영국의 존 거든과 일본의 야마나카 신야

수가 됐다. '고집이 세서 뭐가 될지 모르겠다'던 8세 아이는 훗날 윈스턴 처칠이 됐다. 아이들은 무엇이나 될 수 있는 원시 상태의 줄기세포다. 거든 박사는 바닥 성적이던 이튼스쿨 이후 케임브리지대학에서 '아주 엉뚱한' 실험을 했다. 개구리를 올챙이로 만들기다.

'개구리 올챙이 적 생각 못한다'는 말이 있다. 어릴 적 별 볼 일 없던 사람이 성공하고 나자 그 시절을 생각 못함을 꼬집는 말이다. 개구리를 올챙이로 만드는 것은 시간을 거슬러 올라가는 것이다. 어떻게 이런 '미친' 생각을 할 수 있었을까. 거든 박사는 개구리 내장세포에서 핵(DNA 덩어리)을 꺼냈다. 이 핵을 개구리 난자의 원래 핵과 바꾸었다. 이 난자가 정상대로 자라 올챙이가 됐다. 이 획기적인 실험은 38년 뒤 복제양 돌리가 태어나는 계기가 됐다. 이른바 체세포 복제 기술이 시작됐다. 수정란이 분열을 거듭하면서 뇌, 간, 심장 등 200여 개의 특정 세포로 분화(分化)해 태아가 된다. 이런 분화는 '일방통행 One Way'으로 알고 있었다. 즉 특정 세포가 되면 더 이상 다른 세포로 변할 수도, 거꾸로 전 단계로 거슬러 올라갈 수도 없는 것으로 알고 있었다. 거든 박사는 이것을 뒤집은 것이다. 즉 피부세포도 원시세포(줄기세포)로 되돌릴 수 있음을 보였다. 줄기세포의 새로운 시대가 열리기 시작했다.

1996년에 태어난 복제양 돌리. 체세포 유전자를 핵이 제거된 난자와 결합시켜 수정란을 만드는 방식이 사용됐다

역분화 줄기세포, 난자 없이 세포 리셋

심장에 털 난 사람들이 있다. 남이 뭐라 하건 신경 쓰지 않는 염치없는 사람을 말한다. 하지만 실제로 심장에 털이 나면 죽는다. 심장세포는 심장에 맞는 일, 즉 수축을 하고 압력에 견디는 역할을 하도록 특화됐다. 반면 피부세포는 몸을 보호하도록 분화됐다. 하지만 둘 다 모두 같은 수정란에서 출발했다. 즉 같은 DNA, 같은 유전자들을 가지고 있다. 하지만 심장세포와 피부세포는 켜져 있는 유전자가 각각 다르다. 즉 2만 개의 인간 유전자 중에서 필요한 것들만 켜 있는 것이 몸 안에 있는 200여 종의 세포다. 거든 박사는 켜져 있는 유전자 스위치*를 모두 끈 '원시 상태'로 돌려놓은 것이다. 원시 상태의 세포로는 수정란에서 만든 배아줄기세포*가 있다. 무엇이 유전자 스위치를 원위치, 즉 '리셋'시킬까? 난자 벽에 있는 세포가 무슨 신호를 보내는 것은 분명한데 이것만 알면 난자의 도움 없이도 피부세포를 리셋시킬 수 있을 것이다.

2012년 노벨상 시상대에는 영국의 거든 박사와 같이 선 사람이 있다. 일본의 야마나카 신야 교수다. '걸림돌'은 그의 정형외과 동료 의사가 붙여준 별명이다. 10분이면 될 수술을 2시간이나 하고도 똑 부러지게

---

* 유전자 스위치(gene switch): 유전자 발현을 조절하는 기구의 하나. 대부분의 유전자는 발생의 특정 시기 또는 어떤 자극을 가했을 때에 선택적으로 그 발현의 스위치를 영구적 또는 일시적으로 열거나(on) 혹은 닫는다(off).
* 배아줄기세포(embryonic stem cell): 배아의 발생 과정에서 추출한 세포로, 모든 조직의 세포로 분화할 수 있는 능력을 지녔으나 아직 분화되지 않은 '미분화' 세포.

못하는, 놀림받던 의사가 노벨상 과학자가 됐다. 야마나카는 피부세포를 원시 상태로 만들었다가 심장세포로 만드는 이른바 '역분화 줄기세포'를 세계 최초로 만들었다. 그는 난자의 힘을 빌린 것이 아니라 4개의 유전자를 피부세포에 집어넣어서 세포 내의 유전자를 '리셋'시켰다. 유전자 스위치는 유전자에 달라붙는 메틸기다. 이 메틸기를 모조리 제거하는 것이 역분화의 한 방법이다.

역분화 줄기세포의 등장은 세계 줄기세포의 판도를 변화시켰다. 난자 유래 배아줄기세포는 분화가 잘되는 '센 놈'이지만 윤리 문제, 면역 거부* 문제가 있다. 반면 골수, 지방, 피부 등에서 얻는 성체줄기세포*는 면역 거부, 윤리의 문제가 없으나 좀 '약한 놈'이라 좁은 범위의 세포로 분화한다. 반면 역분화 줄기세포는 배아줄기세포와 성체줄기세포의 장점, 즉 분화 능력이 좋고 윤리 문제, 면역 거부가 없는 점이 매력적이다. 유럽, 미국 중심의 줄기세포 연구에 일본이 '덜컥' 뛰어든 형국이다. 한국이 황우석 사건으로 주춤하는 사이 일본이 앞으로 치고 나왔다. 일본은 특허를 중심으로 역분화 줄기세포의 단점을 보강하면서 줄기세포 시장을 선점하려고 노력 중이다. 2014년 일본은 실명 치료의 인간 대상 임상실험을 시작했음을 유명 학술지 '네이처'에 보고했다.

---

* 면역 거부(immune rejection): 인체에 자신의 조직이 아닌 외부 이물질이 들어올 때 면역 시스템이 이를 식별하여 제거하거나 공격하는 반응으로 다른 사람 또는 다른 동물의 장기를 이식할 경우 나타난다.
* 성체줄기세포(adult stem cell): 신체 각 조직에 극히 소량만 존재하는 미분화된 세포로서 죽은 세포나 손상된 조직을 대체하는 세포.

심봉사가 실명한 시기가 결혼 이후로 알려졌으니 아마도 질병으로 봉사가 됐을 것이다. 실제로 국내 실명의 93.2%가 후천성이고 그중 58.6%가 질병이 원인이다. 보다 위험한 시기는 나이 들면서다. 30대에 비해 50대는 2배, 60대는 3.2배, 70대는 4.4배로 실명 가능성이 높다. 그중 황반이 변성되는 실명이 증가하고 있다. 황반은 망막의 가장 민감한 부분이다. 렌즈인 수정체를 통과해서 필름인 망막에 상(像)이 맺혀 뇌로 전달된다. 망막의 가장 바닥에 있는 망막상피세포는 망막 전체를 먹여 살린다. 이 세포들이 노화되거나 자외선 노출, 과도한 스마트폰 사용

황반변성이 생기면 망막의 상이 제대로 전달되지 않는다. 왼쪽은 정상이고 오른쪽은 황반변성 시야다

등으로 기능을 잃으면 황반변성 실명이 생긴다. 유일한 치료 방법은 노화된 황반(망막상피세포)을 새것으로 바꾸어 주는 것이다. 즉 줄기세포를 망막상피세포로 분화(分化)시켜서 망막에 붙여 살게 하면 된다. 쥐를 대상으로 시행한 황반변성 치료율은 이미 90%다. 줄기세포 치료 성공의 핵심은 무엇인가?

줄기세포 주입하면 주변 세포도 '회춘'

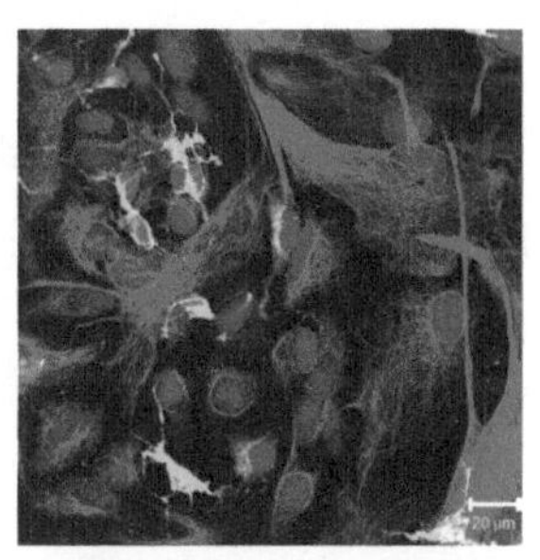
절단척추 줄기세포 치료에 쓰이는 희소돌기 신경줄기세포(녹)와 둥지 주위의 성상세포(청)

필자가 도시 소음이 싫어서 갑자기 농촌으로 내려갔다고 하자. 정착하려면 농부로 변해야 한다. 또 살려는 농촌에 도움을 줄 사람이 근처에 있으면 더욱 빨리 그곳 사람이 된다. 마찬가지다. 망막의 황반세포가 노화돼 실명이 된 경우 줄기세포를 그곳에 '이식'한다고 하자. 무조건 그곳에 줄기세포를 집어넣을 수는 없다. 분화가 조절 안 되면 암세포로 변할 수도 있다. 실험실에서 황반의 망막상피세포로 분화시킨 후에 망막에 '이식'해서 자라게 해야 한다. 몸속에 있는 성체줄기세포는 일종의 '둥지 Niche*' 에서 지내고 있다. 평상시 줄기세포는 둥지에서 조용히 대기하고 있다가 근처 세포가 상처를 입으면 주위 세포들이 신호를 보낸다. 이 신호를 받아 분열, 이동해서 그곳의 세포가 된다. 즉 주위 세포들이 줄기세포를 완벽하게 관리한다. 이 원리를 분화 기술에 적용한다.

줄기세포와 원하는 세포를 같은 공간에서 키우면 원하는 세포로 훨씬 잘 분화한다. 서울대 김병수, 차국헌 교수팀은 지난달 나노 막을 이용해서 두 종류의 세포가 서로 '소통'하도록 해서 실험실에서의 줄기세포 분화 효율을 8배나 높인 연구 결과를 발표했다. 또 같이 배양을 하면

* Niche(생태적 적소): 한 생물체가 서식하는 장소.

이미 쇠약해진 세포도 힘을 얻어서 다시 젊어진다. 농촌의 노인들이 젊은 귀농 청년과 함께 일하면 활기를 찾는 것과 비슷하다.

분화된 특정 세포는 세포 노화로 생기는 모든 병에 사용할 수 있다. 2형 당뇨는 전체 당뇨의 95%로 췌장세포의 베타세포*가 인슐린을 제대로 못 만드는 병이다. 캐나다 연구팀은 '줄기세포 리포트' 학회지에 배아줄기세포를 인슐린을 생산하는 베타세포로 분화시킨 뒤 쥐 췌장에 이식해 당뇨병, 비만을 치료했다고 보고했다.[1] 성공적인 쥐 실험 결과로 인간 임상실험 허가도 연이어 받았다. 끊어진 척추신경을 이어주려는 임상실험도 캘리포니아대학을 중심으로 2014년 시작됐다. 중간 정도 분화된 신경줄기세포로 척추 손상 부위를 이어주고 주변의 척추신경세포가 잘 자라도록 소통을 도와주는 것이 성공 핵심이다. 이처럼 줄기세포와 특정 세포 사이의 소통 방법을 잘 알고 그 방법을 만들어주는 것이 줄기세포 치료제 적용의 핵심이다.

줄기세포 치료의 핵심은 원하는 특정 세포로의 분화다

* 베타세포(β-cell): 인슐린을 만드는 세포다. 이자의 랑게르한스섬에 있으며 랑게르한스섬의 65~80%를 차지한다.

한국은 스마트폰 등 응용 기술에서 일본에 뒤지지 않는다. 하지만 일본의 과학 분야 노벨상은 21개, 한국은 없다. 그동안 한국은 경제 부흥을 위한 과학 기술이 급해서 성과 위주로 내달려왔지 과학 지식을 넓히는 기초연구는 뒷전이었다. 존 거든 박사는 팔십을 훌쩍 넘은 나이다. 지난 60년간 '생명체가 어떻게 분화하는가'의 한 우물만을 파고 있다. '과학을 모르고서 실천에 뛰어드는 사람은 키도 없고 나침반도 없이 배를 몰고 가는 것과 마찬가지로, 어디로 갈지 도무지 확실하지 않다'는 레오나르도 다 빈치의 말처럼 기초연구에 장기간 투자하는 나라가 결국 세계를 지배한다.

Q&A

Q1. 줄기세포가 무엇인가요?

여러 종류의 신체 조직으로 분화할 수 있는 능력을 가진 세포, 즉 '미분화' 세포를 말합니다. 이러한 미분화 상태에서 적절한 조건을 맞춰주면 다양한 조직세포로 분화할 수 있으므로 손상된 조직을 재생하는 등의 치료에 응용하기 위한 연구가 진행되고 있습니다.

Q2. 복제양 돌리가 빨리 죽은 이유는?

보통 양들의 수명은 약 6년가량입니다. 돌리는 다른 새끼양보다 염색체의 노화 정도를 나타내는 텔로미어가 짧다는 연구 결과가 나왔습니다. 돌리를 만들기 위해 체세포를 채취한 양이 3살이었는데 그러므로 돌리는 태어날 때부터 3살이었다는 게 되죠. 이것이 사람에게 적용된다면 어떻게 될까요? 50살의 사람이 그의 체세포를 이용하여 복제아기를 만든다면 아기는 태어날 때부터 50살이라는 얘기가 됩니다.

4

사건 현장서 땀자국만 찾아도 범인 몽타주 그릴 수 있는 시대

DNA 범죄 수사

2012년 미국 법원은 커크 오덤(49세)의 성폭행 유죄 판결을 뒤집었다. 하지만 이미 21년의 옥살이를 한 후였다. 범행의 결정적 증거인 모발 검사가 애초 잘못됐다. 이를 밝힌 것은 20여 년 전에는 불가능했던 DNA 검사 결과다. 잘못된 검사가 한 사람과 그 가정을 산산조각 낸 셈이다. 조선 시대 살인사건 수사 지침서 이름이 '무원록(無冤錄)'이다. 무원, 즉 원이 없도록 하라는 것이다. 최근의 첨단 DNA 수사는 이런 억울함이 생기지 않게 할 정도로 정확하다고 알려졌다. 과연 완벽할까? 첨단 DNA

범죄 현장에서 범인의 흔적을 찾는 것이 과학 수사의 핵심이다(사진: 중앙포토)

수사의 현재와 미래가 궁금하다.

21년 전의 누명을 벗긴 첨단 DNA 검사지만, 화성 연쇄살인 피해 여성들의 한을 풀어주지는 못하고 있다. 1986년 이후 발생한 10여 건의 화성 살인사건을 다룬 영화 <살인의 추억(2003)>에서 주인공 형사(송강호 분)는 DNA 검사를 국내에서 하지 못함에 땅을 친다. 영구 미제 사건이 되는 것처럼 영화는 끝난다. 영화와 달리 실제로 경찰은 9번째 희생자에게서 범인의 것으로 추정되는 DNA 시료를 확보했다. 하지만 현재 확보된 10만여 명의 국내 전과자 리스트에는 맞는 DNA가 없다. 만약 범인이나 그의 친척이 다른 범죄로 잡혀서 그들의 DNA가 확보된다면 범인을 잡을 수 있다. 16년 전의 미제 살인사건이 해결된 네덜란드의 경우가 바로 그런 사례다.

1999년 네덜란드 한 시골에서 16세 소녀가 성폭행 후 살해됐다. DNA 검사에 맞는 용의자는 없었다. 13년 뒤 경찰은 다른 종류의 DNA 검사를 실시했다. 즉 남성에게만 있는 Y염색체* 를 검사했다. Y염색체는 범인의 친척도 찾아낼 수 있다. 사건 현장 5km 반경 내에 사는 남성 8000명이 '자발적'으로 면봉으로 구강상피세포를 채취하는 데 동참했다. 그런데 그 안에 일치하는 DNA가 있었다. 45세 범인은 범행을 자백했다.

* Y염색체(Y-chromosome): 수컷 헤테로형의 성을 결정하는, 생물의 수컷 개체에는 있으나 암컷 개체에는 없는 성염색체. 감수분열에서는 X염색체와 쌍을 이루거나 부분적으로 쌍을 이루어 X염색체와 Y염색체를 갖는 상동염색체의 관계에 있는 것 같이 행동한다.

왜 그는 '자발적'인 검사에 참여했을까? '자발적'이라 하지만 빠지면 오히려 의심을 살 수 있기 때문일 것이다. 화성 연쇄살인사건의 경우 570건의 DNA 검사가 있었지만 아직 일치하는 용의자가 없었다.

TV의 'CSI Crime Scene Investigation', 즉 미국 '과학수사대' 드라마에서의 실험실은 언제나 믿음직스럽다. 지문을 넣기만 하면 척척 컴퓨터가 범인을 찾아준다. 또 모발을 현미경으로 관찰하는 모습만 보여도 범인은 이미 잡힌 것 같은 생각이 든다. 하지만 완벽한 과학은 어디에도 없다. 10년 전만 해도 모발은 현장의 최고 샘플이었다. 하지만 현미경으로 완벽하게 같아 보이는 모발도 실제는 같은 것이 아니라는 것이 밝혀지기 시작한 것은 DNA 검사 기법이 도입된 후다. 그동안 부정확한 모발 증거로 잡아넣은 복역자 중 잘못된 80명이 석방됐다. FBI도 모든 과학 수사가 완벽하지 않다는 점을 인정하고 있다. 현재 범죄 수사상 가장 강력한 증거는 DNA 검사다.

제퍼슨의 흑인 혼외 자녀도 DNA로 밝혀

1988년 저명 과학잡지(네이처)에 충격적인 논문이 실렸다. 미국 백인 대통령에게 흑인 노예 사생아가 있다는 것이다. 그는 '큰 바위 얼굴'의 주인공이고, 2달러 미국 지폐의 얼굴이며 독립선언서를 기초한 3대 대통령 토머스 제퍼슨(1743~1826)이다. 그가 흑인 노예 사생아를 낳았다는 루머는 지난 180년간 미국 사회에 떠돌았다. 옥스퍼드대학 연구팀이 대통령 자손과 흑인 노예 자손들의 DNA를 비교한 결과, 루머는 사실이었다. 이후 '대통령의 흑인 노예 자녀들'이란 이름의 전시가 스미소니언박물관 주도로 전국을 순회했다. 공교롭게도 이 전시회가 한창일 때 빌 클린턴 대통령과 여비서 모니카 르윈스키 사이의 섹스 스캔들이 터졌다. 클린턴은 통정(通情)한 적은 절대 없다고 부인했다. 하지만 여비서의 옷에 묻어 있던 정액 샘플과 비교할 테니 클린턴의 혈액 샘플을 보내라는 대배심의 통보 압박에 클린턴은 '부적절한 관계'임을 털어놓았다. 미국 대통령들의 어두운 일면을 DNA 검사가 만천하에 밝힌 셈이다.

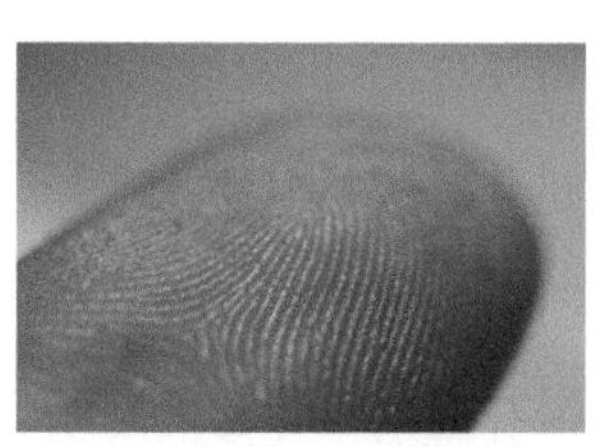
범죄 현장 증거가 중요하지만 때론 오류가 있다. 오히려 지문 속의 DNA 흔적에서 범인을 확실히 잡을 수 있다

두 대통령의 민낯을 밝혔다는 면에서는 같지만 두 케이스의 DNA 검사 방법은 약간 다르다. 제퍼슨의 경우는 180년 뒤의 남자 후손들이 '같은 씨앗인가'를 보는 것이고 클린턴의 경우는 '이게 네 것이냐'고 묻는 것이다. 3종류의 DNA가 범죄 수사에 쓰인다. 부자, 형제 친척인가는 Y 성염색체* 를, 모녀, 자매 사이인가는 '미토콘드리아' DNA를, 본인을 확인할 때는 성염색체가 아닌 22쌍의 상(常)염색체를 쓴다. 모든 염색체의 DNA를 다 검사하기에는 비용과 시간이 많이 든다. 대신 지문처럼 '특징점'을 본다. 전체 염색체 중

* 성염색체(sex chromosome): 성을 결정하는 염색체로 암수에 따라 형태가 다르다. 사람의 경우 여자는 X염색체 두 개를, 남자는 X염색체와 Y염색체를 가진다.

데를 비교하니 틀릴 확률이 10억 분의 1이다. 혈흔, 모발, 정액, 타액 외에도 가해자가 만진 모든 물건의 표면에는 비록 지문은 없을지라도 땀속 미량의 DNA는 남아 있다. 일단 DNA가 확보되면 그 포위망을 벗어나기는 힘들다. 하지만 아무리 완벽한 다이아몬드도 흠이 있을 수 있다.

인조 DNA로 범죄 누명 씌울 수도

만약 누군가가 악의적으로 나의 혈액을 똑같이 만들어서 살인 현장에 뿌려놓는다면, 그리고 하필 나의 알리바이가 없다면, 무죄라고 주장해도 법원이 내 손을 들어줄까? 실제로 이스라엘의 한 대학 연구팀이 DNA 수사의 허점을 짚는 실험을 했다. 방법은 이렇다. 어떤 남자의 모발을 한 가닥 얻어서 유전자 정보를 분석하고 유전자를 그대로 복사해서 극미량의 DNA를 얻었다. 이 DNA로 두 개의 증거물을 만들었다. 하나는 칼 손잡이에 DNA를 묻혔다. 또 하나는 인조 혈액을 만들었다. 즉 어떤 여자의 혈액을 1cc 뽑아 DNA가 있는 백혈구를 제거하고 여기에 인조 DNA를 첨가했다.

이렇게 만든 두 종류의 DNA 샘플을 미국의 공인된 DNA 검사소에 보냈다. 검사는 다른 샘플처럼 아무 문제없이 정상대로 진행됐다. 결과를 통보받았다. 샘플 주인공은 남자이고 DNA 특징은 이러이러하다고 DNA 정보를 보내왔다. 여성의 혈액이었음을 전혀 구분 못했고 또 이 샘플이 인조라는 것도 알아채지 못했다. 누군가를 범인으로 만들기는

식은 죽 먹기다.

하지만 DNA 만들기가 그렇게 쉬울까? 답은 '그렇다'이다. 대학생 정도의 지식이면 집에서도 만들 수 있다. 실험 장비와 비용은 수천만 원대 정도면 충분하다. DNA 정보만 있으면 그 사람을 대변할 조각 DNA를 만들어서 현장 흉기에 묻혀놓기만 하면 된다. 이처럼 최고의 과학인 DNA 검사도 완벽하지는 않다는 것을 보여준다. 물론 이런 인조 DNA 위협에 법과학도 대처하고 있다. 진짜 DNA에만 붙어 있는 꼬리표(메틸기*)를 검사하는 방법을 개발 중이다.

화성 연쇄살인사건의 범인은 어떤 유형일까? 이 사건은 공통 특징들이 몇 가지 있다. 피해 여성 나이가 다양하고 스타킹으로 두 손을 묶고 속옷으로 얼굴을 덮는 이상행동이다. '프로파일러'라고 불리는 범죄심리학자들은 이런 특징으로부터 범인을 예측한다. 즉, 단독범, 안정적 직업, 극심한 가학성 소유자를 예측하고 있다. 범행 패턴을 보고 범인을 예측하는 범죄 프로파일러의 주 무기는 통계다.

예를 들면 대형마트에 토요일 오후 6~7시경에 오는 사람들의 신용카드를 분석하면 구매자의 나이, 성별, 주거지, 직업, 수입, 심지어는 차량

* 메틸기(methyl group): 알킬기 중에서 가장 간단한 것으로 메테인의 수소 원자 1개를 제거하거나, 다른 치환기와 결합한 경우를 말한다. 메테인(CH_4)에서 수소 원자 1개를 제거한 1가의 원자단 - CH_3를 말한다.

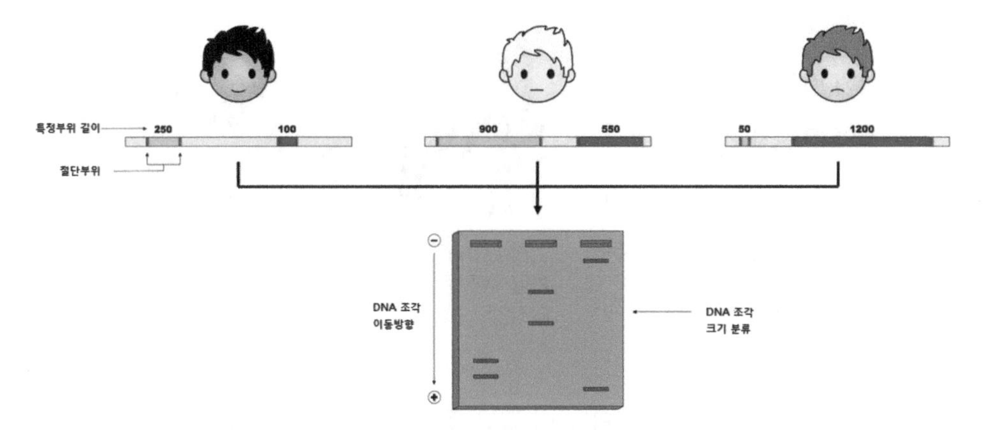

사람마다 DNA의 특정 부분의 길이가 다르다. 이것을 비교하면 동일인인지 자식 관계인지도 알 수 있다

정보도 알 수 있다. 만약 범인이 그 시간에 대형마트에서 특정 물건을 구입한 사람이라면 어떤 종류의 사람인지를 추측할 수 있다. DNA로 범인을 예측하는 것도 광범위한 통계이다. Y염색체로 범인의 성(姓)을 예측하는 것도 같은 성(姓)씨의 형제 친척이 같은 Y를 가진다는 DNA 통계다.

DNA 정보는 아직 여러 증거 중의 하나

DNA 예측은 신체적 특징을 알려준다. DNA 종류에 따라 검은 얼굴색을 예측할 수 있다. 피부색을 결정하는 특정 유전자가 발견됐기 때문이다. 이 유전자에 따라 눈동자 색도 결정된다. 실제로 유전자 정보만으로 푸른색의 눈동자인지 맞출 확률은 80% 이상이다. 미간의 길이를 결정하는 4개의 유전자도 발견됐다. 4개의 유전자 정보로 얼굴 모양을 그릴 수 있다. 이런 유전자의 발견으로 현재는 키, 대머리 여부, 얼굴 형태도 DNA 분석으로 예측 가능하다. 이제 현장에 범인의 손이 닿은 곳에 있는 땀 흔적만으로도 범인의 몽타주를 그릴 날이 머지않았다.

인간 DNA(46개 염색체)의 통계를 내면 피 한 방울 속의 DNA만으로도 몽타주를 그릴 날이 머지않았다

프랑스 작가 라 뤼브에르는 "죄인이 벌 받는 것은 악한들에 대한 경고이지만, 무죄인 사람이 유죄 판결을 받는 것은 모든 성실한 사람들이 나눠 갖는 문제다"라고 했다. 21년을 억울하게 옥살이한 흑인 청년의 경우처럼 당시 최고의 기술이었던 현미경 모발 검사법도 오류가 있었다. 최첨단의 DNA 검사법도 완벽하지는 않다. 10억 분의 1 확률이라고 하지만 100% 범인이라는 확증은 역시 아니다. 헌법에는 무죄추정의 원칙이 있다. 즉 유죄가 확정되기 전까지는 모든 피고인은 무죄다. DNA 검사도 유죄 증거의 하나일 뿐이다. '백 명의 진범을 놓치더라도 한 명의 억울한 사람이 생겨서는 안 된다'는 것이 형법의 기본이다. 억울한 한 사람이 생기지 않도록 범죄 현장을 다니는 사람들이 있다.

EBS '극한직업' 프로그램에 과학수사대가 방영될 정도로 범죄 현장

수사는 힘들다. 참혹한 살인 현장에서 일하는 이들의 육체적, 정신적 어려움을 DNA 첨단기법이 덜어주었으면 한다.

Q&A

Q1. DNA 검사했을 때 머리카락 한 올로 검사를 하면 그 사람 이름이 자동으로 나오나요? 아니면 그 DNA에 맞는 걸 직접 찾아야 하나요?

머리카락에 붙어 있는 세포 속 DNA를 읽으면 특정 패턴이 나타납니다. 이 정보와 맞는 사람을 찾아야 하지요. 국가가 가지고 있는 범죄자 리스트와 비교해보고 아니면 의심되는 사람(용의자)의 DNA를 채취해서 비교해보면 찾을 수 있습니다. 물론 범죄자와 용의자 리스트에도 없는 DNA라면 당장 잡기는 힘들겠지요. DNA 리스트, 즉 DNA 정보가 100% 필요합니다. 하지만 국가마다 DNA 정보를 가지고 있는 정도가 다릅니다. 한국은 범죄자 DNA 정보만을 가지고 있습니다. 지문은 주민등록증 만들 때 모두 등록하지만 DNA는 그렇지 못하지요. DNA 정보는 지문과 달리 유전병력, 추후 질병 가능성, 신체 특성(비만 가능성, 특정 질병 가능성 등)을 알 수 있는 민감한 정보가 많아서 모든 국민들의 DNA 정보를 국가가 가지고 있는 것에 대한 논란이 많이 있습니다.

Q2. 유전자 감식에 이용되는 DNA의 부위는 무엇인가요?

사람마다 공통으로 있지만 서로 다른 DNA 부분을 읽어서 비교합니다. 또 금방 눈으로 비교가 되도록 크기가 다른 DNA 조각을 읽는 방식을 사용합니다. 아무 부위나 읽기보다는 특정 부위를 증폭합니다. 소량의 현장 혈액, 정액, 모발 샘플로도 검사가 가능하도록 PCR이라는 증폭 기술을 사용합니다.

Q3. 혈흔을 통해 DNA를 채취할 수 있는 기간은 얼마나 되나요?

혈액 상태가 제일 중요합니다. 몸속에 남아 있는 세포 DNA와 달리 혈흔은 공기 중에 노출되기 때문에 DNA가 변할 가능성이 높습니다. 일반 DNA보다는 미토콘드리아 DNA가 좀 더 안정되지만 이것 역시 보존 환경에 따라 많은 차이가 납니다.

5

자자손손 대물림 유전병, 유전자 편집으로 뿌리 뽑는다

초정밀 유전자가위

의사가 환자에게 묻는 첫 질문은 가족력 여부다. 내 친척 중에 같은 병을 앓은 사람이 있는지를 확인한다. 대물림되는 병은 혈우병 같은 희귀 유전병만이 아니다. 암, 당뇨, 고지혈증, 심지어 파킨슨병 도 가족력이 있다. 즉 대물림될 수 있다. 가족력의 원인은 유전자 고장이다. 이제 1000달러면 내 유전자 정보를 알 수 있게 된다. 내 가족이 암에 걸릴 비정상 유전자를 가졌다면 난 무엇을 해야 하나. 안젤리나 졸리처럼 암을 피하려고 미리 유방, 난소를 절제해야 하나. 아예 비정상 유전자를 정상으로 바꿀 수는 없는가. 최근 '초정밀 유전자가위'를 이용해 유전자를 고치는 유전자 치료* 기술이 개발됐다. 대물림 병의 공포에서 벗어날

---

* 유전자 치료(gene therapy): 외부에서 유전자를 주입하여 이상이 생긴 유전자를 치료하는 방법. 원하는 유전자를 세포 안에 넣어 형질을 발현시켜 잘못된 유전자의 기능을 대신하거나 잘못된 유전자를 대치하는 방법.

수 있을 전망이다. 유전자 치료 시장은 연간 65%씩 급성장하는 황금알을 낳는 거위일까 아니면 인간 개조의 판도라 상자를 여는 늑대일까?

투탕카멘도 유전병의 희생양

이집트 카이로 고고학박물관의 중앙 계단을 올라가 왼쪽으로 꺾으면 보안대를 통과해야 하는 또 다른 방이 있다. 그 정면에 눈부시게 화려한 황금 마스크가 있다. 3000년 전 19세로 짧은 생애를 마친 이집트 소년 왕 투탕카멘은 미라로 만들어졌고 온몸이 황금으로 덮였다. 미라의 CT 검사 결과 그의 사망 원인이 밝혀졌다. 발목이 괴사하는 유전병인 쾰러Kohler병이 그를 일찍 사망케 했다. 또 미라의 DNA 검사로 그의 부모가 남매지간임이 확인됐다. 왕족의 씨를 보전하려는 근친결혼은 오히려 씨를 말렸다.

이집트 소년 왕 투탕카멘의 황금 마스크. 쾰러 유전병으로 사망한 것으로 알려졌다(이집트 고고학박물관)

대영제국 빅토리아 여왕의 혈우병 유전자도 손녀인 알렉산드라 공주에게 대물림됐다. 공주가 러시아의 니콜라스 2세와 결혼하면서 혈우병 유전자는 아들인 알렉세이 황태자에게 전달됐다. 혈우병은 피가 났을 때 지혈이 잘 안되는 병으로 작은 상처도 치명적이다. 지푸라기라도 잡고픈 어머니 알렉산드라 황후는 라스푸틴이란 주술사를 데려온다. 우연의 일치인지 그가 다녀간 후 알렉세이의 혈우병이 호전됐다. 현란한 말로 심리 치료를 했다거나 신통력만으로 치료하려고 아스피린 복용을 중단한 것이 피를 묽게 하는 아스피린의 부작용을 없앴다는 설도 있다. 하지만 결국 러시아 제정은 무너졌고 혈우병의 황태자도 가족과 함께 혁명군에게 처형당했다. 라스푸틴을 황실에 불러온 황후를 탓하는 역사가도 있다. 하지만 혈우병으로 죽어가는 아들을 치료하겠다던 어머니를 탓할 사람은 아무도 없다. 비운의 황태자가 지금 다시 태어난다면 주술사를 부르지 않고도 유전자 치료로 정상적인 생활을 할 수 있을까? 만약 내 가족이 황태자 알렉세이 같은 혈우병이나 안젤리나 졸리 같은 유방암 유전자를 물려받았다면 무슨 방법이 있을까?

혈우병을 가진 러시아 황태자 알렉세이(1913년). 부모인 황제 니콜라스 2세와 황후 알렉산드라를 중심으로 황태자 알렉세이(맨 앞)와 공주들이 포즈를 취했다. 맨 오른편은 아나스타샤 공주다

비정상 유전자의 정상화로 근본 치료

씨도둑은 못한다. 아버지와 아들 사진을 보면 '국화빵'이다. 외모만 같으면 다행이다. 부모가 앓고 있던 병이 대물림되면 이런 자식을 보는 부모의 마음은 산산조각이 난다. 하지만 대물림되는 유전병은 주로 희

귀병이 많다. 밝혀진 766가지 유전병은 고장 난 유전자가 정자, 난자를 통해 자식에게 전달돼 생긴다. 혈우병처럼 하나의 유전자가 고장 난 경우는 원인, 진단, 대물림이 확실하다. 그러나 암, 당뇨, 파킨슨병은 여러 개의 유전자 고장과 환경 영향으로 생긴다. 따라서 정확하게 왜, 어떻게 그 병이 생기는지 알기 어렵다.

안젤리나 졸리의 유방암 걱정은 유방암 환자의 10%에 해당하는 BRCA* 1 유전자 이상 탓이다. BRCA1 유전자에 의한 유방암의 경우 확실히 대물림되는 유전병이라기보다는 그럴 가능성이 높은, 소위 가족력이 있는 병이다. BRCA1 유전자 하나에 이상이 있다고 해서 모두 유방암에 걸리는 것은 아니다. 다른 원인, 예를 들면 다른 유전자와 식생활 습관, 주위 환경이 유방암을 발생시킬 수도 있다. 부모 유전자에 이상이 있으면 정도 차이가 있지만 자식 대에 병이 발생할 확률이 높아진다.

혈우병을 치료할 방법은 어떤 것일까. 혈우병은 출혈 시 혈액을 응고시키는 응고 보조단백질Factor VIII이 비정상이다. 비정상은 아주 사소한 데서 출발한다. 즉 전체 7000개 DNA 염기 중에서 2166번째 염기가 사이토신C 대신 구아닌G이다. 그 결과 응고단백질 생산이 중간에 멈춰 정상 응고단백질이 안 생긴다. 따라서 치료법은 두 가지, 즉 응고단백질 주사를 계속 맞거나 내부의 비정상 유전자를 고치는 것이다. 전자는 임

* BRCA: 유방암 유전자(Breast Cancer gene)의 약자로서 BRCA1과 BRCA2 두 개의 유전자를 의미하며, 인간의 유방암을 유발시키는 데에 영향을 줌.

시방편, 후자는 근본 치료다. 현재 혈우병 환자는 주기적으로 응고단백질 주사를 맞는다. 하지만 계속되는 주사로 혈관 찾기가 어렵고 또 연간 1000만원의 주사 비용도 만만치 않다. 최상의 치료는 결국 유전자를 정상으로 만드는 유전자 치료다.

미국 텍사스에서 태어난 데이비드 비터는 '버블보이 Bubble Boy'라고 불렸다. 그는 버블, 즉 비눗방울 모양의 병원 비닐 보호막 속에서만 몇 년을 살아야 했다. 그는 '감마C'라는 하나의 유전자 고장으로 면역이 없어 공기 중 바이러스에 노출되기만 해도 생명이 위험했다. '버블보이병'처럼 하나의 유전자 이상으로 생긴 병은 당뇨처럼 여러 유전자 이상으로 생기는 병보다 치료가 상대적으로 쉽다.

바이러스 파괴하는 세균 효소에서 힌트

유전자 치료 방법은 두 가지다. 첫째는 비정상은 놔두고 정상 유전자를 추가로 넣는 방법, 둘째는 비정상을 잘라내고 정상을 넣는 경우다. 둘째가 완벽하지만 더 어렵다. 지난 15년간 유전자 치료는 첫째 방법, 즉 정상 유전자를 바이러스에 실어 들여보내는 연구에 매달렸다. 많은 어려움이 있었다. 즉 죽인 바이러스를 이용해 세포 핵 속으로 유전자를 넣었다. 하지만 죽인 바이러스가 종종 다시 살아났다. 그리고 운반된 유전자가 목표 장소인 사람의 염색체에 삽입되지 않거나 혹은 엉뚱한 곳에 끼어들어가 암으로 발전하기도 했다. 즉 제대로 전달도 안 되고 삽입도 안 돼 고전을 했다. 하지만 과학은 드디어 해답을 찾았다. 바로 초정밀 유전자가위다.

미국 버클리대학의 제니퍼 도두나 교수는 박테리아(세균)가 바이러스와 싸우는 장면을 보다가 무릎을 탁 쳤다. 침투한 바이러스의 유전자를 박테리아가 '싹둑' 잘라버리는 것이다. 그녀는 이 '싹둑 기술'을 발전시켰다. 즉 실험자가 원하는 유전자 부위에 달라붙도록 가위를 디자인하면 효소cas9가 그곳에 정확히 달라붙어서 싹둑 잘라내고 동시에 그곳에 원하는 유전자를 붙이는 '유전자가위CRISPR/cas9' 기술을 완성했다. 외부에서 편집된 정상 유전자를 넣는 것이 아니라 내부의 편집 기능을 이용해서 비정상을 고치는 것이다. 이 가위 기술로 유전자 치료가 급물살을 타고 있다. 이 가위 기술에 줄기세포 기술을 더하면 금상첨화다.

저명 학술지 '네이처 제네틱스'는 급성림프성 백혈병을 일으키는 유전자를 발견했다고 보고했다.[2] 즉 이 백혈병이 대물림될 수 있다는 이야기다. 백혈병은 국내 소아암 중 가장 많은 암이며 주로 2~5세 소아에게 생긴다. 현재는 백혈병을 치료하려면 매번 뼈에 바늘을 꽂아 골수*를 뽑는 힘든 시술을 해야 한다. 하지만 본인 줄기세포를 이용한 유전자 치료 기술은 한 번이면 된다. 즉 본인의 줄기세포에서 고장 난 유전자 부분을 유전자가위로 고치고 다시 골수에 넣으면 끝이다. 세포 내의

* 골수(bone marrow): 뼈 사이의 공간을 채우고 있는 부드러운 조직이다. 대부분의 적혈구(red blood cell)와 백혈구(white blood cell)가 여기서 만들어진다.

유전자를 마음대로 '편집'하는 이러한 유전자 치료 기술이 유전자 이상을 치료하는 '그린라이트'일까? 아니면 인간 개조의 금지된 선을 넘는 '레드라이트'일까?

유전자 치료 기술은 양날의 칼

저명 학술지인 '사이언스'와 '네이처'에 보기 드물게 같은 글이 동시에 실렸다. 인간 배아 편집 실험을 즉시 중단하라는 '경고'였다. 중국 광저우의 한 과학자가 인간 배아*, 즉 수정란 유전자를 유전자가위를 이용해서 편집했다. 이는 원하는 태아를 만들 수 있다는 이야기다. 이 사건은 과학계의 배아 편집 논쟁에 불을 붙였다. "학문의 발전을 위해 필요하다"와 "선을 넘었다"라는 의견이 팽팽하다. 정자와 난자의 유전자를 편집하면 후손의 유전자가 바뀐다. 대물림 병을 막을 수도 있지만 잘못되면 그 영향이 자자손손 전달된다. 이런 위험성으로 현재 유전자 치료는 정자, 난자가 아닌 피부나 근육 같은 일반 체세포에 제한한다. 따라서 환자 본인만 치료되고 자손은 치료되지 않는다.

이 배아 편집 문제는 과학자들의 문제만이 아니다. 태어날 아기의 건강을 염려하는 산모에게도 유전자 검사와 치료는 중요한 관심사다. 국

---

* 인간 배아: 정자와 난자의 자연적인 수정을 통한 것이 아니라 인위적으로 핵을 제거한 난자에 복제하려는 사람의 체세포 핵을 이식하고 이를 실험실에서 배양해 체세포를 제공한 사람과 유전적으로 동일한 세포덩어리(배아)로 키운 것을 말한다.

내 산모 평균 나이가 32세이다. 늦은 출산으로 생길 수 있는 태아의 유전자 이상 여부를 검사해야 한다. 검사 방법은 그리 어렵지 않다. 직접 태아에게 주사침을 꽂지 않아도 산모 혈액에 섞여 있는 태아 세포의 유전자를 검사할 수 있다. 하지만 유전자 이상 이외에도 외모, 지능, 신체 능력도 알고자 하면 알 수 있다. 태아 검사로 좋은 태아를 고르려는 유혹이 당연히 생길 수 있다. 현재 법규는 이런 폐단을 막기 위해 노산이나 가족력이 있는 경우에만 태아 유전자 검사를, 그것도 유전병으로만 제한하고 있다. 태아 선별은 물론 금지해야 한다. 하지만 이런 규제 때문에 거꾸로 관련 산업 발전의 발목을 잡아서는 곤란하다. 현재의 국내법은 글로벌 시장은커녕 국내 시장에서 유전자 치료제의 임상 허가도 힘들게 하고 있다. 현실 감각을 갖춘 균형이 필요하다.

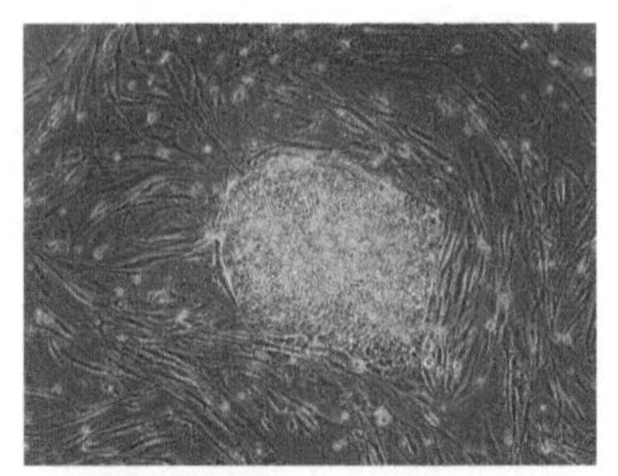
인간 배아줄기세포. 유전자를 편집하면 유전병 대물림도 없어지지만 영향이 자자손손 전해질 수 있다

미국 수필가 랠프 에머슨(1803~1882)은 병의 대물림에 대해 이렇게 말했다. "어떻게 하면 사람들은 그 조상으로부터 벗어날 수 있을까. 아버지 또는 어머니에게서 흘러든 검은 방울을 어떻게 하면 그 혈관으로부터 빼낼 수 있을까. 흔히들 보면 조상의 모든 성격이 마치 몇 개의 단지에 나눠듯 집안에 따라 갈라지는 것 같다." 이제 부모의 '검은 방울'의 굴레에서 벗어날 수 있는 방법을 과학은 찾았다. 어느 선까지 대물림

의 '검은 방울'을 빼고, 인간 본연의 질서를 지키는가는 이제 우리의 몫이다.

Q&A

Q1. 유전자 치료의 장점과 단점을 알기 쉽게 정리해주세요.

장점: 질병의 원인인 잘못된 유전자를 정상 유전자로 교체하기 때문에 완전한 치료가 됩니다.

단점: 인간 유전자를 수정한다는 좋은 목적이 태아를 개량한다는 목적으로, 즉 인간 개량 목적으로 변질될 염려가 있습니다.

Q2. 유전자가위와 GMO(유전자변형) 차이가 엄밀하게 무엇인가요?

GMO(유전자변형)는 야생 형태와 다르게 유전자가 변형된 것을 의미합니다. 지금까지 GMO는 외래 유전자를 사용했습니다. 즉 옥수수 원래 유전자가 아닌 박테리아의 살충 유전자를 옥수수에 삽입해서 옥수수가 해충에 견디도록 만들었습니다. 지금은 유전자가위 기술이 나왔습니다. 이 방법은 옥수수 내부 유전자를 수정하는 방법입니다. 옥수수에 원래 있는 해충 방어 기능을 높이는 방법도 하나의 예입니다. 유전자가위 기술이 GMO에 들어가는가는 논란의 여지가 있습니다. 인위적으로 식물을 편집하기 때문에 환경에의 적응 시간이 부족한 점과 환경에 어떤 영향이 있을지에 대한 우려가 있습니다.

6

의수, 의족에 숨결 불어넣는 붙였다 뗐다 '스마트 피부'

식스센스 시대

2015년 4월 15일 강원랜드에서 역대 최고의 잭팟이 터졌다. 8억 9,730만 720원의 행운을 거머쥔 여성은 3일 연속 잭팟이 터지는 꿈을 꿨다고 했다. 그 말이 사실이라면 그 여성은 예지몽(豫知夢), 즉 일어날 일을 꿈으로 미리 아는 육감(六感)을 보유한 초능력자일까. 필자의 지인 중에도 그런 육감을 가진 사람이 있다. 무슨 일이 생길 것 같은 사람의 얼굴이 유난히 눈에 들어온다는 것이다. 농담조로 "미아리에 돗자리 깔아야겠다"고 말하지만 그는 정말 신통력이 있는 걸까? 육감이 남의 얘기만은 아니다. 나 역시 처음 가는 시골길을 걷다 보면 그곳이 너무 익숙해서 마치 내가 그 동네에 살았던 것 같은 생각이 든다. 어릴 적 고향이 그리워 생긴 착각인가. 아니면 나도 전생을 보는 육감의 소유자일까. 아니면 정신과 의사를 찾아가야 하는 걸까.

귀신 만나 과자 나눠줬다는 산악인

할리우드 영화 <식스센스 The Sixth Sense(1999)>에서 소년은 귀신을 본다. 귀신과 대화를 나누는 소년은 분명 초능력자다. 영화 속이 아닌 현실에서 인간이 오감 이외의 육감을 가질 수 있을까. 그래서 일반인이 볼 수 없는 다른 무엇을 볼 수 있을까. 귀신을 봤다고 말하면 대부분 정신병을 의심한다. 하지만 정상적인 사람이 귀신을 보는 경우가 있다. 에베레스트 등반가들은 대부분 심신이 지극히 건강한 사람들이다. 이들 중 일부는 귀신을 생생하게 목격했다고 말한다. 1986년 최초로 히말라야 8,000m급 14좌를 모두 등정한 이탈리아의 산악인 라인홀트 메스너는 동생과 함께 귀신을 봤다고 주장했다. 과자도 나눠줬다고 했다. 과학자들은 그의 뇌를 검사한 뒤 뇌의 측두엽에 이상이 생겼다고 결론 내렸다. 산소가 부족한 에베레스트에서 극심한 피로로 인해 시각 정보를 받아들이는 부분과 이를 판단하는 부분 사이의 연결에 문제가 발생했다고 본 것이다. 과학자들은 감각과 판단 사이에 시차가 생기면서 귀신을 '느낀 것'이라고 추정했다. 귀신을 보는 육감은 뇌의 이상에 의한 착각이란 것이다.

내가 처음 갔던 시골의 풍경이 어디서 본 듯하다는 기이한 감정은 왜 생기는 걸까? 데자뷔 deja vu, 즉 '한 번 봤던' 곳이란 현상은 실제론 뇌의 착각에 의해 생긴다. 미국 MIT 도네가와 스스무 교수 연구 결과에 따르면 측두부(側頭部)를 전기로 자극하면 기억을 꺼내 볼 수 있다. 또 유사하지만 전혀 다른 장소를 구분해내는 뇌의 해마 영역에 문제가 생기면

'본 것 같은' 데자뷔 현상을 경험한다. 어떤 곳을 미리 본 듯한 신통력은 결국 뇌의 착각이고 이런 일이 잦으면 병원을 방문해야 한다는 것이다. 데자뷔가 생기는 원인은 두뇌의 간편 기억 방식 때문이다.

우리 뇌는 매일매일 엄청난 분량의 기억을 모두 저장하는 대신 간추린 상태로 입력시킨다. 어떤 상황에서 예전의 기억을 더듬어 갈 때 두 개의 유사한 기억이 구분이 안 돼 동일한 것으로 판단하는 것이 바로 데자뷔라고 정신학자들은 해석한다. 몸이 허약해지거나 심한 스트레스 상황에선 뇌가 쉽게 착각을 한다.

처음 온 장소를 착각하는 경우도 있지만 처음 보는 사람을 예전에 본 듯한 착각도 한다. TV에 나온 살인범의 얼굴을 본 뒤 사건이 일어나기 전에 그를 본 것 같은 착각에 빠지는 것이 단적인 예다. 이 경우 대개 자신을 육감의 초능력 소유자라고 오판한다. 또 이런 일이 꿈과 연결되면 스스로 예지몽을 가진 초능력자라고 오인하기도 한다. 결국 육감의 초능력은 실제 그런 능력이 있는 것이 아니고 뇌의 착각에 의한 것이란 게 과학자들의 결론이다. 처음 가 본 시골을 예전에 살았던 고향 마을로 생각한 필자의 경우도 육감이 아닌 데자뷔 형태의 착각이다. 하지만 동물은 착각하지 않는다. 태어나 며칠 머무른 곳을 '착각의 데자뷔'가 아닌 '완벽한 기억'으로 찾아오는 동물도 있다. 철새와 바다거북이 여기 속한다. 이들의 육감은 자기장(磁氣場)을 보고 기억하는 능력이다.

사람 피부에 자기장 센서 부착 성공

"삼월 삼일 날에 강남(江南) 제비는 왔노라 현신(現身)하고 소상강(瀟湘江) 기러기는 가노라 하직한다."

흑꼬리도요새는 자기장을 나침반 삼아 한국-뉴질랜드를 논스톱으로 이동한다

조선 시대 관등가(觀燈歌)엔 돌아오는 강남 제비와 떠나는 강북 기러기를 그린 노래가 실렸다. 강남은 이를테면 필리핀이고, 소상강은 중국 북부 후난성(湖南省)에 위치한다. 제비는 10월에 남으로 날아가 겨울을 보낸 뒤 이듬해 3월에 그곳 우기(雨期)를 피해 한국으로 날아온다. 흑꼬리도요새는 뉴질랜드까지 망망대해 10만km를 논스톱으로 날아간다. 철새들이 태평양 한가운데에서 사용하는 내비게이션은 두 종류다. 철새의 뇌와 혈관 속에 든 나노nano(10억 분의 1m) 자석입자와 망막(網膜)의 특수 단백질이다. 나노입자가 지도, 특수 단백질이 GPS(위성위치확인시스템)인 셈이다. 바다거북은 알에서 깨어나자마자 수천 km를 헤엄쳐 나간다. 바다거북의 뇌에 이미 본인들이 나갈 길이 자기장 지도로 입력돼 있어서다. 지구 자기장은 주위 지형에 영향을 받는다. 따라서 지구촌의 모든 장소들은 독특한 자기장 모양과 세기를 지닌 이른바 '자기장 지문'을 보유한다. 바다거북은 자기가 태어난 곳의 '자기장 지

박테리아(세균) 속에 있는 나노 자석입자(검은 점들)

문'을 기억한 뒤 이를 이용해 되돌아온다. 박테리아(세균)와 연어도 자기장을 이용해 회귀한다.

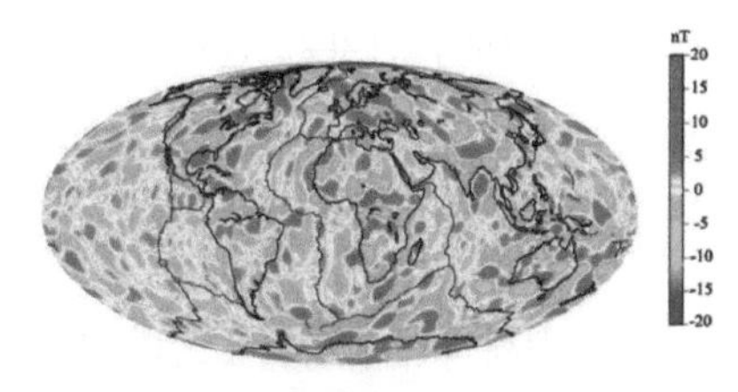

지형에 따라 독특한 자기장 지문이 생긴다. 연어와 바다거북은 자기장 지문을 기억해 출생지로 되돌아온다

철새, 거북, 연어는 무슨 역마살이라도 낀 것일까. 하나같이 먼 곳으로 나가서 몸집을 불린 뒤 처음 떠났던 곳으로 정확히 돌아와 알을 낳는 것이 이들의 공통점이다. 태어난 곳이 번식하기에 가장 좋다는 결정적 증거는 본인이 살아남아 돌아왔다는 사실이다. 바다거북은 후손을 퍼뜨리기 위해 출생지로 돌아온다. 하지만 사람을 비롯한 포유류는 바다거북처럼 돌아다닐 필요가 없어 자기장을 느끼는 기능이 퇴화했다고 알려졌다. 하지만 퇴화한 자기장 육감을 되살릴 수 있다는 사실이 최근 밝혀졌다.

저명 잡지인 '커런트 바이올로지Current Biology'에 실린 연구논문에 의하면 시력을 잃은 쥐의 두뇌에 자기장을 느끼게 했더니 자기장을 GPS 삼아서 마치 눈이 보이는 것처럼 다닐 수 있었다.[3] 이는 뇌에 자기장을 인식하는 부분이 제대로 작동하고 있다는 증거다. 아직 사람에게 자성(磁性) 나노입자가 존재한다는 연구 결과는 없다. 하지만 사람 망막에 있는 특수 단백질은 자기장의 세기에 따라 변한다. 실제로 이 단백질의 유전자를 초파리에게 옮겼더니 초파리가 정상적으로 자기장에 반응했다. 이는 사람의 특수 단백질도 정상적으로 자기장을 감지할 수 있다는 것을 시사한다. 이 유전자가 있으면 사막의 한가운데 있어도 마치 바둑판처럼 남과 북이 표시된 자기장 줄을 볼 수 있을 것이다. 즉 내비게이션이 가능하다. 자기장을 꼭 두뇌로만 느껴야 하는 것은 아니다. 만약 손으로 자기장의 세기와 방향을 느낀다면 우리는 무슨 일을 할 수 있을까?

인간은 가장 퇴화된 감각 소지

저명학술지 '네이처 커뮤니케이션 Nature Communication'엔 사람 피부에 동전 크기의 자기장 센서를 문신처럼 접착시키는 데 성공했다는 연구 논문이 발표됐다.[4] 알루미늄 포일 두께의 이 센서는 미세한 자기장에 반응한다. 그래서 직접 터치하지 않아도 컴퓨터와 기계를 움직일 수 있다. 또 비둘기처럼 현재의 위치를 파악해 눈 감고도 집으로 돌아갈 수도 있다. 이런 자기장 센서가 당장 적용될 수 있는 분야가 로봇이다. 사람은 어두운 곳에서도 넘어지지 않고 서 있을 수 있으며 걸을 수도 있다. 눈을 가리고도 옷을 잘 입는다. 내 손이, 내 발이 어디에 있는지를 피부 속의 '위치 신경 센서'가 알려주기 때문이다. 로봇엔 이처럼 3차원적인 위치를 알려주는 센서가 필요하다. 만약 장애인의 의수, 의족이 3차원 위치를 '느끼면' 눈 감고도 옷을 입을 수 있다. 피부 부착 센서는 어떤 감각을 감지, 판단, 대응하는 세 가지 역할을 동시에 수행할 수 있다. 촉감 센서를 보자. 사람이 악수할 때는 상대방 손이 아프

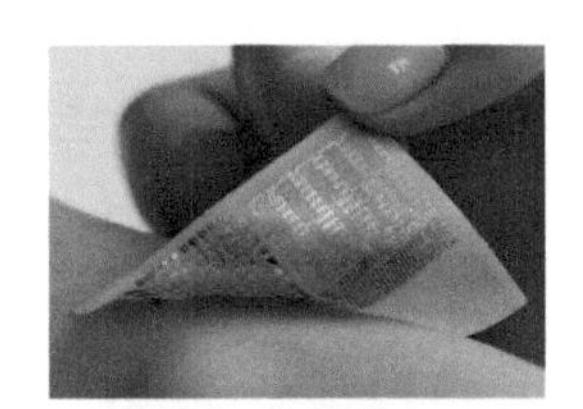

서울대 김대형 교수가 개발한 피부 접착형 센서

도록 쥐진 않는다. 손끝에서 느끼는 압력을 조절하면서 악수를 한다. 로봇이 악수를 한다면 로봇 손에 부착된 피부 촉각 센서가 압력을 느끼고 조절해 '살짝' 쥐는 정도로 손을 잡아야 상대방 손을 부스러뜨리지 않는다. 생물체엔 이런 기능이 하나로 모여 있다. 카멜레온의 피부는 주위 색을 감지하고 주변 환경에 맞게 스스로 피부를 변화시킨다. 최근 과학자들은 피부에 센서를 '입혀' 피부를 '스마트 스킨 Smart Skin'으로 바꾸고 있다. 최근 개발된 자기장 센서는 이런 의미에서 인간에게 6번째 감각을 제공했다고 평가할 수 있다.

바다거북의 새끼들은 자기가 태어난 곳의 자기장 지문을 정확히 기억하고 돌아온다. 반면 사람들에게 고향의 기억은 점점 희미해진다. 급기야 필자처럼 처음 가본 곳을 고향처럼 느끼는 데자뷔의 착각도 범한다. 감각 면에선 인간은 다른 동물보다 별로 나을 게 없다. 인간은 동물 가운데 가장 발달된 두뇌를 가졌지만 동시에 가장 퇴화된 감각을 소지하고 있다. 코끼리는 인간이 들을 수 없는 저주파로 대화한다. 뱀은 콧구멍 옆의 센서로 적외선을 감지해 열을 느낀다. 어떤 꽃은 꿀도 없는데 벌이 날아온다. 그 꽃이 가진 자외선 색을 봐서다.

스마트 스킨은 미래 과학의 나침반

만약 이런 기능의 센서를 피부에 문신 형태로 붙인다면 인간은 지금까지의 세상보다 훨씬 다양한 세상을 보고 듣고 느끼게 된다. 많은 사람들이 컴컴한 방에 숨어 있는 누군가를 피부 센서로 감지하게 될 날이 머지않았다. 이런 스마트 피부는 보지 못하는 맹인에겐 내비게이션, 의수, 의족에 의존하는 장애인에겐 위치 감각이 살아 있는 팔다리를 제공할 것이다.

"오관(五官)은 모든 일의 표면적인 사실만을 모아들인다. … 그것은 감각이다. 감각이 기억으로 기능할 때 그것은 경험이고, 행동으로 취해졌을 때 그것은 지식이며, 우리의 마음이 지식으로 작용할 때 그것은 사상이다." 미국 작가 R. W. 에머슨의 말처럼 감각은 인간의 모든 것이다.

자기장 센서를 부착한 스마트 스킨은 다양한 세상을 체험하게 할 수 있다

"과학을 모르고 실천에 뛰어드는 사람은 키도 없고 나침반도 없이 배를 몰고 가는 것과 마찬가지다. 어디로 갈지 도무지 확실하지 않아서다." 새의 비행 감각을 보며 비행기를 떠올린 이탈리아의 천재 화가이자 과학자인 레오나르도 다 빈치는 그의 말처럼 과학을 인류 발전의 나침반으로 삼았다. 스마트 스킨이 미래 과학의 나침반이 되길 바란다.

Q&A

Q1. 매우 강한 자기장은 인간에게 영향을 끼칠 수 있나요?

병원에서 쓰는 강한 자기장(MRI)은 지구 자기장의 10만 배에 해당됩니다. 이 기기가 사람에 따라 구토, 현기증을 나게 하기는 하지만 해를 끼칠 정도는 아니지요. 하지만 늘 노출되는 강한 자기장, 예를 들면 고압선에 의한 건강 영향은 분명치 않습니다. 국제적으로 제시된 안전치는 지구 자기장의 약 1000배로 정해놓고 있습니다.

Q2. 만약에 자기장이 급격하게 사라진다면 생명체에게는 어떤 영향이 있나요?

자기장이 생명체에게 영향을 주기는 합니다. 동물의 방향감, 생체에 영향을 주지만 아주 약한 신호를 주고 있습니다. 일부 연구는 수면 패턴에 자기장이 영향을 주어서 자기장과 같은 방향과 다른 방향이 두뇌 생산 수면호르몬(멜라토닌) 수치를 변화시킨다고도 합니다. 자기장의 영향 자체가 분명치 않지만 완전히 사라진다면 분명 큰 영향을 줄 것으로 판단합니다.

5장 바이러스와 질병

1

슈퍼박테리아 잡는 새 항생제, DNA 읽어 만들어

항생제 내성균

간단한 수술이니 병문안을 오지 말라 했다. 하지만 한 달이 지나도 지인은 병원에 묶여 있다. 양성종양은 수술로 금방 제거했지만 병원균 감염이 문제였다. 항생제*를 이것저것 써봤지만 듣지 않았다. 고농도 항생제 부작용으로 얼굴이 붉게 벗겨졌다. 항생제 내성균은 먼 나라, 남 이야기가 아니다. 내 목에 칼을 대고 있다. 내성균이 인류를 멸망시킬까?

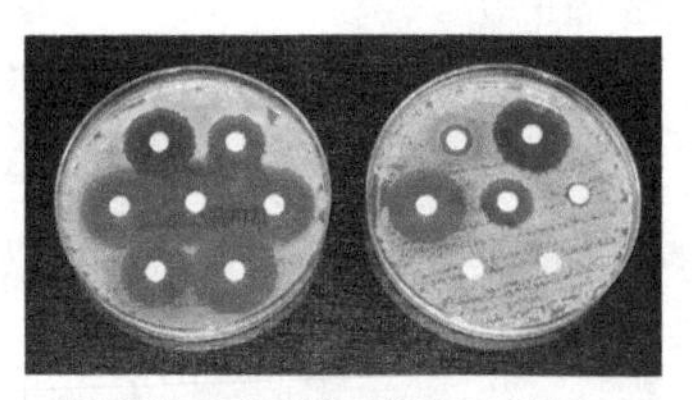

항생제 7종류(흰 점)에 정상 병원균(바닥 황색)은 죽는다(왼쪽). 그러나 내성균(오른쪽)은 3개 항생제에 죽지 않는다

2017년 9월 21일 유엔총회에서 내성균 대책회의를 했다. 유엔 창설

* 항생제(antibiotics): 미생물에 의하여 만들어진 물질로서 다른 미생물의 성장이나 생명을 막는 물질.

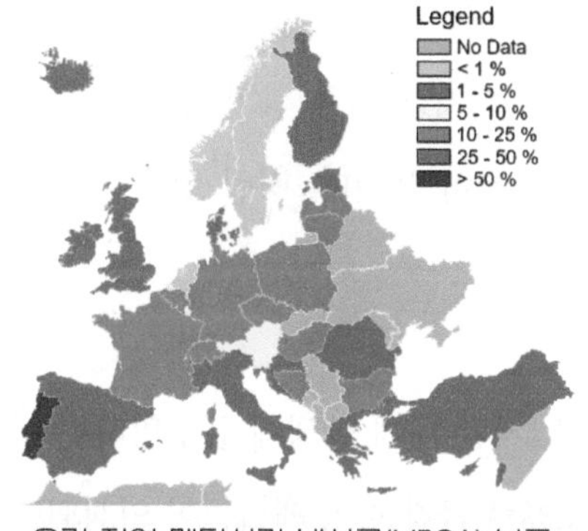

유럽 지역 메티실린 내성균(MRSA) 분포 (2008년). 내성균은 전 세계적인 문제다

이래 보건 관련 총회는 단 세 번만 열렸다. AIDS*, 암, 에볼라 때문이었다. 항생제 내성균이 지구촌 '산불'이라는 이야기다. 에볼라는 백신으로 예방, 치료하면 된다. 성병인 임질은 어떨까? 올해 8월 세계보건기구WHO는 임질균 30%는 어떤 항생제에도 듣지 않고 그런 임질균이 100%가 되는 건 시간문제라고 경고했다. 이제 임질에 걸리면 치료 방법이 없다. 임질보다 더 위험한 병은 따로 있다. 사망자가 AIDS, 에볼라, 유방암, 대장암을 합친 숫자보다 많고 치료비용이 가장 높은 병, 바로 패혈증*이다. 패혈증에서 내성균을 만나면 목숨이 아슬아슬하다.

패혈증은 신속히 항생제 처방해야

권투선수 무하마드 알리가 지난 6월 사망했다. 그는 파킨슨병을 30년간 앓았다. 하지만 병원 입원 며칠 만에 그를 사망시킨 병은 패혈증이

---

* AIDS(에이즈, acquired immune deficiency syndrome): 후천성면역결핍증. 바이러스 감염으로 면역을 관장하는 세포의 일종인 helper T세포가 파괴되어 면역 능력이 극단으로 저하하여 발병 후 2~5년 내에 거의 사망.
* 패혈증(sepsis): 미생물에 감염되어 발열, 빠른 맥박, 호흡수 증가, 백혈구 수 증가 또는 감소 등의 전신에 걸친 염증 반응이 나타나는 상태.

었다. 특별한 균도 아니다. 콧속 균도 면역이 약해지면 피부 상처나 인체 삽입 튜브 등으로 감염돼 혈액으로 퍼져 장기를 망가뜨린다. 고열, 저체온, 호흡곤란, 심박수 증가, 어지러움이 생긴다. 병원 입원 사망자의 30~70%가 패혈증으로 죽는다.

패혈증은 응급상황이다. 감염 직후 1시간 내에 항생제를 투입하면 생존율이 80%지만 6시간 경과하면 30%로 급감한다. 패혈증이 의심되면 의사는 두 가지 정보가 급히 필요하다. 패혈증이 맞는지와 어느 항생제에 죽는지다. 패혈증이 맞다면 혈액 속 균이 배지에서 자라나 눈에 보여야 한다. 하지만 30%밖에 안 자라고 배양도 이틀이나 걸린다. 의사는 우선 급한 대로 광범위 항생제를 주사한다. 2일 후 균을 확인했다 치자. 문제는 광범위 항생제에도 잘 죽지 않는 내성균(슈퍼박테리아)이 널리 퍼져 있다는 점이다. 대표적인 메티실린 내성 포도상구균MRSA은 페니실린 계열 항생제에 죽지 않는다. 이 내성균은 1974년 2%(포도상구균 중)에서 25%(1995년), 50%(1997년), 64%(2004년)로 급증했다. 내성균은 왜 생기고 이를 없앨 방법은 무엇인가.

내성균은 항생제 남용의 부메랑

1945년 페니실린 개발자 플레밍은 노벨상 수상식장에서 '과다하게 사용하면 페니실린 내성균이 생길 것'이라고 경고했다. 경고는 바로 현실이 되었다. 인류는 지금까지 150여종의 항생제를 찾아 썼다. 인간은 페니실린을 찾아내 대량 생산해서 임질, 폐렴, 상처 치료에 썼다. 병원균들은 처음에는 페니실린에 죽어나갔다. 그런데 인간은 페니실린을 가축에게도 썼다. 가축들은 잔병에 안 걸리고 잘 자랐다. 항생제 사용량이 점차 늘었다. 페니실린이란 공격무기에 맞서는 방어무기를 가진 균들이 가축 장내 균에도 있었다. 이 균들은 페니실린을 분해, 방출, 블로킹해서 살아남았다. 35년간 가축 항생제 사용으로 맷집(내성)이 늘었다. 내성유전자는 임질, 폐렴, 피부균에 옮겨갔다. 감기에 항생제를 처방한 것도 내성균 확산을 도왔다. 항생제는 바이러스를 못 죽인다. 감기 항생제 사용으로 순하던 인간 장내세균(대장균), 피부균을 독한 내성균으로 만들었다. 여러 항생제에도 안 듣는 다제내성균이 됐다. 항생제 구조를 변화시켜도 변종 병원균은 금방 생겼다. 내성균은 인간이 만든 항생제 남용으로 인한 부메랑이다.

내성균 대책은 간단하다. 항생제 총량을 줄이면 비정상적으로 높아진 내성균 비율이 자연스럽게 낮아진다. 그래야 인간이 내성균을 만날 확률이 낮다. 무엇보다 내성균이 만난 적 없는 새로운 항생제로 내성균을 죽여야 한다. 20세기 후반 폭발적인 항생제 사용으로 대형 제약회사들은 급성장했다. 항생제 최대 생산 회사 '화이자'는 지금 새로운 항생제를 연구하고 있을까?

새 돌파구로 떠오른 합성생물학

2011년 화이자가 항생제 연구를 중단했다. 원인은 세 가지다. 첫째,

10년간 1조원을 들여 만들어도 2~3년 내 내성균이 생긴다. 둘째, 매일 먹는 당뇨약과 달리 항생제는 한번 나으면 안 먹으니 돈이 안 된다. 셋째, 지난 90년간 찾을 만한 항생제는 대부분 찾았다. 지금까지는 항생제 생산균이 배지에서 자라서 항생제를 만들어야 찾을 수 있었다. 하지만 항생제를 만드는 대부분 땅속 균은 실험실에서는 1%도 안 자란다. 나머지 99%에서 항생제를 뒤져야 한다.

합성생물학은 고속, 자동으로 생물체 정보를 읽고 변형, 조절하는 기술이다 (자동화 바이오 실험실)

그런데 최근 균을 키우지 않고도 항생제를 만들 수 있는 새로운 방법이 개발됐다. 합성생물학Synthetic Biology이다. 2015년 10월 저명 학술지 네이처에 놀라운 연구 결과가 실렸다. 전혀 다른 방식으로 항생제를 만든 것이다. 미국 록펠러대학 연구팀은 사람 콧속 균에서 메티실린 내성균을 죽이는 항생제Humimycin를 만들어냈다. 연구진은 예전처럼 균을 키우지 않았다. 이들은 내성균(MRSA)이 있는 인체 피부에 천적균이 있을 것이라 생각했다. 그래서 인체 피부균을 하나하나 배양하는 대신 피부균들을 면봉으로 긁어 모든 DNA를 읽고 그 속에서 내성균을 죽이는 항생제 정보를 찾아냈다. 내성균 취약 구조와 거기에 들어맞는 천적균 항생제 구조를 3D 가상공간에서 찾아서 합성해 냈다. 신규 항생제를 균 배양 없이 DNA 정보로만 만들어낸 쾌거다.

여기 쓰인 합성생물학은 대장균으로 휘발유도 만들게 한다. KAIST 이상엽 박사팀은 대장균에 휘발유를 만드는 유전자 세트를 집어넣어

휘발유를 생산한다. 합성생물학은 모든 생물체 정보(DNA, 대사 경로*)를 알고 생산물을 원하는 대로 조절한다. 이게 가능한 이유는 생물체 유전자 정보를 며칠이면 분석할 수 있고 몇 분이면 DNA 순서를 원하는 대로 바꿀 수 있기 때문이다.

DNA를 다루는 기술 발전은 반도체 메모리 증가 속도와 비슷하다. 인간 게놈, 즉 인간 유전자 전체 순서를 처음엔 3조원 들여 13년 만에 밝혀냈지만 지금은 이 작업에 1,000달러, 한 달이 채 안 걸린다. 내성균을 포함한 웬만한 병원균 DNA 순서는 다 밝혀졌다. 이제 내성균 위협에서 벗어날 수 있다. 패혈증은 그 시험대다.

패혈증은 두 가지, 즉 어떤 균인지 빨리 알아내서 내성 없는 신규 항생제를 써야 산다. 합성생물학은 이 두 문제를 동시에 해결한다. 패혈증 의심 환자가 들어오면 혈액을 균이 배양하지 않고 혈액 속 병원균 DNA를 그대로 읽어낸다. DNA 순서를 알면 어떤 병원균인지, 어떤 항생제 내성이 있는지 알 수 있다. 항생제 선택에 지금은 2~3일이나 걸리지만 합성생물학의 도움을 받게 되면 하루도 안 걸릴 수 있다. 문제는 새로운 항생제 공급이다. 미국 록펠러대학 연구는 신규 항생제 개발의 청신호다. 지난 90년간 발견된 항생제는 흙 속 균이 실험실에서 자라서 해당 항생제 유전자를 작동시킬 때만 발견할 수 있었다. 이제는 이 두 단계가

---

* 대사 경로(metabolic pathway): 생체 내의 화학 변화 순서로 어떤 물질이 각종 효소 작용을 순차적으로 받아 다른 물질로 변화하는 과정의 순로.

모두 필요 없다. 흙 속 항생제 생산균 DNA를 모두 읽으면 가지고 있는 모든 항생제 유전자를 알 수 있다. 그렇게 얻은 항생제 유전자 정보만으로 항생제를 만들 수 있다. 신규 항생제 생산 가능성이 수백 배 높아졌다.

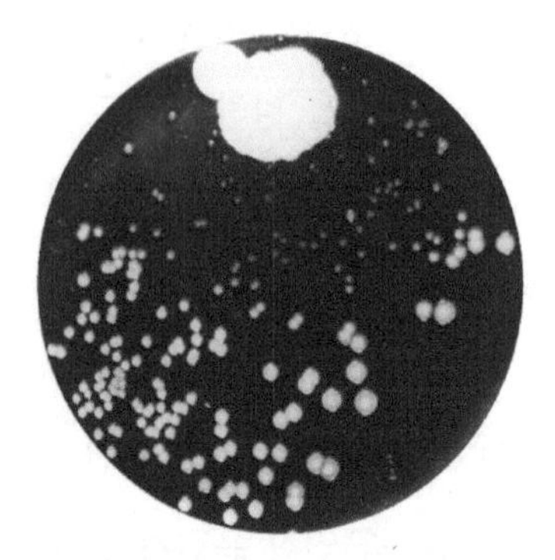

플레밍의 페니실린 발견. 곰팡이(위의 흰 덩어리) 생산 페니실린 확산으로 근처 병원균(흰 점)은 못 자라지만 아래쪽은 잘 자란다. 이런 방식으로 지난 90년간 항생제를 찾아왔다

인류 최후의 적은 병원균이다

새로운 항생제를 만들면 지구촌 내성균 문제를 완전 해결할 수 있을까. 우선 급한 불은 끌 수 있을 것이다. 하지만 합성생물학으로 만든 신규 항생제라도 예전처럼 무분별하게 사용한다면 내성균 등장은 시간문제다. 항생제 남용에서 한국은 후진국이다. 한국의 항생제 사용량은 OECD(경제협력개발기구) 평균보다 35% 많다. 항생제가 감기에 도움이 된다고 생각하는 사람이 51%나 되고 실제 감기 항생제 처방률은 44%로 호주(32.4%), 네덜란드(14%)보다 높다. 최후 항생제라는 반코마이신 내성률은 한국이 36.5%로 영국(21.3%), 독일(9%), 프랑스(0.5%)보다 월등히 높다. 의사와 환자 모두 항생제를 줄여야 한다.

항생제 개발→새 내성균 등장의 악순환을 반복하다가는 인류는 더 이상 설 곳이 없다. 그동안 숨겨져 있는 모든 균의 DNA까지 샅샅이 뒤

져서 만든 최후 신규 항생제에 모두 내성균이 생긴다면 인류는 방법이 없다. 병원균에 전멸할 수도 있다. 병원균은 인류 생존에 가장 큰 위협이다. '항생제는 지난 세기 수많은 생명을 구했다. 앞으로도 인류를 구할 수 있을 것인가는 우리에게 달려 있다.' 미국 버락 오바마 대통령의 말은 지구촌에 시간이 남아 있지 않음을 알린다.

Q&A

Q1. 항생제 부작용, 어떻게 나타나나요?

항생제 부작용은 크게 2가지로 나뉩니다. 항생제 자체에 부작용을 보이는 것과 개인 체질에 의한 알레르기 때문에 나타나는 것이죠. 약 자체의 부작용으로는 간독성, 골수독성, 위장독성, 신경독성 등이 있으며, 과민반응을 일으키면서 약으로 인한 열이 생기거나 발진이 나기도 합니다. 알레르기로 인한 경우 개인 체질에 따라 나타나는 것으로 사람마다 증상이 다 다르고 면역력이 저하되면 증상이 나타나거나 더 심해지기도 합니다.

Q2. 사람 말고 다른 동물에게도 내성균이 생기나요?

인천 지역 반려견을 대상으로 실시한 항생제 내성 실태조사 결과, 5종 이상의 항생제에 내성을 보인 '다제내성균'의 비율이 23~58%에 이르는 것으로 조사됐습니다. 내성균은 비단 사람의 문제만은 아닌 것 같습니다. 항생제를 사용했을 때 내성이 생기는 원리는 인간이나 동물이나 모두 같습니다.

2

모기를 모두 죽일 수도 없고…
'정체' 모르고 백신 없어 더 큰 공포

지카 바이러스 확산

2016년 1일 세계보건기구WHO는 국제 보건 비상사태를 선포했다. 2015년 10월부터 브라질에서 퍼지기 시작한 지카 바이러스를 옮기는 '이집트숲모기'가 급격히 퍼지기 시작했기 때문이다. 한 해 400만 명의 감염자가 발생할 것으로 WHO는 예측했다. 더욱이 머리가 작은 '소두증' 태아가 같은 속도로 늘고 있어서 지카 바이러스는 임산부에게 전대미문의 공포가 되고 있다. 2014년 아프리카의 에볼라로 1만 1,000명이 사망했을 때 발령했던 국제 비상사태다. 그만큼 위험하다는 이야기다. 왜 갑자기 퍼지기 시작한

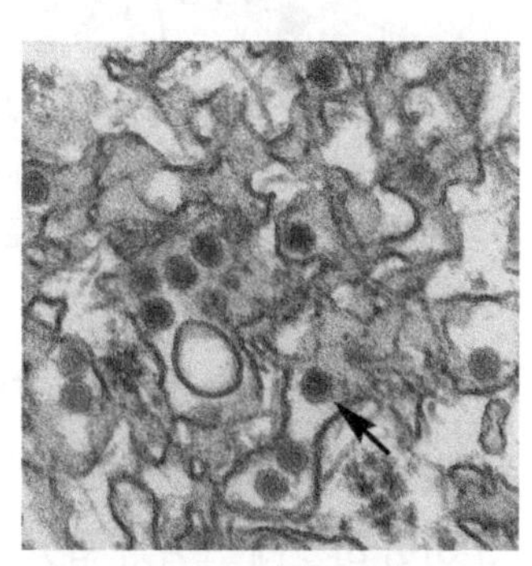

지카 바이러스(흑색 원형) 전자 현미경 사진

것일까? 얼마나 위험하고 세계는 어떤 대비를 해야 할까? 무엇보다 미국이나 브라질을 여행할 수는 있는 것일까?

1947년 우간다 숲에서 처음 발견돼

지카 바이러스가 본격적으로 모습을 드러낸 곳은 브라질이다. 지난해 10월부터 이 지역에서 태어난 아기 중 머리가 작은 소두증 신생아 수가 평상 수준의 여덟 배 가까이 늘면서 보건당국을 긴장하게 했다. 소두증 아기의 급증은 지카 바이러스 감염 환자 증가와 일치했다. 현재까지 브라질에서만 4,000건의 소두증이 보고됐다. 소두증은 단순히 작은 머리로 태어나는 정상아일 수도 있고, 비정상적으로 두뇌가 작은 경우가 있다. 비정상인 경우 자라면서 어떤 일이 생길지 아직 모른다. 브라질에서 급증하는 소두증은 분명 모기가 옮기는 지카 바이러스가 원인인 것은 확실한데 아직 과학자들이 정확한 증거와 연관관계를 찾지 못하고 있다고 WHO는 말하고 있다. 또한 감염 환자에게 무슨 일이 일어나고 있는지, 혹시 바이러스가 남아 있어서 태아에게 영향을 주는지에 대한 데이터가 전혀 없다는 것이 두렵다. 즉 아무런 정보도 가지고 있지 않은데 급격히 퍼지고 있다는 사실이 세계를 두렵게 하고 있다.

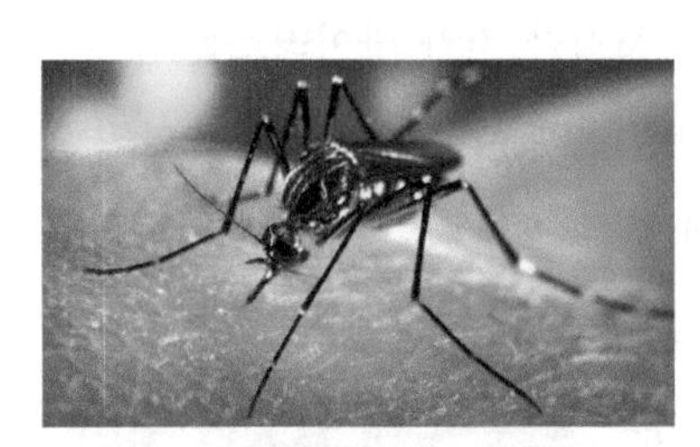
지카 바이러스를 옮기는 이집트숲모기

제일 많은 감염자가 발생한 브라질이 국가 비상사태를 선포하고 모기 박멸에 나섰다. 건물 내부를 샅샅이 소독하고 심지어는 유전자가 변형된 '내시모기*'를 해당 지역에 살포하려고 하고 있다. 모기 박멸에 동원되는 근로자들이 모기 기피제를 제대로 공급하지 않으면 파업을 하겠다고 할 만큼 브라질 내에 공포가 퍼지고 있다. 하지만 지카 바이러스가 발견된 것은 1947년이다. 아프리카 우간다 '지카 숲'에서 포획한 붉은털원숭이가 열이 나는 것을 조사하며 발견됐다. 이어 숲모기 Aedes가 지카 바이러스를 주로 옮기는 것으로 밝혀졌다.

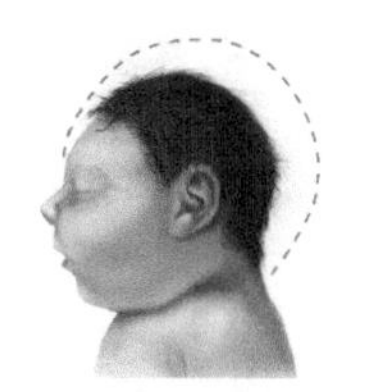
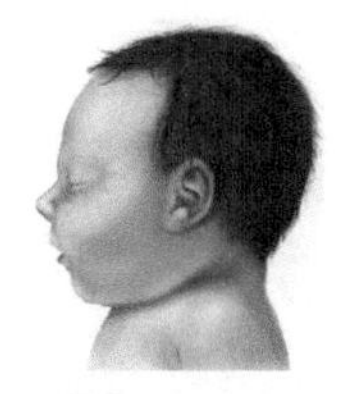
소두증 태아 모습

모기는 이미 병원체를 옮기는 주범으로 '낙인'찍힌 놈이다. 말라리아, 황열, 뎅기열, 치쿤구니야열, 웨스트나일열, 지카 등 종류도 다양하다. 밀림에 많은 것이 모기인 것을 생각하면 이들이 바이러스의 온상이란 것은 그리 놀라운 일이 아니다.

실제로 바이러스는 모든 생물체에 다 있다. 사람들도 늘 감기 바이러스와 같이 살고 있다. 다만 인체가 면역으로 바이러스가 발을 못 붙이게 하고 있는 것이다. 눈에 보이지 않는 박테리아에도 바이러스가 동거, 파

* 내시모기: 영국 옥시텍에서 개발한 GM모기. 태어난 모기가 불임이 되도록 수컷을 변형.

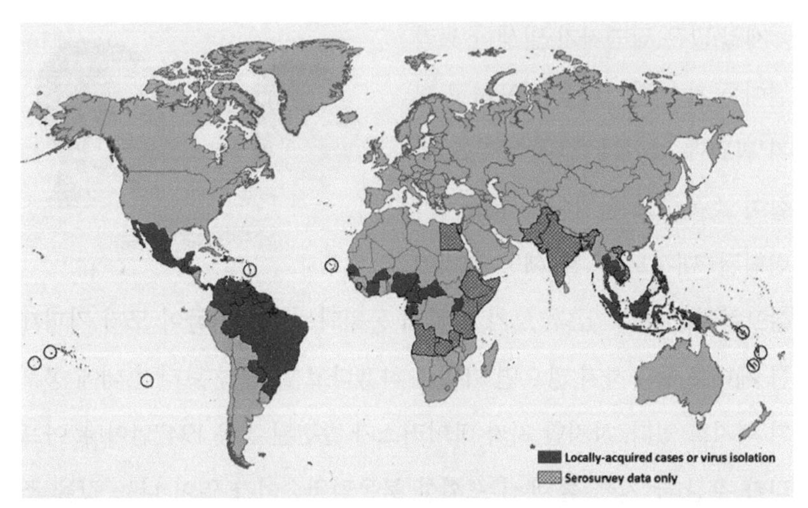

지카 바이러스 감염 위험 지역. 남미 지역이 급속히 증가했다(자료: 2016년 2월 2일 미국 CDC)

괴, 이동하기도 한다. 문제가 되는 경우는 바이러스가 사람에게 해를 끼칠 때다. 태어난 아기가 두뇌 발달에 심각한 문제가 있는 소두증이라면 보통 문제가 아니다. 더구나 모기가 원래 살던 적도 부근의 좁은 지역을 벗어나 북미까지 이동하고 있다. WHO가 비상사태를 선포한 이유다. 왜 이렇게 널리 퍼지게 된 것일까.

미국 워싱턴에서 네 번 월동한 모기

브라질의 지카 비상사태가 미국을 뒤흔드는 데에는 미국도 지카 바이러스 모기의 안전지대가 아니라는 증거가 나왔기 때문이다. 즉 남미와는 한참 떨어진 워싱턴에서 지카 바이러스 모기가 발견됐기 때문이다. 더구나 이미 4번의 겨울을 살아서 넘긴 것이다. 적도 지방에서나 살고 있던 모기들이 워싱턴에서 겨울철을 4년 살아남았다는 것은 놀라운 일이다. 워싱턴에서 살아남을 수 있으면 미국의 다른 지역에도 있을 가능성이 있다. 최근에 필자는 추위가 극성인 건물 지하실에서 모기를 발견해서 놀란 적이 있다. 하지만 겨울철 아파트에 산다는 사실보다도 두려운 건 지구온난화로 모기가 퍼진다는 사실이다. WHO는 모기가 이미 고도가 높은 지역으로도 이동하고 있다고 경고했다. 기온이 올라가면서 모기도 북상한다는 이야기다. 모기 바이러스가 급속히 퍼지는 원인 중의 하나는 항공 이동이다.

과학잡지 '사이언티픽 아메리칸'에 의하면 미국 내에 지카 바이러스 환자가 유입된 경로를 확인해보니 모두 다른 지역, 주로 적도 부근의 섬에서 모기에 물려 감염된 환자였다. 이 환자들을 미국 지역 모기가 물어서 전염시킬 가능성도 배제할 수는 없다. 하지만 바이러스는 많은 경우 특정 모기 종류에만 산다. 따라서 원래 지카 바이러스를 가지고 있던 적도 부근의 모기가 온난화로 서식지가 북상했을 가능성이 더 크다는 것이다.

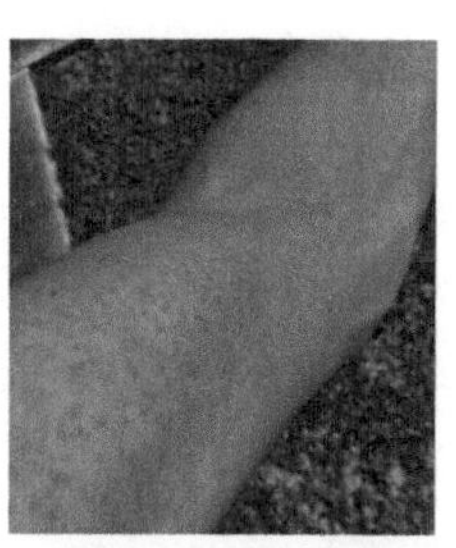
지카 바이러스 감염 환자의 피부 발적. 2~7일간 발열. 잠복기는 2주

현시점에서 지카 바이러스 확산이 문제 되는 것은 예방 백신이나 치료제가 전혀 없다는 점 때문이다. 만약 해당되는 지역을 여행해야 된다

면 모기에게 물리지 않는 것이 최선이다. 지카 바이러스 모기는 낮에 주로 활동을 한다고 한다. 긴팔 옷과 긴바지를 입고 피부 노출을 최소화해야 한다. 모기 기피제는 필수사항이다. 가능하면 에어컨이 설치된 호텔방을 이용하는 것이 그나마 모기를 만날 확률을 줄인다. 임신 중이거나 가까운 시간 내에 계획 중이라면 해당 위험 지역을 가지 않는 것이 최선이다.

최근 미국 보건당국이 성관계를 통해 지카 바이러스에 감염된 사례를 발표하기도 했지만 지카 바이러스 확산의 주범은 모기다. 그렇다고 모기를 모두 죽일 수는 없다. 정상적인 백신 제조는 시간이 걸린다. 실험실에서 백신을 만든 후에 동물에게 실험해보고 다시 점차 수를 늘려가면서 사람에게 실험해야 한다. 평균 10년 걸린다. 비상수단이 필요하다.

동물 피 항체 '지맵'으로 에볼라 치료

만약, 아주 만약에, 전 세계가 이름 모를 바이러스에 감염된다면, 혹은 에볼라가 전 세계로 급격히 퍼진다면 아무런 방법이 없는 것일까. 영화에서나 볼 수 있는 지구 종말이 가능한 것일까. 영화 <월드 워 Z(미국, 2013)>에서 주인공(브래드 피트)은 좀비 바이러스가 세계를 덮쳐 지구가 멸망하는 상황에서 한 연구소를 찾아간다. 그리고는 해답을 얻는다. 더 강한 바이러스에 감염된 사람의 피가 좀비 바이러스를 막을 것이라 생각하고 스스로 감염시켜 결국 성공한다. 현실에서는 이것이 가능할까?

2014년 에볼라 사망자가 4,000명을 넘어설 때 세계는 치료제나 예방 백신이 만들어져 있지 않았음을 알고 긴장했다. 더구나 최상위 의료 국가인 미국 의료진마저 감염되자 공포가 밀려왔다. 당시 2명의 에볼라 환자를 특수 항공기까지 동원해 긴급히 본국으로 옮긴 미국은 실험 중이던 치료약 '지맵ZMapp'을 주사했고 2명을 살려냈다. '지맵'은 에볼라가 생물학무기로 사용된 경우에 대비해 연구 중이었던 치료제다. 에볼라 바이러스를 동물에게 주사해서 만든 혈액 속의 '항체'다. 이 항체는 에볼라 바이러스에 '찰싹' 달라붙어 죽인다. 당시 원숭이 대상 실험에서 효능을 확인한 실험 단계의 약을 비상조치로 사용한 것이다. 하지만 아프리카 현지의 수많은 감염 환자에게 주사할 수 있는 '지맵'은 준비돼 있지 않았었다. 그렇다고 비상수단이 전혀 없었던 것은 아니었다.

WHO가 현지 감염 환자들에게 시도한 것은 다름 아닌 회복 환자의 피였다. 회복 환자는 혈액 속에 에볼라 바이러스에 대한 항체*가 형성돼 있었고 이를 분리해서 환자에게 주사하자는 것이었다. 임시처방이지만 유일한 처방이었다. 물론 위험성도 상당히 있다. 혈액에 있을 수 있는 다른 바이러스 등을 완벽하게 걸러내야 한다. 마치 헌혈한 피의 병원균 검사를 하듯 완벽하게 해야 한다. 다른 사람의 피, 그것도 에볼라에 걸렸던 사람의 피를 주사로 받는다는 것이 께름칙했던지 그리 많은 호응을 얻지는 못했다. 하지만 1995년 콩고 에볼라 사태 때 8명 환자에

---

* 항체(antibody): 면역계 내에서 항원의 자극에 의하여 만들어지는 물질. 특정한 항원과 특이적으로 결합하여 림프와 혈액을 떠돌며 항원항체 반응을 일으킨다.

게 주사해서 7명이 회복된 기록이 있다. 물론 대조군이 없는 소규모 결과이지만 비상시에 현지에서 급히 사용할 수 있는 유일한 방법임에는 틀림없다. 이 방법은 이미 오래전부터 쓰였다.

항생제가 발견되기도 전인 1890년, 치명적인 파상풍 환자를 살린 건 파상풍에서 살아남은 동물의 피였다. 지금도 뱀이나 독충에 물린 응급 상황 시 병원에서 맞는 해독제는 아이러니하게도 그 독으로 만들어진다. 즉, 뱀독을 미리 말, 양에게 주사해서 생성된 항체를 정제해 놓는 것이다. 해독제 속의 항체는 독에 달라붙어서 신경이나 장기를 파괴하지 못하게 한다. 이런 항체를 좀 더 정밀하게 연구하고 생산한 것이 미국 에볼라 환자를 살린 '지맵'이다. 즉 암, 질병을 일으키는 암세포나 바이러스에 대한 항체를 동물(쥐)세포 배양*으로 대량 만들어서 환자에게 주사하는 것이 현재의 '항체치료제'다. 이런 기술은 이미 확보돼 환자에게 사용되고 있다. 따라서 시간만 충분히 주어진다면 새로운 바이러스가 나타나더라도 충분히 예방 백신이나 치료제를 만들 수 있다. 문제는 준비하는 데 걸리는 시간이다. 물론 미국도 비상상황임을 고려해 실험 중인 '지맵'을 사용했다. 하지만 비상상황으로까지 가기 전에 미리 예방을 하는 것이 최상이다. WHO가 비상사태를 발령하고, 한국 정부가 법정 감염병으로 지정하고 해당 지역에 여행 경보를 발령한 것도 지금으로서는 그것이 유일한 예방책이기 때문이다.

---

* 동물세포 배양(animal cell culture): 동물체에서 생체조직을 잘라내 세포를 분리하여 배양 기구 내에서 유지, 증식시키는 과정.

지카의 한국 상륙 가능성은 그리 높지 않다. 바이러스는 자물쇠-열쇠처럼 딱 맞는 숙주만 침입한다. 한국 남부에 있다고 알려진 흰줄숲모기는 국내 모기의 0.2% 정도다. 이 모기가 바이러스를 옮기려면 다른 나라에서 감염된 사람을 그 모기가 물어야 하는 아주 적은 확률이다. 그나마 다행인 것은 지카 바이러스가 에볼라처럼 치사율이 높지 않다는 것이다. 하지만 에이즈 바이러스도 처음부터 치명적이지는 않았다. 지카를 두려워해야 하는 이유는 우리가 지카 바이러스에 대해 아는 것이 거의 없다는 것이다. 평상시 위험 병원체를 대비한 연구가 필요한 이유다.

Q&A

Q1. 지카 바이러스 감염 증상은 무엇인가요?

지카 바이러스에 감염되면 발열과 피부발진, 결막염, 근육과 관절 통증, 권태감, 두통 등의 증상이 2~7일 정도 나타납니다. 증상이 가벼워 감염 사실을 모르고 지나가는 경우도 있습니다. 치사율도 낮은 편이지만 예방 백신이나 또는 치료제가 없어 증상이 나타나면 충분한 휴식을 취하는 방식으로 치료를 해야 합니다. 감염되면 탈수를 예방하기 위해 물을 자주 마셔야 하며 발열이나 통증을 완화하기 위해 해열제 등의 일반 의약품을 사용하기도 합니다.

Q2. 모기에 물렸는데 다른 사람들보다 더 심각하게 붓고 간지러움이 심합니다.

남들보다 모기 물린 곳이 심하게 가렵거나 부어오른다면 스키터 증후군일 가능성이 있습니다. 스키터 증후군은 아직 우리나라에는 잘 알려지지 않은 질환이지만 모기의 침 때문에 발생하는 국소 피부염증 반응을 말합니다. 일반적으로 모기의 타액에 알레르기가 있는 사람에게서 통증과 가려움증을 동반하는 발진이 나타납니다. 심하면 물집이 생기고 열이 나며 아나필락시스쇼크로 인해 호흡곤란까지 일으킬 수 있습니다.

이 증후군은 보통 초등학생 이하의 어린아이들에게 나타나지만 급격한 체력 저하나 체질 변화를 겪은 성인에게서 발생하기도 합니다.

3

연 100만 명 죽게 하는 모기 씨 말릴 방법 개발했지만 고민

말라리아, 뎅기열 박멸

찬 바람이 싸늘하게 얼굴을 스치면 따뜻한 먼 남쪽 섬나라가 그립다. 휴가로 동남아, 남태평양, 멀리는 아프리카까지도 계획한다. 하지만 조심해야 할 것이 있다. 올 하반기 브라질에 머리가 작은 '소두(小頭)증' 신생아가 평상시의 17배나 증가했다. 기겁한 보건당국의 조사 결과, 아프리카에서 이동한 말라리아모기가 옮기는 지카 Zika 바이러스 감염으로 밝혀졌고 의료 비상사태가 선포됐다. 브라질만의 문제가 아니다. 열대, 아열대 국가를 여행할 때는 조심해야 할 것이 있다. 바로 모기다. 말라리아, 황열, 뎅기열, 지카, 치쿤구니아 등 이름도 생소한 병으로 매년

말라리아모기. 열대, 아열대 여행 시에는 모기에 주의해야 한다

100만 명 이상이 죽는다. 최근 이놈들을 아예 근절시킬 가공할 기술이 나왔다. 과연 박멸할 수 있을까?

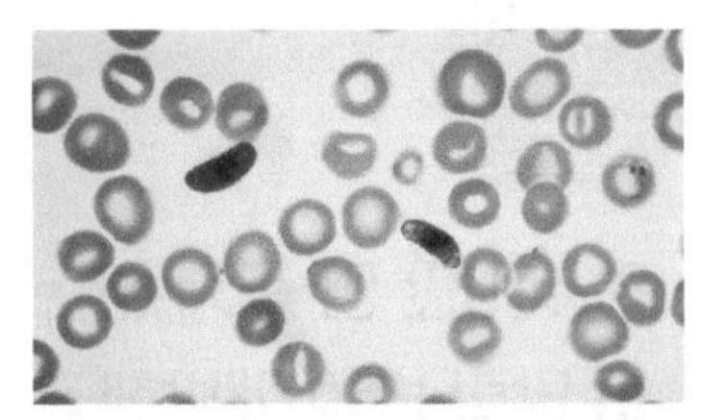

혈액 속의 적혈구와 말라리아 원충
(플라스모디움, 사진 중앙 짙은 색)

뇌에도 침입하는 말라리아 원충

베트남 호찌민 공항에 내리면 '훅-' 하는 더위가 한국의 겨울을 잊게 한다. 이곳에서 4시간 남쪽으로 향하면 메콩 델타 지역이 있다. 수로로 이어진 농촌에 깊숙이 들어가면 사람들이 구석구석 살고 있다. 사방천지가 물이다. 고여 있는 물에 오리도 키운다. 이런 곳에 민박이라도 하려면 모기와의 전쟁을 각오해야 한다. 세계보건기구에 의하면 베트남 농촌은 말라리아 위험 지역이다. 1965년 베트남전에 참전했던 병사들은 베트콩과의 싸움보다도 코앞의 모기가 더 급했다. 끈끈하고 냄새나

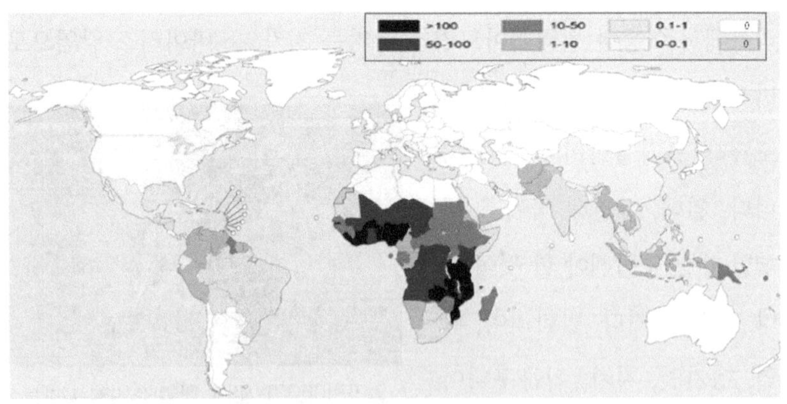

말라리아 발생 지역과 1000명당 발생 빈도(자료: 세계보건기구(WHO, 2013))

는 모기 기피제가 지급됐지만 밀림에서 달려드는 모기를 막기에는 역부족이었다. 심지어 부대 전체가 말라리아로 전투력을 상실한 곳도 많다. 미국 신경정신병 학회지에 의하면 당시 한 해에만 7,832명의 말라리아 환자가 발생했다.

지미 매뉴얼도 참전용사 중의 한 사람이다. 그는 19세에 자원했고 몇 년 후 살아 돌아왔다. 하지만 그는 매일 밤 악몽과 심한 열병에 시달렸다. 심한 '외상 후 스트레스'를 앓고 있다고 스스로 생각했고 의사도 그런 약을 처방했다. 어느 날 병원 게시판에서 '말라리아'란 글자를 보고 본인이 베트남에서 말라리아를 두 번씩이나 앓았음을 상기했다. 검사 결과 그는 뇌의 혈관이 말라리아 원충으로 막히는 심한 후유증을 앓고 있었다. 당시 기록에 의하면 말라리아 환자였던 참전용사의 70%가 자살을 생각했다고 한다. 말라리아는 제때 치료하지 않으면 심한 후유증을 남긴다.

말라리아는 모기가 옮기는 병으로 주범은 '플라스모디움' 원충*이다. 머리카락 굵기의 100분의 1도 안 되는 이 원충은 모기의 흡혈을 통해서 모기 체내로 침입한다. 모기도 외부 침입자인 원충을 퇴치하려 하지만 많은 놈이 살아남는다. 원충에 감염된 모기가 사람을 물면 사람의 적혈

---

* 원충(protozoa): 운동성을 가진 단세포동물로서, 대부분 자유생활을 하지만 일부 원충은 인체 내에서 기생생활을 하면서 무증상부터 치명적인 증상까지 다양한 증상을 유발.

구 속에 들어가서 증식하고 인체의 면역 공격을 피한다. 12일의 잠복기*가 지나면 두통, 근육통, 무기력함, 복부 불편감이 생기고 그 후 40도가 넘는 고열로 몸이 펄펄 끓는다. 뇌 침입 시 뇌혈관 자체를 막아서 뇌졸중, 정신병, 환각증을 일으킨다. 모기가 옮기는 병은 말라리아 원충만이 아니다. 황열, 뎅기열, 지카는 모두 모기 내의 바이러스가 일으키는 병으로 말라리아처럼 발한, 고열이 난다.

노벨상 받은 투유유, 말라리아 약 개발

우리나라에도 말라리아, 즉 학질이 있다. 하지만 연간 400명 정도만 감염이 되고 그 정도도 약해서 '학질 떼듯' 앓고 나면 큰일이 없다. 반면 열대 지방의 말라리아는 독하고 위험하다. 아프리카, 남미 중심부, 동남아 일부, 남태평양제도가 위험 지역이다. 말라리아는 아직 백신은 없고 예방약이 있다. 위험 지역을 여행하려면 최소 2주 전에 복용해야 한다. 잠복기가 12일이니 위험 지역을 벗어났다고 안심해선 안 된다. 황열은 대응 방법이 다르다. 따라서 각자의 여행 지역에 맞는 주사와 예방약을 미리 확인하고 미리 맞아야 한다. 혹시 있을 약의 부작용 때문에 안 먹는다면 안전벨트가 답답하다고 안 하는 것과 같다. 주사, 예방약보다 더 중요한 건 모기에게 안 물리는 것이다. 피부 노출을 최대한 막고 기피제, 모기장을 사용하고, 가능하면 에어컨이 있는 숙소를 택해야 한다.

---

* 잠복기(incubation period): 병원미생물이 사람 또는 동물의 체내에 침입하여 발병할 때까지의 기간.

베트남 여행 중 구찌터널을 간 적이 있다. 그 길이가 250km나 되니 미군이 두 손 들 만도 하다. 하지만 이런 땅굴에서도 두려운 것은 역시 미군 폭격이 아니라 모기였나 보다. 당시 중국은 북베트남을 적극 지원해서 극비 프로젝트 '523'을 추진했다. 말라리아 약을 만드는 것이다. 그 팀에 중국 여성 과학자가 한 사람 있었다. 팔순을 훌쩍 넘어선 투유유 박사는 2014년 10월 중국 최초로 노벨생리의학상을 수상했다. 항말라리아 물질(아르테미신)을 '개똥쑥'에서 찾았다. 냄새가 개똥 같은 이 식물로 만든 약은 오랫동안 쓰였던 '키니네*'보다 효능이 뛰어나서 개발 후 10년 동안 10억 명의 사람들이 이 약으로 치료를 받았다. 마오쩌둥이 전쟁을 이기려고 극비에 시작한 프로젝트가 거꾸로 10억 명의 생명을 건진 아이러니가 되었다.

빌 게이츠는 "살아 있는 동안 말라리아 등 후진국의 감염병을 퇴치하고 싶다"고 했다. 2015년 한 해만도 5,000억 원을 기부했다. 30년간 지속된 말라리아 연구는 이제 그 칼끝을 모기에게 겨누기 시작했다. 치료 대신 예방, 즉 모기가 질병을 옮기지 못하게 하는 방향으로 급선회 중이다. 견문발검(見蚊拔劍), 즉 모기 보고 인간이 칼을 빼들었다. 진검승부가 펼쳐지고 있다.

---

* 키니네(Quinine): 남아메리카 원산으로 인도네시아의 자바섬 등에서 재배되는 키나나무의 수피에 함유된 키나 알칼로이드의 대표적인 것.

모기 유전자 변형은 가공할 박멸 기술

2014년 브라질 정부는 유전자변형GM 불임(不任) 모기의 야외 실험을 허가했다. 영국 '옥시텍' 회사에서 개발한 이 'GM 내시모기'는 이미 두 번의 현장 실험에서 모기를 85%나 감소시켰다. 기형아가 발생하는 비상사태가 발생되자 브라질 정부는 GM 내시모기를 현장 투입할 예정이다. GM 내시모기보다 논란이 덜한 방법도 개발되었다. 호주 연구팀은 말라리아모기와 그 안의 원충을 못 자라게 하는 박테리아를 다른 곤충에서 찾아냈다. 이 박테리아를 감염시킨 모기가 말라리아 예방에는 효과가 있었다.

모기 박멸 노력은 인간 역사와 같이한다. 파나마 운하 공사의 가장 큰 난관은 원인을 모르는 풍토병이었다. 수에즈 운하 건설에 성공한 프랑스가 1876년 자신만만하게 건설을 시도했지만 죽어나가는 인부들로 시작도 못해 보고 두 손 들었다. 미국이 뛰어들었다. 하지만 인부의 85%가 병원 신세를 지게 되자 운하 공사는 중단 위기에 놓였다. 의무 책임자인 윌리엄 고거스 대령은 풍토병의 원인이 '모기'라고 직감하고 사방 30km의 늪과 밀림을 제거했다. 1년간 4,000명의 사람들이 60만 갤런의 기름으로 모기 박멸을 한 덕분에 파나마 운하는 개통했다. 하지만 이 서식지 제거 방법을 아프리카 적도 부근의 넓은 지역에 모두 적용할 수는 없다. 유일한 방법은 말라리아 원충을 지구상에서 없애는 것이다.

미국 캘리포니아대학 연구팀은 말라리아 원충을 무력화시키는 'GM 항체모기'를 만들었다.[1] 이 'GM 항체모기'는 모기는 놔두고 말라리아

말라리아를 옮기는 모기와 인간의 전쟁. 과연 승리할 수 있을까

원충에만 항체가 달라붙어 죽인다. 하지만 지금까지의 모든 방법(GM 내시모기, 박테리아 감염모기, GM 항체모기)의 가장 큰 약점은 야외에서 퍼지는 데 시간이 걸린다는 것이다. 즉 야생에 GM 모기를 방사, 번식해 모두 GM 모기로 바꾸려면 시간이 걸린다. 가장 좋은 방법은 투입한 GM 모기가 산불처럼 스스로 퍼지게 해야 한다. 과학자들이 머리를 모았다.

아프리카 어린이, 30초마다 말라리아로 사망

저명 학술지 '네이처 바이오테크놀로지'에 놀랄 만한 사실이 발표됐다.[2] 말라리아를 박멸시킬 방법을 찾은 것이다. '유전자* 드라이브 Gene

* 유전자(gene): 부모에서 자식으로 대물림되는 특징, 즉 형질을 만들어 내는 인자로서 유전 정보의 단위.

Drive'라 불리는 방법이다. 즉 말라리아를 억제하는 항체유전자와 이 유전자를 '짝'의 유전자에 옮기는 '전파유전자'를 동시에 갖춘 GM 모기를 만들었다. 그 결과 암놈과 수놈의 '짝' 사이에서 태어나는 자식 모기는 '전파유전자'의 힘으로 정상 유전자도 항체유전자를 가지게 된다. 결국 연쇄반응처럼 모든 자식 모기는 항체유전자를 가지고 되고, 따라서 말라리아 원충이 못 살게 된다. 전파유전자의 작동 원리는 '유전자가위 CRISPR/cas9'로서 '짝'의 유전자의 정확한 위치에 말라리아 항체유전자를 복사해서 삽입한다.

이 방법은 상당한 파괴력과 파급력을 가진다. 말라리아를 옮기는 '이집트숲모기' 전체가 모두 새로운 항체유전자를 가지게 된다. 한 종(種)이 순식간에 변한다는 이야기다. 멘델의 유전법칙을 따르는 것이 아니다. 만약 말라리아 항체유전자가 아니고 '내시'유전자를 사용한다면 씨를 말릴 수 있다. 한 종을 멸종시킬 수 있다. 모기뿐만이 아니다. 다른 곤충도 같은 방식으로 멸종시킬 수 있다. 지금까지의 어떤 방법보다도 파괴적이고 생태계 영향이 클 것이다. 그러나 3,500종의 모기 중 말라리아 모기 1종만을 제거한다면 생태계에 미치는 영향이 그리 크지 않을 것이라고 예측하는 그룹도 있다. 하지만 아직 누구도 모른다. 살 곳이 없어진 말라리아 원충이 다른 모기와 협약을 맺어서 새 주인에게로 이사할지도 모른다.

브라질에서 시행 중인 모기 박멸 야외 실험의 진행 결과가 궁금하다.

설사 성공적이라 해도 동남아나 아프리카로 가는 여행자의 복장이 금방 달라지지는 않을 것이다. 긴소매, 긴바지를 반드시 챙기자. 모기장이 없는 시골이라면 반드시 모기약을 챙겨야 한다. 물론 예방약도 잊지 말자. 30초에 한 명씩 말라리아로 죽어가는 아프리카의 아이들을 구하기 위해서 어른들이 발 벗고 나서야 한다. 하지만 만만치는 않다. 왜냐면 모기는 수억 년을 살아왔던 생존의 고수이기 때문이다. 최근 20년간 세계적으로 뎅기열 환자는 5배나 늘었다. 모기의 박멸보다는 왜 그들이 점점 아열대로 퍼져나가는지 살펴야 한다. 그리고 그 원인이 지구온난화에 있다는 과학자의 경고에 귀 기울여야 한다.

Q&A

Q1. 유전자가위가 무엇인가요?

세포의 유전자를 교정(genome editing)하는 데 사용하는 기술입니다. 동식물 유전자에 결합해 특정 DNA 부위를 자르는 데 사용하는 인공 효소로 유전자의 잘못된 부분을 제거해 문제를 해결합니다. 유전자가위는 쉽게 말해 '지퍼(DNA)'가 고장 났을 때 이빨이 나간 부위(특정 유전자)만 잘라내고 새로운 지퍼 조각을 갈아 끼우는 것이죠.

3세대 유전자가위인 크리스퍼(CRISPR)는 세균이 천적인 바이러스를 물리치기 위해 관련 DNA를 잘게 잘라 기억해두었다가 다시 침입했을 때 물리치는 면역체계를 부르는 용어입니다. 이를 이용해 개발한 게 크리스퍼 유전자가위(CRISPR/cas9)입니다. 과거에는 유전자 하나를 잘라내고 새로 바꾸는 데 수개월에서 수년씩 걸리던 것이 이제는 며칠이면 가능해졌습니다. 한 번에 여러 군데의 유전자를 동시에 손볼 수도 있죠.

Q2. 말라리아 위험 지역은 어디인가요?

해외에서는 아프리카 사하라 이남 지역이 가장 위험한 지역입니다. 세계보건기구(WHO)의 발표를 찾아보면 더 자세하게 확인할 수 있습니다.

4

점점 독해지는 식인 박테리아 매년 7억 명 감염, 50만 명 사망

항생제 내성균

2009년 3월, 아프리카 남아공의 소설 작가 알 존슨은 무펜자티 호수에서 평소처럼 수영을 즐겼다. 하지만 악몽은 시작되고 있었다. 발가락에 가벼운 상처를 입었다. 피는 바로 멎었지만 대수롭지 않던 상처는 다음 날 심하게 부어올랐다. 동네의원 입구에서 졸도한 그는 대학병원 중환자실로 급히 옮겨졌다. 고열과 함께 혈압이 떨어지는 응급상황 속에서 감염된 왼쪽 다리를 절단해야 했다. 모두 48시간 내에 일어난 사건이었다. '식인 박테리아 Flesh-eating bacteria'가 원인이다. 그는 그나마 운이 좋은 편이었다. 최근 일본에서는 식인 박테리아가 급격히 늘어 3년간 712명이 감염돼 사

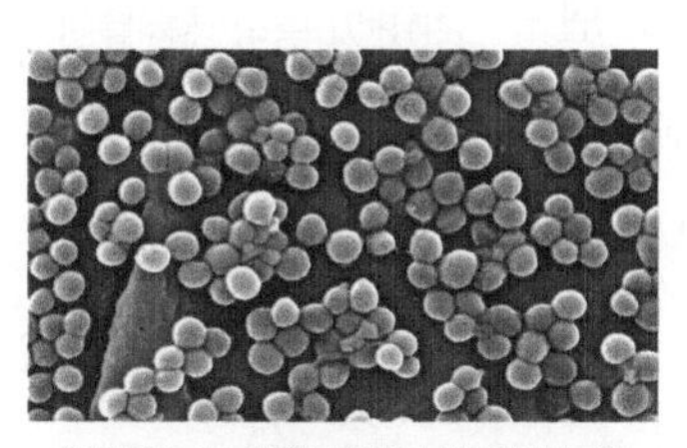

강력한 항생제 메티실린에도 죽지 않는 메티실린 내성균(MRSA)

망률이 30%에 육박했다. 일본은 주거환경이 한국과 비슷하다. 한국은 이런 감염균에 안전할까. 항생제는 이들을 잡기에 역부족인가.

식인 박테리아 이용했던 중국의 전족

존슨의 왼발을 앗아간 병원균은 호수로 유입된 축산 폐수가 원인이었다. 이 병원균들은 1000년 전 또 다른 발에 침투해서 수많은 소녀들의 목숨을 앗아갔다. 10세기 중국 여인들의 전족(纏足)* 문화 때문이다. 발을 감싼 형태로 사뿐거리는 춤을 추는 후궁의 모습이 '섹시 미인'의 아이콘이 됐다. 작은 발이 되기 위한 기이한 행동은 곧 여염집까지 퍼졌다. 졸라매는 정도가 점점 더 가혹해졌다. 여섯 살 난 여자아이의 발가락을 부러뜨리고 일부러 깨진 유리를 넣어 감염시켰다. 동물의 피와 약초를 섞은 물에 발을 담가서 감염 괴사 부분을 떼어냈다. 이로 인한 전신 감염으로 사망한 소녀들이 10%에 달했다. 중국 여인들의 1000년 잔혹사 덕분에 이 병원균들이 더 독해진 것은 아닐까.

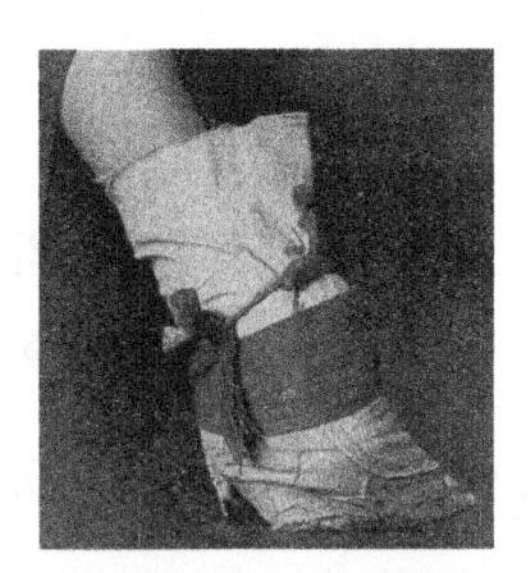
10세기 중국 소녀들의 발을 졸라맨 전족 풍습으로 상처와 감염이 생겨 사망자가 속출했다

'식인(食人) 박테리아'는 이름과는 달리 무엇을 '먹지는' 않는다. 다만

* 전족(纏足): 중국에서 여자의 발을 인위적으로 작게 하기 위하여 헝겊으로 묶던 풍습.

내뿜는 독소로 피부나 근육 아래의 연한 살을 괴사시킨다. 원래 이놈들은 우리 피부에 살고 있는 피부상재균(常在菌)들과 사촌 간이다. 평상시 피부에 침투하는 병원균을 막아준다. 행여 피부 상처로 피부상재균이 피부 장벽을 뚫고 들어간다 해도 가벼운 종기 정도로 그친다. 이런 '순한 놈'들이 왜 갑자기 돌변했을까. 왜 근육을 녹여 하루 만에 다리를 절단케 하고 매년 세계에서 7억 명 감염, 50만 명을 사망하게 하는 걸까. 최근 과학자들은 이놈들이 정상 피부균과 모양새가 같지만 특별한 무기로 교묘하게 공격함을 확인했다.

저명 학술지 'Cell'에 의하면 '용혈성 연쇄상구균'이라 불리는 이놈들은 피부 장벽을 뚫고 인체로 침입하면 일단 대기한다. 한두 놈이 공격해봐야 인체의 면역 경보만 울려서 박멸되기 십상이기 때문이다. 기다리던 놈들은 인체 세포에 독소를 주사한다. 이 독소(스트렙토신)는 인체 세포로 하여금 신호물질(아스파라긴)을 많이 만들어내게 한다. 이 신호를 받은 주변의 침입균들은 급속히 몸집을 불리고 동시에 포문을 연다. 마치 군대가 적을 공격하기 위해 기다리다가 공격 신호를 받는 순간 모든 포를 동시에 쏘며 진격하는 것과 같다. 면역이 미처 준비가 안 된 틈에 전면 공격을 하는 통에 인체는 고열, 혼수상태가 된다. 응급 수술로 감염 부분을 절제해내고 항생제를 급히 투여해도 25%가 사망한다. 응급실, 중환자실에서 제대로 치료받지 못하면 70% 이상이 죽는다. 연구자들은 이제 식인 박테리아들에 무기(독소)를 공급한 특정 바이러스들을 찾고 있다.

일본 학자들은 일본 내의 식인 박테리아와 항생제(에리스로마이신) 사용량이 동시에 증가한 것에 바짝 긴장하고 있다. 이 항생제는 일본에서 6년 사이 5배나 많이 사용되었다. 감기 환자에게도 다량 처방했기 때문이다. 결국 식인 박테리아가 일본에서 기승을 떨치는 이유는 정상 피부상재균들이 바이러스와 밀매하면서 무기를 갖춘 변종이 나타났고 이놈들이 항생제 내성이 생긴 것이다. 실제 미국에서 식인 박테리아는 전체 내성균의 20%에 육박한다. 생활환경이 우리와 유사한 일본에서 급증하고 있는 식인 박테리아를 우리는 대비해야 한다. 하지만 식인 박테리아보다 훨씬 더 걸릴 위험이 많은 놈들은 여러 항생제에도 죽지 않는 슈퍼박테리아(다제내성균)이다. 슈퍼박테리아는 동네 슈퍼에서 사 온 고기에도, 병원의 건강검진 내시경에서도 옮는다.

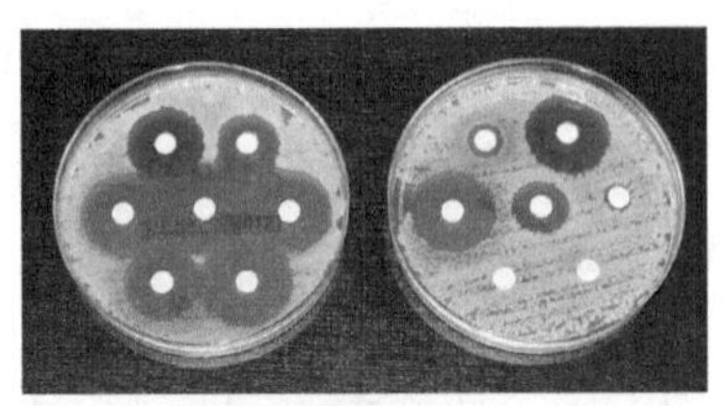
다제항생제 내성 박테리아. 보통 균은 7개 항생제(흰 동그라미)에 모두 죽어서 투명해지나 다제내성 박테리아는 4종류 항생제에도 끄떡없다

슈퍼박테리아는 내시경으로도 전염?

2015년 초 미국 UCLA대학 병원에서 담도내시경 검사를 한 179명의 환자 중 7명이 슈퍼박테리아에 감염돼 그중 2명이 사망했다. 내시경이 제대로 소독이 안돼서 다른 환자의 슈퍼박테리아에 감염된 것이다. 일부 내시경의 구조에 문제가 있었다지만 환자들이 불안하기는 마찬가지다. 한국도 내성균이 4년 새 3.7배로 늘었다. 항생제가 가장 많이 쓰이는 곳인 병원에 슈퍼박테리아가 제일 많다. 국내 대학병원 내과계 중환자실 환자의 50%가 내성균에 감염되어 있다. 또 외부 요양시설은 내성균이 22%이고 이 중 80%는 가장 독한 메티실린 내성균(MRSA)이다. 슈퍼박테리아에 감염된 환자는 치료 효율이 떨어져서 사망률도 높고 치료 기간도 길어진다. 이는 전 세계 문제다.

2015년 3월 미국 버락 오바마 대통령은 항생제 내성균과의 전쟁을 선포하고 1조 3,000억 원의 예산을 지원키로 했다. 최고 의료시설을 가진 미국에서도 매년 200만 명의 감염 환자, 2만 3,000명의 사망자가 나온다. 인류는 이들의 전쟁에서 이길 수 있을 것인가. 플레밍은 1928년 최초의 항생제인 페니실린을 찾아낸 공로로 노벨상을 받았다. 하지만 수상식 자리에서 그는 페니실린 내성균이 나타날 것이라고 예언했다. 예언은 적중했다. 페니실린이 발견된 지 12년 뒤 내성균이 출현했다. 이어서 1950년의 테트라사이클린은 9년 뒤 내성균이 나타났다. 강력하다고 소문난 1960년대의 메티실린은 6년 뒤 메티실린 내성균MRSA이 확인되었다. 1972년의 반코마이신은 16년 뒤 내성균이 나타났다. 신규 항생제가 사용되면 내성균은 생길 수 있다. 죽이겠다는데 당연히 살아남는 변종이 생길 수 있다. 문제는 너무 빨리 생긴다는 것이다.

항생제는 생명체들의 방어수단이다. 숲 속에서 나무들이 내뿜는 피톤치드도 나무에 달라붙는 곰팡이, 세균들을 막아주는 항생제 역할을 한다. 상용화된 대부분의 항생제는 땅속 미생물이 생산한다. 하지만 때리는 놈이 있으면 그걸 막는 놈도 생긴다. 아예 항생제가 들어오는 구멍을 막아버리거나 항생제를 분해하는 내성균도 나타났다. 사람뿐만 아니라 가축 사료에도 항생제가 쓰였다. 그걸 먹이면 잘 자랐기 때문이다. 국내 유통 중인 고기에서 분리한 대장균의 44%가 항생제 내성, 10.5%가 다제내성이다. 결국 내성균은 항생제 오남용으로 발생하고 병원뿐만 아니라 세상 곳곳에 퍼져 있다고 봐야 한다.

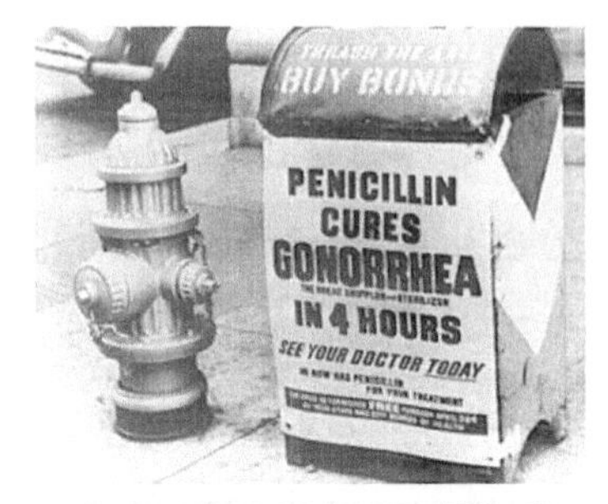

성병인 임질을 금방 치료한다는 페니실린 광고. 쉽게 자주 쓰던 항생제 덕분에 지금 임질균의 30~50%가 페니실린 내성이다

흙에서 찾은 27년 만의 신규 항생제 내성균의 문제를 해결하는 방법은 두 가지다. 첫째는 항생제를 적량 사용해야 한다. 둘째는 내성균을 막을 강력한 새로운 항생제를 찾아야 한다. 첫째는 우리 모두의 문제이고 둘째는 과학자의 몫이다. 하지만 둘 다 만만치 않다. 내가 항생제를 많이 쓰면 나는 쉽게 낫지만 다른 사람은 내성균으로 죽는다. 항생제 남용에 국가의 강력한 규제가 필요한 이유다. 또한 새로운 항생제가 못 나오는 이유는 그동안 찾을 만큼 찾았고, 항생제가 큰돈이 안 되었기 때문이다. 한 번 맞고 나면 병이 낫는 항생제보다는 계속 쓰이는 만성병 치료제나 항암제 시장이 크기 때문이다. 하지만 지구촌 슈퍼박테리아의 확산으로 더 이상 미룰 수만은 없다. 정작 과학자들이 고민하는 문제는

슈퍼박테리아는 항생제를 오남용한 역풍이다. 지구촌은 이들과의 전쟁을 준비해야 한다

그동안 찾을 만큼 찾아서 더 이상 지금의 방식으로는 새로운 항생제를 찾기가 힘들다는 것이다.

2016년 브라질 리우에서 올림픽이 열렸다. 요트 경기가 열릴 호수에서 미리 연습하던 미국 선수 13명이 집단 복통에 걸렸다. 리우 하수의 70%가 정화되지 않고 호수로 들어온다. 게다가 신규 슈퍼박테리아(MRSA)가 브라질 강에서 발견되었다. 이들 슈퍼박테리아를 완벽하게 억제하는 새로운 타입의 항생제는 없는가? 최근 답이 나왔다. 27년 만에 신규 항생제를 발견한 것이다.

저명 학술지 '네이처'에 발표된 항생제(타이소박틴)는 종전과는 다른 방법으로 찾았다.[3] 지금까지는 1928년 페니실린 발견 당시의 방법과 유사하다. 즉 항생제를 생산하는 놈들이 일단 실험실에 자라야 했다. 하지만 흙 1g 속에 있는 백만 마리 균 중 99%는 실험실에서 못 자란다. 연구진은 흙 속에 마이크로 배양용 칩을 박아놓고 그곳에서 직접 키웠다. 덕분에 여러 놈들이 합쳐야만 만드는 항생제도 찾을 수 있었다. 게다가 새로 발견된 항생제(타이소박틴)는 변종이 만들어지기가 힘든 종류다. 즉 다른 대안을 찾아서 내성균이 생기기가 쉽지 않다. 결국 슈퍼박테리아를 죽일 수 있는 놈은 흙 속의 다른 균들이다. 이이제이(以夷制夷)의 방법이 가장 효과적인 방법인 셈이다. 물론 일반인은 개인위생과 면역을 높이는 것이 최고의 방어책이다. 식인 박테리아나 슈퍼박테리아는 메르스처럼 기침, 재채기 등 외부와의 접촉으로 옮는다. 외출 후 반드시 노출 부위를 잘 씻는 기본 방비가 최고다.

영화 <미드나잇 인 파리(2011)>에서 주인공은 낭만의 중세 시대로 돌아가고 싶어 한다. 하지만 주인공은 우리가 살아야 할 곳은 바로 지금임을 깨닫는다. 그리고 한마디 한다. '중세에는 항생제가 없어.' 항생제는 그동안 수많은 사람들을 질병에서 구해냈다. 비록 인류가 항생제 남용으로 내성균의 역풍을 맞고 있지만 인류는 이를 교훈 삼아 넘어설 것이다. 존슨 대통령은 말했다. '사람은 패한 게임에서 교훈을 배워 얻는 것이다. 나는 이긴 게임에서 아직 배움을 얻은 일이 없다.'

항생제 오남용 욕심에 지구촌은 슈퍼박테리아와의 싸움에서 패하고 있다. 이제 지구촌은 슈퍼내성균과의 전쟁 준비에 모든 지혜를 모아야 한다.

Q&A

Q1. 모낭염이 여드름과 같나요?

모낭염이란 피부에 있는 털 주위(모낭)에 생기는 염증입니다. 털은 외부에 노출되어 있어서 쉽게 병원균이 침입합니다. 원래 피부에 살던 피부상재균일 수도 있고 외부 침입균일 수도 있습니다. 이들 균이 피부막을 통과해서 들어오면 전투가 벌어지지요. 모낭에 염증이 생긴 것입니다. 반면에 여드름은 염증이지만 원인은 호르몬 변화에 의한 것입니다. 즉 사춘기에 들어서면서 남성호르몬인 안드로겐의 영향으로 모낭에 붙어 있는 피지선이 활발해지게 됩니다. 피지, 즉 얼굴의 번들번들한 기름이 늘어나게 되지요. 또한 모낭의 각질화가 늘어나면서 노폐물이 모낭에 쌓입니다. 여기에 피부상재균인 여드름균이 자라면서 자극적인 물질인 지방산이 생성됩니다. 이것이 피부세포를 자극하고 염증이 시작됩니다.

Q2. 슈퍼박테리아도 끓이면 죽나요? 슈퍼박테리아는 어떤 경로로 감염되나요?

슈퍼박테리아도 박테리아입니다. 당연히 끓이면 죽습니다. 슈퍼박테리아라고 특별하지 않습니다. 일반 병원균이 감염되는 경로와 똑같습니다. 병원균 중에 항생제에 내성이 강한 놈을 슈퍼박테리아라고 부르는 것뿐입니다. 따라서 예방하려면 일반 위생수칙을 따라야 합니다. 외출 후에는 균이 붙을 만한 피부, 즉 얼굴, 손 등 노출되었던 피부를 비누로 씻어내는 것도 예방이 됩니다.

5

고체온에 집단 생활하는 박쥐 독종 바이러스 '양성 훈련장' 역할

바이러스 창궐 원인

조선 시대에는 '호환 마마!'라고 하면 울던 아이도 뚝 그쳤다. 당시는 제일 무서운 것이 호랑이(호환: 虎患)였다. 태종 때에는 경상도에서만 석 달 동안 수백 명이 물려 죽었다. 빚이 많은 사람이 잠적하는 수법에 호랑이를 써 먹었을 정도다. 즉, 자기 옷을 찢고 피를 묻혀 산에다 놓으면 호랑이에게 물려 죽은 줄로 속을 만큼 호환이 많았다. 호환보다 더 무서운 것이 마마(媽媽), 즉 천연두였다. 왜 마마, 즉 임금이라는 극존칭을 썼을까? 죽음을 좌지우지하는 신의 위치에 있는 질병이었기 때문이다. 온몸에 고름이 잡혀 죽거나 설사 살아남아도 얼굴이 얽게 된다. 즉 '밧줄이 얽힌 얼굴'이란 어원의 '박색(薄色)'이 되다 보니 천연두는 호랑이보다 더 무서웠다. 행여 비위를 거스를까 봐 '마마'로 대접해 어서 가시라고 했다.

당시 유럽을 초토화하던 천연두 바이러스에 조선도 예외는 아니었다. 고위 관료들의 초상화 중 곰보자국이 적지 않게 보일 정도였고 서민들은 열에 두셋은 죽어나갔다. 이들을 살린 것은 종두법, 즉 백신이었다. 조선 말기 일본통신사를 따라갔던 지석영이 종두법을 배워 와서 친척 아이에게 직접 주사했다. 가족의 위험을 무릅쓴 용기 덕분에 사람들은 천연두 바이러스에서 벗어나게 됐다. '작은 마마'로 불리던 홍역(紅疫)도 고통이 심했다. 오죽하면 '홍역 치른다'는 말이 생겼을까.

바이러스는 인류 탄생 이전부터 지구상의 모든 동식물 속에 들어가 살고 있다. 천연두를 포함해서 바이러스는 간간이 인류를 공격해 왔다. 하지만 에이즈 AIDS(후천성면역결핍증), 사스 SARS(급성중증호흡기증후군), 조류 인플루엔자(AI), 신종플루 그리고 최근의 메르스 MERS(중동호흡기증후군)까지 바이러스의 잦아진 공격이 심상치 않다. 메르스가 속한 코로나 바이러스 집안은 지난 30년 동안 감기 정도만을 일으켰다. 그런 놈들이 지난해 중동에서는 감염자의 40%를 사망하게 만들었다. 한국은 메르스로 홍역을 치렀다. 비단 한국만의 문제가 아니다. 최근 바이러스가 지구촌 곳곳에서 창궐한다. 왜 그놈들은 점점 더 독해지고 극성스러워지는 걸까? 바이러스 대폭풍의 전야(前夜)일까? 지구촌은 다가오는 바이러스와의 전쟁을 준비해야 하는 걸까? 백신은 필요할 때에 충분히 있는 걸까?

본래 메르스는 감기만 옮기는 '순한 놈'

'진짜 사나이'라는 MBC 인기 예능 프로가 있다. TV 스타들이 군부대의 훈련 프로그램에 참여한다. 이 프로그램에서 '진짜 사나이', 즉 강한 체력의 소유자가 결정적으로 걸러지는 곳은 유격장이다. 유격장에서는 먼저 '피티 체조'로 몸을 푼다. 체조라기보다는 기합에 가까워서 벌써 다리가 풀리고 지레 넋이 빠진다. 이어지는 장애물에서는 속속 낙오자가 발생한다. 강한 사람만이 로프를 타고 물웅덩이를 건너고 계곡을 지나고 화생방 훈련장에서 살아남는다.

바이러스도 진화하려면 다양해지고 독해져야 동물의 몸속에서 살아남는다. 바이러스의 훈련장은 어딜까. 에이즈, 사스, 메르스를 이야기할 때면 꼭 등장하는 놈이 있다. 박쥐다. 괴기 영화에도 자주 등장하는 동물이다. 그중 뱀파이어 박쥐Vampire Bat에 물리면 사람이 뱀파이어, 즉 흡혈귀로 변하게 된다. 물론 영화 속에서나 가능한 이야기다. 현실에서는 박쥐에게 물리면 에이즈, 사스, 메르스에 걸리게 된다.

박쥐 몸에서는 고온과 독성물질 공격에도 견디는 변성 바이러스가 길러진다

박쥐가 '진짜 바이러스'를 키우는 유격훈련장인 이유는 두 가지다. 첫째, 박쥐는 수가 많다. 세상의 포유동물 중에서 쥐 다음으로 수가 많아

서 '바이러스 온상'이다. 게다가 동굴에서 같이 뭉쳐 살다 보니 서로 바이러스 전달도 쉽다. 물론 들쥐도 바이러스 온상이다. 하지만 박쥐가 들쥐보다 '진짜 바이러스' 훈련장인 둘째 이유는 박쥐의 체온이다. 박쥐는 날기 시작하면 체온이 무려 40도까지 올라간다. 박쥐가 날면 평상시보다 대사 속도가 16배 높아지기 때문이다. 쥐의 7배, 새의 2배나 된다. 이런 고온의 박쥐 체내에서 '진짜 바이러스', 즉 열에 강한 독한 놈들만 살아남는다. 더구나 우리를 괴롭히는 에볼라, 사스, 조류인플루엔자, 메르스는 모두 변종을 잘 만들어내는 RNA 바이러스*다. 별별 이상한 놈들이 다 만들어지니 그중에서 열에 견디는 독종이 나올 확률이 더 높다.

사람이 감기에 걸리면 열이 난다. 열에 약한 침입자 바이러스를 죽이려는 몸의 자구책이다. 하지만 '진짜 바이러스'로 선발된 독종들은 인간의 고온 작전에도 끄떡없다. 게다가 16배나 높아진 박쥐의 대사 속도는 독성 물질인 '활성산소'를 만들어낸다. 디젤차가 급히 달리면 배출되는 검은 배기가스처럼 독한 활성산소가 박쥐 내부에서 만들어져 체내에 들어온 바이러스를 죽인다. 이런 '활성산소 폭격' 속에서도 살아남는 바이러스가 진짜 독한 놈이다. 만약 이놈들이 사람에게 침투가 가능한 형태로까지 변한다면 '인간 전용 킬러 바이러스'가 생긴다.

메르스도 원래는 감기만을 옮기는 '순한' 놈이었다. 그런데 언제부터

---

* RNA 바이러스: 유전정보가 리보핵산(RNA)으로 이뤄진 바이러스. 체내에 침투한 뒤 바이러스를 늘리기 위해 유전정보를 복제하는 과정에서 돌연변이가 잘 일어난다.

인가 독해졌다. 게다가 종(種) 간의 장벽도 쉽게 뛰어넘도록 변형되어 박쥐-낙타, 낙타-사람의 두 단계 장벽을 넘어 전파된다. 실제로 미국의 연구진이 박쥐 체내의 코로나 바이러스를 조사해 보니 이미 인간 세포를 뚫고 들어갈 수 있도록 변형돼 있었다. 메르스가 서서히 전투태세를 갖추고 있다는 느낌이다. 바이러스가 인간이 만만한 대상임을 알아차린 셈인가. 박쥐가 잘 날아다니기는 하지만 서식지 근방에서만 바이러스를 옮긴다. 반면 사람은 하루 만에 지구 끝까지 날아간다. 게다가 인간은 대도시에서 집단으로 살고 있다. 바이러스 대폭풍의 세 조건(동물→인간 감염, 인간→인간 전파, 국가→국가 확산)이 모두 갖추어진 셈이다. 폭풍 전야처럼 불안하다. 바이러스가 인간 사회로 몰려나오는 징조는 이미 나타나기 시작했다.

질병 60%는 야생동물 탓…밀림 파괴가 원인

1995년 말레이시아 반도의 중간에 위치한 니파Nipah 지역에 괴질 환자가 급증했다. 열, 두통, 졸림, 어지럼증으로 사람들이 하나둘 쓰러졌다. 급기야 뇌가 부어서 사망에 이르렀다. 의료진은 일본뇌염으로 판단하고 그 지역의 모기 박멸에 집중했다. 하지만 환자는 계속 증가해서 단기간에 105명이 사망했다. 기이한 점은 발병 지역의 돼지도 함께 죽기 시작한 점이다. 돼지와 환자의 몸에서 분리한 바이러스는 처음 보는 놈이었다. 발생한 도시 이름을 따서 '니파 바이러스'라는 이름이 붙었다. 즉시 세계의 의료진이 모여서 역학(疫學), 즉 전염경로 조사를 실시했다.

함께 죽어간 돼지들이 힌트였다. 당시의 니파 밀림 지역에 대형 양돈농장이 들어서기 시작했다. 그중 한 농장 위에 박쥐가 모여 살던 큰 나무가 있었다. 박쥐 속에 살던 니파 바이러스가 박쥐의 배설물을 타고 돼지를 감염시켰다. 돼지를 돌보던 사람도 감염됐다.

이렇게 야생에 있던 바이러스가 지구촌 구석구석의 사람에게 널리 퍼지는 이유는 세 가지다. 첫째, 야생동물 접촉이 많아졌고 둘째, 가축이 중간 전달자 역할을 하고 셋째, 지구촌이 하루 생활권이 된 덕분이다.

지구촌 세계는 다가오는 바이러스의 대폭풍을 준비해야 한다

모두 인간 문명의 발달로 생긴 현상들이다. 야생동물 접촉은 인간이 사냥을 시작한 이래 계속 늘어났다. 게다가 밀림 개발로 살 곳이 좁아진 야생동물이 민가에 자주 접근하는 것도 원인이다. 인간 질병의 60%가 모두 야생동물에게서 오고 있다. 야생동물을 멀리해야 한다. 하지만 사냥에 이어서 인간은 야생동물을 가축화했다. 야생동물과 인간 사이의 연결고리인 가축을 스스로 만든 셈이다. 인간은 바이러스와의 일전을 피할 수 없는 막다른 길로 스스로 들어선 것이다. 게다가 천연두처럼 신체 접촉에 의해서만 감염되는 것이 아니라 호흡기, 즉 공기로도 전염이 되는 바이러스라면 쉽지 않은 전쟁이다. 단단히 각오를 해야 한다. 백신이 최후의 방어 수단이다.

천연두 고름 인체 주입이 백신의 시초

천연두의 고름을 자기 아들에게 직접 옮겨서 백신의 바탕을 만든 영국의 메리 워틀리 몽태규 백작부인

몽태규 백작부인은 18세기 영국 사교계에서 내로라하는 여성이었다. 빼어난 미모와 더불어 뛰어난 시인이기도 한 그녀가 당시 유럽을 휩쓸던 천연두*에 걸렸다. 천만다행으로 살아남았고 약간의 흉터가 남았다. 그러던 와중 그녀는 천연두 환자의 고름을 피부에 직접 찌르는 인도 민간요법 이야기를 들었다. 이 방법으로 오히려 병에 걸려 죽기도 한다고 했다. 하지만 그녀는 아들에게 그 방법을 사용했고 아들들을 천연두로부터 지켜냈다. 이후 '동양의 주술(呪術)'이라는 당시 의사들의 반대를 무릅쓰고 왕족에게도 시행하여 종두법, 즉 백신의 바탕을 만들었다. 70년 후 에드워드 제너는 이 바탕 위에서 소의 우두 바이러스*로 백신을 만들었다. 한 여인의 용기와 헌신이 인류를 바이러스의 위험으로부터 구한 셈이다.

---

* 천연두(smallpox): 천연두 바이러스에 의해 일어나는 악성 전염병. 두창(痘瘡), 포창(疱瘡)이라고도 하며, 속칭으로는 마마(媽媽), 손님이라고도 한다. 주요 증세는 고열과 전신에 나타나는 특유한 발진(發疹)이다.

* 우두 바이러스(cowpox virus): 소 천연두의 병원체이다. 이것은 두창 바이러스의 변이주(變異株)로 알려져 있다. 벽돌형 입자이고 핵상은 RNA만을 함유한다.

바이러스에는 백신, 즉 '바이러스처럼 만든 물질'로 면역을 미리 준비시켜 놓는 방법이 최선의 예방책이다. 메르스 백신을 만드는 것은 과학자들에게 그리 어려운 일이 아니다. 하지만 현재 한국에는 메르스 백신이나 치료제가 없다. 세계에도 없다. 왜 그럴까? 답은 간단하다. 돈이다. 아프리카 에볼라도 마찬가지였다. 개발 비용이 수천억 원이나 들지만 이런 백신을 아프리카에서 사서 쓸 사람이 없다. 게다가 지금까지는 일부 지역에서만 발생해왔다. 하지만 사스나 메르스의 경우처럼 상황이 급변하고 있다. 전염성도 강해지고 무엇보다 하루 만에 지구 반대편까지 날아간다. 전 세계적으로 공동 대응해야 한다. 국제기구가 앞장서서 백신을 만들어 놓아야 한다. 전파력이 강한 바이러스에는 초기 격리가 최선이고 백신이 최후 방어책이다.

몽태규 백작부인이나 제너 덕분에 인류는 백신으로 천연두를 박멸했다. 이제 제2의 천연두 같은 신종 바이러스 폭풍에 대비할 때다. 존 F. 케네디 전 미국 대통령은 말했다. "양쪽 모두 서로 합심하여 별을 탐구하고 사막을 정복하고 질병을 근절시킵시다." 바이러스와의 전쟁에 '양쪽', 즉 적대국은 없다. 지구는 하나의 촌(村)이기 때문이다.

Q&A

Q1. 역대 전염병, 예를 들면 사스, 흑사병, 천연두, 스페인독감 등의 원인이 뭔가요? 환경오염과 다 관련 있는 것들인가요?

예전 전염병, 예를 들면 흑사병은 쥐벼룩이 옮기는 '여시니아 페스티스'라는 균에 감염되어서 걸립니다. 쥐가 마음대로 돌아다니는 빈약한 위생시설이 가장 큰 원인이었습니다. 사스, 천연두, 스페인독감은 모두 바이러스입니다. 인플루엔자가 원인 바이러스입니다. 이들이 퍼지는 이유는 다양하지만 이들을 옮기는 중간숙주인 동물들에게 인간들이 쉽게 접촉하기 때문입니다. 예를 들면 박쥐는 밀림 지역에만 있어야 하는데 인간들이 점점 깊이 밀림에 들어가면서 접촉이 됩니다. 또한 줄어드는 밀림으로 동물 속에 바이러스가 몰려들게 되고 이게 터져 나오기도 합니다. 무엇보다 예전과 달리 하루 만에 세계를 돌아다니는 현대 생활양식도 한몫하지요. 더불어 숙주인 야생동물과 인간 사이를 연결시켜주는 가축이 늘어나면서 인간은 점점 바이러스와 접촉 기회가 많아집니다.

Q2. 사망자 수가 많은 바이러스 6가지만 알려주세요.

역사적으로 많은 사상자를 낸 바이러스를 꼽자면 스페인독감(2,000~1억 명), 뎅기열(치사율 35%, 말라리아처럼 연 70만 명), 천연두(90% 치사율), 광견병(95%, 5만 5,000명), 에볼라(25~90%)가 있습니다.

6

메르스 백신, 치료제 미국서 개발 임상실험 안 끝나 실전 배치 지연

메르스 습격과 확산

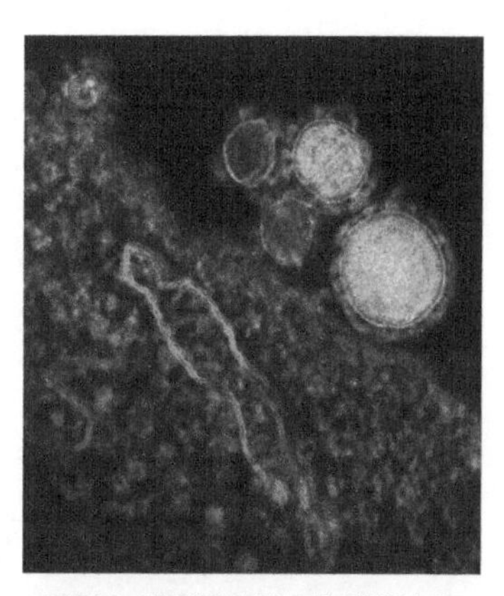

메르스 바이러스의 3차원적인 형태. 튀어나온 부분이 인체 세포에 달라붙는 곳이다

멀리 오아시스가 보이는 항구 도시의 한 병원에 환자가 왔다. 고열과 기침 증세가 있었다. 하지만 독감 정도로 간주돼 병원을 전전하는 동안 세 곳의 병원에서 병이 퍼졌다. 며칠 만에 감염자는 23명으로 늘어났다. 바이러스 전파 장소는 신장투석실, 일반 병실, 중환자실이었다. 이 이야기의 장소는 지금의 한국이 아니다. 2013년 사우디아라비아다. 홍해를 끼고 있는 항구 도시에서 중동호흡기증후군, 즉 메르스MERS, Middle East Respiratory

Syndrome*가 발생했던 당시 모습이다.

놀랍게도 메르스 한국 발생 경위와 비슷하다. 한국에서는 68세의 최초 감염자가 메르스 확진 판정을 받기 전까지 세 곳의 병원을 옮겨 다녔다. 최초 확진 환자한테 감염된 사람이 수십 명이다. 무서운 숫자다.

메르스는 2012년 중동 지방에서 최초 발병 후 2013~2014년에 지속적으로 나타났다. 하지만 우리에게는 메르스에 대한 정보가 부족하다. 전파 속도와 전파 방법, 사망률, 방어책 등에 대한 과학적 검증 데이터가 없다. 따라서 중동에서의 발생 상황, 대처 방안을 '반면교사(反面教師)' 삼아 대비하는 것이 최선의 방법이다. 에볼라로 온 세계가 바이러스 공포에 떨었던 것이 불과 엊그제 일이다. 이제는 강 건너 불이 아닌 우리 발등에 떨어진 불이다. 그것도 큰불이다. 무사히 꺼지기를 바란다. 한국의 메르스가 774명의 사망자를 낸 중국의 사스(SARS, 중증급성호흡기증후군)처럼 번질까? 이런 위기 상황에서 우리는, 아니 나는 무엇을 해야 하는가?

사우디 상황 닮은 한국 메르스

2015년 5월 수도권의 한 병원에 68세 남성이 의사를 찾아왔다. 열이 나고 기침이 심하다고 했다. 단순 독감으로 생각하고 간단한 처방을 받았다. 하지만 점점 심해져 다른 병원으로 옮겼다. 그곳에서 사흘을 입원

* 메르스(Middle East respiratory syndrome): 코로나 바이러스에 감염돼 생기는 중증 급성 호흡기 질환. 고열과 기침, 호흡 곤란과 함께 폐감염을 일으킬 수 있다. 신장 기능 이상을 유발하기도 한다.

했다. 다시 대형 병원 응급실로 옮겼다. 고열, 기침 증상과 중동 지역 여행 사실로 메르스가 의심됐다. 질병관리본부는 방문 지역이 메르스 지역이 아니라며 하루 반이 지나서야 검사했다. 메르스였다. 증상이 나타난 때로부터 무려 9일이나 지났다. 병원이 발칵 뒤집히고 정부에 초비상이 걸렸다. 메르스 바이러스가 한국에 상륙한 것이다. 최초 환자를 간호하던 부인, 같은 병실의 환자와 보호자가 감염됐다. 복도 건너편 병실의 환자들도 감염됐다. 전염력이 예상을 훨씬 뛰어넘었다. 중동과 한국의 메르스가 같은 패턴으로 간다는 보장은 없다. 하지만 중동이 유일한 교훈이다. 좀 더 자세히 살펴보자.

2012년 홍해 해안 지방에서 최초로 발생한 이후 조금씩 고개를 들던 메르스는 2014년 4월 폭발적 증가를 보였다. 사우디아라비아의 서부 항구인 제다(Jeddah) 지역에서 255명의 메르스 환자가 발생했고 그 중 93명이 사망했다. 에볼라는 감염자의 50%가 사망했다. 하지만 아프리카의 에볼라 발생 지역은 국민소득 1,000달러 수준으로 세계에서 가장 가난하고 의료시설이 열악하다. 반면 사우디아라비아는 국민소득이 2만 6,000달러로 아프리카보다 의료 여건이 좋은 국가다. 그럼에도 환자의 40%가 사망했다. 메르스를 만만히 봐서는 안 되는 이유다.

한국에서는 복도 건너편 병실의 사람도 감염됐다. 에어컨이나 공기 전파 가능성을 배제할 수 없다. 지금까지는 메르스 전파율(한 명이 감염시키는 비율)이 0.6으로 사스(0.8)보다 낮은 것으로 보고됐다. 하지만 한 병원에서 수십 명이 동시 감염됐다. 최초 감염자가 바이러스 분출물이 많은 '슈퍼감염자'였는지 혹은 입원 병동의 부적절한 구조 때문인지 추후 검증이 필요하다. 중요한 건 메르스에 대한 과학적 검증 데이터가 없다는 점이다. 즉 어떻게 변할지 모르는 상황에서는 늘 모든 가능성을 준비해야 한다. 내가 해야 할 대비책은 무엇일까?

개인위생은 사스와 같은 방식으로

2015년 6월 중국 중앙텔레비전CCTV에 한국인 메르스 감염자와 접촉한 중국인을 격리하는 차량 내부의 모습이 공개됐다. 접촉자와 격리 요원은 버스의 끝과 끝에 원수처럼 떨어져 앉았다. 환자는 마스크를, 보건 요원은 마스크, 보호안경, 방호복을 단단히 차려입었다. 대처 요령이 잘 나와 있는 장면이다. 메르스, 사스는 호흡기를 공격하는 같은 계열의 바이러스다.

과거 사스 대응 경험이 중요하다. 미국 질병통제예방센터CDC에 따르면 사스는 기침 속의 미세 액체에 의해 주로 전염된다. 1m를 날아가는 이 미세 방울 속의 바이러스가 상대방의 눈, 코, 입 점막에 달라붙어 전염된다. 메르스 역시 감염자와의 '직접 접촉direct contact'이 제일 위험하다. '직접 접촉'이란 감염 환자를 간호하거나 같이 사는 것 또는 환자 분비물(기침, 가래, 땀, 분변)과 닿는 것을 말한다. 2m 내에서 환자와 대화하거나 키스, 포옹, 식기를 같이 쓰는 행위는 금물이다. 환자 근처의 물건을 만지는 것도 위험하다. 하지만 잠시 같은 방에 떨어져 있거나 스쳐 지나간다고 해서 감염이 되지는 않는다.

기침, 재채기로 기도 내에 있던 바이러스가 분비물에 섞여 나가서 감염시킨다

환자와 접촉하지 않는 일반인들의 평상시 행동 요령은 사스 때와 같다. 즉, 수시로 손을 씻고 외출 후에는 손, 발, 얼굴 등 노출되었던 곳을 비누로 씻어 바이러스를 제거해야 한다. 만약 메르스가 지금의 상태를 벗어나 전국적으로 퍼진다면 좀 더 적극적으로 방어해야 한다. 사람이 많이 모이는 곳을 피하고 그런 장소에선 마스크를 써야 한다. 무엇보다 호흡기가 약한 사람은 더욱 조심해야 한다. 그렇다고 열과 기침이 조금 난다고 모두 메르스 검사를 받을 필요는 없다. 본인이 14일(잠복기) 전에 고열, 기침의 증세가 있는 사람과 접촉한 경우라면 보건당국에 신고, 검사해야 한다. 사우디아라비아에서도 조기 진단되는 경우는 사망률이 낮았다. 누구와 접촉하는지, 내가 열이나 기침이 나는지 늘 확인해야 한다.

낙타는 무죄, 짝꿍 바이러스가 유죄

사막 여행의 백미는 낙타 여행이다. 하지만 이제는 이런 낭만도 끝인가 보다. 낙타, 박쥐가 메르스의 숙주로 밝혀졌기 때문이다. 낙타는 사막 생활에 필요한 가축이 된 지 오래다. 낙타에게 메르스가 갑자기 침입한 것은 아니다. 오래전부터 그 안에 살고 있던 놈이다. 그놈이 튀어나와 사람에게 침입한 것이다. 세계보건기구의 메르스 보고서(2014년)에는 눈여겨볼 사항이 있다. 2012년 처음 발병 당시 연간 수십 건에 그치던 발생 빈도가 다음 해 조금씩 늘었다. 그리고 2015년 4월 한 달 동안 255건으로 폭증했다. 발생 건수가 증가한 것만이 문제가 아니다. 2012년도에는 50% 정도가 낙타와 연관이 있었다. 즉 동물 감염이 많았는데 2013, 2014년도는 감염자와의 '직접 접촉'이 늘었다. 사람이 사람을 감염시킨다는 이야기다. 또 2차 감염자가 아닌 경우가 전체의 60%가 넘었다. 즉 낙타나 최초 감염자에 의한 2차 감염이 아니라 다른 방법에 의해 메르스에 걸린 사람이 태반이란 의미다. 초반에 격리해서 확실히 잡지 않으면 퍼질 수 있다는 뜻이다. 사스의 경우에도 유사한 경향을 보였다. WHO나 미국 CDC는 사스가 공기 전파될 수 있다고 말한다. 메르스의 경우는 아직 확실한 데이터가 없다. 하지만 둘 다 같은 베타-코로나 바이러스 종으로 유사한 호흡기 문제를 일으킨다. 모든 가능성에 대비해야 한다.

가축화된 낙타. 야생동물에 있던 바이러스가 가축을 통해 쉽게 인간에게 전염된다

낙타가 숙주로서 이 사태를 책임져야 할 것 같지만 낙타는 죄가 없다. '짝꿍' 바이러스가 문제다. 바이러스와 동물 사이에도 '짝꿍'이 있다. 낙타의 짝꿍이던 메르스 바이러스가 어떤 이유인지 사람 내부로 들어왔다. 동물에만 있던 놈들이 사람의 몸에 침입해 감염시킨 예는 사스(사향

고양이), 조류인플루엔자(조류), AIDS(원숭이), 에볼라(과일박쥐)다. 이놈들은 모두 변이가 잘 일어나는 RNA 바이러스다. 왜 이놈들이 변이 종을 만들어 사람까지 넘보는 것일까? 우연일까, 필연일까? 과학자들은 이런 세계적인 바이러스 전염 원인을 세 가지로 추측한다. 개발로 줄어든 밀림 내의 바이러스 서식지, 가축을 통한 야생 바이러스와의 잦은 접촉, 밀집되고 연결된 지구촌이다. 그런 의미에서 늘어나는 바이러스 출몰은 우연이 아닌 필연이다. 앞으로 지구촌은 각오하고 대비해야 한다. 바이러스와의 전쟁을.

미국, 전자 출입 시스템으로 실시간 확인

2014년, 5월 미국 남부 조지아주 애틀랜타의 북동부에 위치한 미국 CDC에 비상이 걸렸다. 중동을 다녀온 두 명의 여행자가 고열, 기침에 시달린 뒤 메르스 확진 판정을 받은 것이다. 즉시 미국 전체 병원의 고열, 기침 환자 495명의 샘플을 모아서 검사했다. 다행히 발견된 두 명 외의 감염자는 없었다. 성공적인 대처에는 초기 대응이 중요했다. 즉 확진을 기다리지 않고 환자와 접촉한 50명의 의사를 바로 격리했다. 또 누가 출입했는지를 알 수 있는 전자 시스템도 대비에 중요했다. 미국은 또 다른 대비, 즉 연구를 바로 시작했다. 메르스가 사스와 사촌이지만 침입 방법이 다른 것도 알아냈다. 이 정보를 바탕으로 쥐를 메르스에 감염시킨 뒤 치료제와 백신을 성공적으로 찾아내서 2014년 저명 학술지 미국국립과학원회보PNAS에 발표했다. 아직까지는 쥐의 결과다. 임상실험을 통해 사용 가능하기까지는 시간이 소요된다.

미국은 전쟁하듯 대응했다. 반면 한국은 대비는커녕 눈앞의 환자가 메르스 증상을 호소하고 중동 지역 여행을 했다는데도 무시했다. 일반인은 평소의 건강 수칙을 지키는 것이 최고의 대비책이다. 사우디아라비아는 사망자 중 다수가 병이 있었던 사람들이다. 별다른 증상 없이 지나간 감염자의 25%는 평소 건강한 사람들이었다. 개인의 면역력을 높이자. 한국은 이미 조류인플루엔자, 사스 발병 때 큰 문제없이 잘 대응했다. 하지만 SNS 등을 통한 근거 없는 유언비어의 확산은 메르스 바이러스를 키우는 결과가 될 수 있다. '입을 조심하라. 병은 그곳으로 들어가는 법이다'라는 영국 속담이 있다. 몰지각한 입을 통해 내뱉는 루머 때문에 혼란이 온다. 퍼지는 메르스 바이러스가 결국 그 무지한 입으로 들어갈 수 있다는 경고다.

미국과 달리 한국의 초기 대응은 미숙했지만 이겨낼 수 있다

Q&A

Q1. 메르스 백신은 아직 안 나왔나요? 언제쯤 만들어질까요?

2018년 3월 현재 사용 가능한 메르스 백신은 아직 나오지 않았습니다. 2015년 한국에 메르스가 상륙하여 36명 사망자가 나온 후 백신 개발 중입니다. 이노비오 제약회사가 개발 중인 DNA 백신은 약 92% 임상효과를 보이고 있습니다. 임상실험이 모두 끝나면 사용 가능할 것으로 판단하며 조만간 완료가 될 것으로 기대하고 있습니다.

참고문헌

1장

1 Angela B Smith et al. Finasteride in the treatment of patients with benign prostatic hyperplasia: a review. Ther Clin Risk Manag. 2009, 5, 535-545. PMCID: PMC2710385, PMID: 19707263

2 Pascal Tétreault et al. Brain Connectivity Predicts Placebo Response across Chronic Pain Clinical Trials. PLoS Biology, 2016, 14(10): e1002570, DOI: 10.1371/journal.pbio.1002570

3 Cláudia Carvalho et al. Open-label placebo treatment in chronic low back pain. PAIN, 2016; 1 DOI: 10.1097/j.pain.0000000000000700

4 Monya Baker. Pregnancy alters resident gut microbes. Third-trimester microbiota resembles that of people at risk of diabetes. 2012, Nature News

5 Thierry Hennet et al. Breastfed at Tiffany's, Trends in Biochemical Sciences, 2016; DOI: 10.1016/j.tibs.2016.02.008

6 Amanda L. Thompson et al. Milk- and solid-feeding practices and daycare attendance are associated with differences in bacterial diversity, predominant communities, and metabolic and immune function of the infant gut microbiome. Frontiers in Cellular and Infection Microbiology, 2015 DOI: 10.3389/fcimb.2015.00003

7 Phillip Watson et al. Mild hypohydration increases the frequency of driver errors during a prolonged, monotonous driving task. Physiology & Behavior. 2015. 147, 313-318

8 Giannis Arnaoutis et al. The effect of hypohydration on endothelial function in young healthy adults. European Journal of Nutrition, 2016; DOI: 10.1007/s00394-016-1170-8

9 Jodi D. Stookey, Plasma Hypertonicity: Another Marker of Frailty? J.Geriatrics Society. 2004. 52(8)1313-1320. https://doi.org/10.1111/j.1532-5415.2004.52361.x

10 Hiroshi Kurosu1 et al. Suppression of Aging in Mice by the Hormone Klotho, Science. 2005, 309

11 Ming Xu et al. Targeting senescent cells enhances adipogenesis and metabolic function in old age. eLife, 2015; 4 DOI: 10.7554/eLife.12997

12 Dinan TG et al.Collective unconscious: how gut microbes shape human behavior. J Psychiatr Res. 2015 Apr;63:1-9. doi: 10.1016/j.jpsychires.2015.02.021.

13 Alan W. Walker et al. Fighting Obesity with Bacteria. Science, 2013, 341, 1069

14 Isla Rippon et al. Feeling Old vs Being Old: Associations Between Self-perceived Age and Mortality. JAMA Intern Med. 2015;175(2):307-309. doi:10.1001/jamainternmed.2014.6580

15 Peter Schnohr et al. Dose of Jogging and Long-Term Mortality: The Copenhagen City Heart Study J. .Am. Coll. Card. 2015. 5, 1411-419

2장

1 Sanjana Sood et al. A novel multi-tissue RNA diagnostic of healthy ageing relates to cognitive health status. Genome Biology, 2015; 16 (1) DOI: 10.1186/s13059-015-0750-x

2 L. Kunz et al. Reduced grid-cell-like representations in adults at genetic risk for Alzheimer's disease. Science, 2015; 350 (6259): 430 DOI: 10.1126/science.aac8128

3 University of Exeter. "Dementia: New insights into causes of loss of orientation: New research has revealed how disease-associated changes in 2 interlinked networks within the brain may play a key role in the development of the symptoms of dementia." ScienceDaily. 12 January 2016.

4 Kaoru Yamamoto et al. Chronic Optogenetic Activation Augments Aβ Pathology in a Mouse Model of Alzheimer Disease. Cell Report. 11(6), 859-865, 2015

5 Yale University. "Negative beliefs about aging predict Alzheimer's disease in study." ScienceDaily. Science Daily, 7 December 2015.<www.sciencedaily.com/releases/2015/12/151207145906.htm>.

6 Gerald I. Shulman et al. Hepatic Acetyl CoA Links Adipose Tissue Inflammation to Hepatic Insulin Resistance and Type 2 Diabetes, Cell. 2015 DOI 10.1016/j.cell.2015.01.012

7 Jennifer E. Bruin et al. Treating Diet-Induced Diabetes and Obesity with Human Embryonic Stem Cell-Derived Pancreatic Progenitor Cells and Antidiabetic Drugs. Stem Cell Reports, 2015 DOI: 10.1016/j.stemcr.2015.02.011

8 David Zeevi et al. Personalized Nutrition by Prediction of Glycemic Responses. Cell, 2015. 163(15), https://doi.org/10.1016/j.cell.2015.11.001

9 Erica J. Young et al. Selective, Retrieval-Independent Disruption of Methamphetamine-Associated Memory by Actin Depolymerization. Biological Psychiatry, 2013; DOI: 10.1016/j.biopsych.2013.07.036

3장

1 Mingguang He et al. Effect of Time Spent Outdoors at School on the Development of Myopia Among Children in China. JAMA, 2015; 314 (11): 1142 DOI: 10.1001/jama.2015.10803

2 Kathryn Richdale et al. The Effect of Age, Accommodation, and Refractive Error on the Adult Human Eye. Optometry and Vision Science, 2016; 93 (1): 3 DOI: 10.1097/OPX.0000000000000757

3 Elie Dolgin. The myopia boom. Nature. 2015. 519

4 Tapsoba et al. Finding Out Egyptian Gods' Secret Using Analytical Chemistry: Biomedical Properties of Egyptian Black Makeup Revealed by Amperometry at Single Cells. Analytical Chemistry, 2009; 091223105536056 DOI: 10.1021/ac902348g

5 Peter J. Campbell et al. High burden and pervasive positive selection of somatic mutations in normal human skin. Science, May 2015 DOI: 10.1126/science.aaa6806

6 Geoffrey D. Hannigan et al. The Human Skin Double-Stranded DNA Virome: Topographical and Temporal Diversity, Genetic Enrichment, and Dynamic Associations with the Host Microbiome. mBio, 2015; 6 (5): e01578-15 DOI: 10.1128/mBio.01578-15

7 Noah H. Green et al. Photoperiod Programs Dorsal Raphe Serotonergic Neurons and Affective Behaviors. Current Biology, May 2015 DOI: 10.1016/j.cub.2015.03.050

8 Jerry Guintivano et al. Identification and Replication of a Combined Epigenetic and Genetic Biomarker Predicting Suicide and Suicidal Behaviors. American Journal of Psychiatry, 2014; DOI: 10.1176/appi.ajp.2014.14010008

9 Ronen Huberfeld et al. Football Gambling Three Arm-Controlled Study: Gamblers, Amateurs and Laypersons. Psychopathology, 2013; 46 (1): 28 DOI: 10.1159/000338614

10 Jean-Martin Beaulieu et al. The Physiology, Signaling, and Pharmacology of Dopamine Receptors. Pharmacological Reviews March 2011, 63 (1) 182-217; DOI: https://doi.org/10.1124/pr.110.002642

11 Nicole L. Yohn et al. Multigenerational and Transgenerational Inheritance of Drug Exposure: The effects of alcohol, opiates, cocaine, marijuana, and nicotine. Prog Biophys Mol Biol. 2015 Jul; 118(0): 21–33. doi: 10.1016/j.pbiomolbio.2015.03.002

12 Fell et al. Skin -endorphin mediates addiction to ultraviolet light. Cell, June 2014

4장

1 Jennifer E et al. Treating Diet-Induced Diabetes and Obesity with Human Embryonic Stem Cell-Derived Pancreatic Progenitor Cells and Antidiabetic Drugs. Stem Cell Reports, 2015 DOI: 10.1016/j.stemcr.2015.02.011

2 Ana Sergijenko et al. Myeloid/Microglial Driven Autologous Hematopoietic Stem Cell Gene Therapy Corrects a Neuronopathic Lysosomal Disease. Molecular Therapy, 2013; DOI: 10.1038/mt.2013.141

3 J. Roger Brothers wt al., Evidence for Geomagnetic Imprinting and Magnetic Navigation in the Natal Homing of Sea Turtles. Current Biology, 2015; DOI: 10.1016/j.cub.2014.12.035

4 Michael Melze et al. Imperceptible magnetoelectronics. Nat. Comm. 6, 6080 (2015) doi:10.1038/ncomms7080

5장

1 Alison T. Isaacs et al. Transgenic Anopheles stephensi coexpressing single-chain antibodies resist Plasmodium falciparum development. PNAS. 2012. 109 (28) E1922-E1930; https://doi.org/10.1073/pnas.1207738109

2 Andrew Hammond et al. A CRISPR-Cas9 gene drive system targeting female reproduction in the malaria mosquito vector Anopheles gambiae. Nature Biotechnology 34, 78-83 (2016), doi:10.1038/nbt.3439

3 Losee L. Ling et al. A new antibiotic kills pathogens without detectable resistance. Nature 517, 455-459 (22 January 2015) doi:10.1038/nature14098

한국어

ㄱ

로마자

전파과학사에서는 독자 여러분의 책에 관한 아이디어와 원고 투고를 기다리고 있습니다. 전파과학사의 임프린트 디아스포라 출판사는 종교(기독교), 경제·경영서, 문학, 건강, 취미 등 다양한 장르의 국내 저자와 해외 번역서를 준비하고 있습니다. 출간을 고민하고 계신 분들은 이메일 chonpa2@hanmail.net로 간단한 개요와 취지, 연락처 등을 적어 보내주세요.

—

초판 1쇄 인쇄 2018년 07월 24일
초판 1쇄 발행 2018년 07월 31일

—

지은이 김은기
펴낸이 손영일
편 집 박민영
디자인 황지영
삽 화 박정주

—

펴낸 곳 전파과학사
출판등록 1956년 7월 23일 제10-89호
주 소 서울시 서대문구 증가로 18, 204호
전 화 02-333-8877(8855)
팩 스 02-334-8092
이메일 chonpa2@hanmail.net
홈페이지 www.s-wave.co.kr
블로그 http://blog.naver.com/siencia

ISBN 978-89-7044-790-2 (03470)

* 이 도서의 국립중앙도서관 출판사도서목록(CIP)은 서지정보유통지원 시스템 홈페이지 (http://seoji.nl.go.kr)와 국가자료공동목록시스템(http://www.nl.go.kr/kolisnet)에서 이용하실 수 있습니다. (CIP제어번호 : CIP2018021931)

* 이 저서는 인하대학교의 지원에 의하여 연구되었음.